專案管理

第五版

Project Management

結合實務與專案管理師認證

專案管理(第五版)--結合實務與專案管理師認證

作　　者：劉文良
企劃編輯：江佳慧
文字編輯：江雅鈴
設計裝幀：張寶莉
發 行 人：廖文良

發 行 所：碁峰資訊股份有限公司
地　　址：台北市南港區三重路 66 號 7 樓之 6
電　　話：(02)2788-2408
傳　　真：(02)8192-4433
網　　站：www.gotop.com.tw
書　　號：AEE039800
版　　次：2022 年 12 月六版
建議售價：NT$400

國家圖書館出版品預行編目資料

專案管理：結合實務與專案管理師認證 / 劉文良著. -- 六版. --
臺北市：碁峰資訊, 2022.12
面；　公分
ISBN 978-626-324-376-7(平裝)
1.CST：專案管理
494　　111019118

讀者服務

- 感謝您購買碁峰圖書，如果您對本書的內容或表達上有不清楚的地方或其他建議，請至碁峰網站：「聯絡我們」\「圖書問題」留下您所購買之書籍及問題。(請註明購買書籍之書號及書名，以及問題頁數，以便能儘快為您處理)
http://www.gotop.com.tw

- 售後服務僅限書籍本身內容，若是軟、硬體問題，請您直接與軟、硬體廠商聯絡。

- 若於購買書籍後發現有破損、缺頁、裝訂錯誤之問題，請直接將書寄回更換，並註明您的姓名、連絡電話及地址，將有專人與您連絡補寄商品。

PREFACE

序

非常感謝讀者的熱烈支持，使本書得以快速改版至第五版。今日競爭觀點與昔日迥然不同，例行性的作業效率提升並無法為企業帶來長期的競爭優勢，取得代之的是策略性專案的執行，這也點醒了企業對專案管理的重視，進而驅動全球專案管理運動的興起。專案管理已成為大專院校相關科系必備之專業技能。

然而，專案管理到底是什麼呢（第 1 章）、專案生命週期與組織架構又有何關係（第 2 章）、專案管理之「五大流程」與「十大知識領域」又是什麼？因此，本書以專案管理之「五大流程」與「十大知識領域」作為撰寫論述的架構：第 3 章介紹專案管理五大流程（專案起始、規劃、執行、監督控制及結案），第 4 章到第 13 章則分別深入探討專案管理的十大知識領域—整合管理（第 4 章）、範疇管理（第 5 章）、時間管理（第 6 章）、成本管理（第 7 章）、品質管理（第 8 章）、人力資源管理（第 9 章）、溝通管理（第 10 章）、風險管理（第 11 章）、採購管理（第 12 章）、利害關係人管理（第 13 章），最後則探討專案倫理與規範（第 14 章）與專案管理思維的改變（第 15 章）。

本書以「理論」、「實務」、「證照」三個導向為主要設計，並以 PMBOK 指南第六版與第七版所強調的內容深入淺出的介紹專案管理，非常適合企業管理系、行銷與流通管理系、電子商務系、資訊管理系或工業工程管理系所做為專案管理的教學用書，也非常適合對專案管理有興趣的社會人士作為自修學習之用。

本次改版架構上仍依循上一版的模式，主要增加 PMBOK 第七版的新概念，希望各位能繼續給予支持。筆者才疏學淺，雖力求完善，疏漏之處恐在所難免，尚祈各位先進不吝指正。聯絡 e-mail：vougeliu@gmail.com。

劉文良

Adelaide 2022/10/10

CONTENTS

目錄

Part I 架構與組織篇

Chapter 1 專案管理導論

Chapter 2 專案生命週期與組織架構

Part II 流程篇

Chapter 3 專案管理流程

Part III 十大知識領域篇

Chapter 4 整合（Integration）管理

Chapter 5 範疇（Scope）管理

Chapter 6 時程（Schedule）管理

Chapter 7 成本（Cost）管理

Chapter 8 品質（Quality）管理

Chapter 9 資源（Resource）管理

Chapter 10 溝通（Communications）管理

Chapter 11 風險（Risk）管理

Chapter 12 採購（Procurement）管理

Chapter 13 利害關係人（Stakeholder）管理

Part IV 倫理與規範篇

Chapter 14 專案倫理與規範

Part V 變革篇

Chapter 15 專案管理思維的改變

Appendix A 模擬試題彙整

Appendix B 參考文獻

CHAPTER 1

專案管理導論

本章學習重點

- 專案與專案管理
- 專案管理知識體系
- 專案管理的內容—五大流程與十大知識領域
- 專案管理的重要專有名詞
- 專案管理的重要議題

1-1 何謂專案管理

一、專案的定義

Newman（1972）認為，「專案」（Project）是指一組完整而特定目標之活動，具有明確的起迄時點與成本限制，內容牽涉到各項技術，具有相當的複雜性，而又不重複。

Cleland（1983）認為，「專案」是在特定的時間預算下，為了達成特定的目標所從事的活動，這些活動通常是跨越原來組織中的階層關係，且與原來組織中例行性的活動有所不同。

專案是指在一次性的工作中，必須同時完成「時間」、「成本」、「範疇」與「績效」等多重任務要求的工作。一項專案工作必須包括有明顯的起點與終點，有預算並明確規範工作範疇，還有特定的成果展現，以及臨時組織，專案結束後就會解散的工作小組。

美國專案管理學會（Project Management Institute，PMI）在專案管理知識體系指南（A Guide to the Project Management Body of Knowledge，PMBOK Guide）中定義，「專案」是指為了創造某一項產品、服務、或成果所做的暫時性努力。更明白地說，在時間與成本的限制下，為了迎合預定的技術和績效目標所專門設計獨一無二的努力，謂之「專案」，其概念如圖 1-1 所示。《PMBOK® Guide》一書目前是全球公認的專案管理知識領域權威教材。

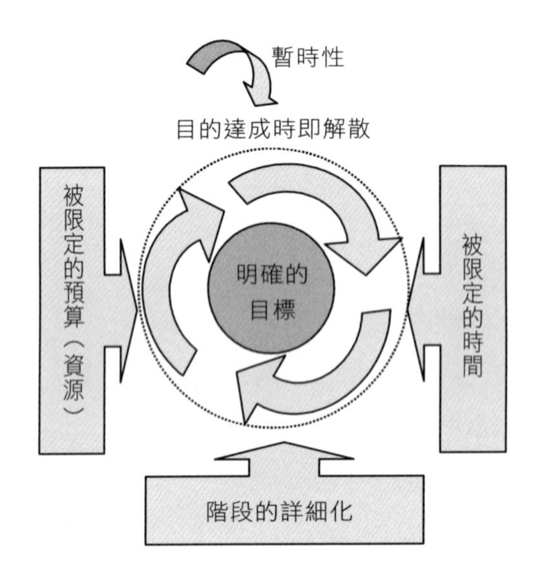

圖 1-1 專案的定義

著名的品管大師朱蘭（J.M. Juran）認為：專案是為了解決問題（problem solving）所排定的進度表。專案是為了解決組織某一問題所衍生出來的，而問題則包括了「正面的問題」與「負面的問題」。

總而言之，「專案」是指一個特殊而有一定限度的任務，或由一群具有相互關係的工作所共同組合而成的任務，而該任務是以獲取特殊成果或圓滿達成某種成效為目標。也有學者認為，專案是一個暫時性組織，為了完成特定的目標，在一定的時間內，在有限資源下，特別進行的一次性活動。

二、專案的基本特性

一般來說，「專案」具有如下基本特性：

1. **專案具有獨特性**：專案是獨一無二的，因為在這之前從沒有作過，例如設計婚禮，具有獨特性，因為每對新人都有其特殊需求。
2. **專案具有特定的目標（Goal）**：專案需要有一個明確的目標，目標不限大小，可為有形或無形的結果，但必須具體而明確。
3. **專案具有一定的時程（Schedule）**：在專案活動過程中，具有明確的起迄時間。專案也必須有明確的期限，若專案能在期限內完成，這是好專案的必備條件之一。

4. **有限的成本預算（Cost）**：依時程及所使用資源來估算成本，具有獨立的成本預算。

5. **複雜性（Complexity）**：因涉及各項不同領域的技術與知識，需運用來自不同事業或部門的人才，所以整合時往往非常複雜。

6. **非常態（Impermanence）**：為一臨時性組織，有明確的終結點，一旦目標達成，或確定目標無法達成，專案即告結束。也就是說，專案本質上是暫時的，並且有確定的開始與結束日期。

7. **無經驗（Unfamiliarity）**：工作內容通常無經驗可循，在人員、方法、設備、時間、環境等，往往與先前的不同。

8. **面對不確定性（Uncertainty）**：因具非重複性，專案進行時，隨時可能有新的情況發生，影響品質、進度、成本、安全甚至於最終的成敗。

9. **專案具有顧客（Customer）**：專案中所謂的顧客是指專案的資金提供者。

因此，所有專案都是一種工作，但並不是所有工作都屬於專案。專案具兩個特性：「暫時性」與「獨特性」；以及三個概念：「明確的特定目標」、「明確的完工期限」、「有限的資源」。

三、管理的意義

「管理」可定義為協調他人之業務，有效率及有效能地完成工作的程序。所謂「程序」是管理者所執行的功能或活動。而「協調他人」就是管理者與非管理者最大的區別。法國工業家費堯（Fayol）認為，所有的管理者都要執行「規劃」、「組織」、「用人」、「領導」與「控制」等五項管理功能。因此，可將管理視為「有效率的運用人員、設備、資金等資源，透過規劃、組織、用人、領導、控制等程序，以產生有效率與效能的結果，也就是正確的達成目標」。

「管理職能」（Management Functions）是指在透過規劃、組織、用人、領導及控制等一系列的程序，達到企業的整體目標。

1. **規劃（Planning）**：是對未來的行動，預先進行分析與抉擇的過程。規劃乃是分析內外環境狀況或各種條件，設定目標，以及擬定達成目標之行動計畫（Plan）的過程。「規劃」不同於「計畫」，「規劃」代表一種程序；而「計畫」代表規劃的結果或產物。

2. **組織（Organizing）**：主要在建立企業內部結構，促使工作、任務、人員、權責之間，能發揮適當的分工與合作關係，以有效擔負和進行各種業務。組織包含了幾個重要的概念，例如組織結構、組織制度、工作劃分、管理幅度與授權等。

3. **用人（Staffing）**：是指規劃適當的人力資源，並配置在適當工作位置，以便能產生最大效能。其中涉及人力規劃、遴選與聘任、工作引導、督導、人力發展、績效評估和升遷賞罰等等。
4. **領導（Leading）**：是透過與部屬溝通和相互作用，帶領、引導和指揮成員促進企業目標的實現
5. **控制（Controlling）**：是一套監督、評價與改正的過程，其目的在於適時找出實際活動與預想狀況的偏差，並採取必要的行動加以消除、改善。

此外，管理還包括有效率與有效能地完成組織工作。「效率」（Efficiency）是指以最小的投入，得到最大的產出，也就是「把事情做好」（do the things right）。由於企業資源有限，管理者必須注意資源的使用效率。「效能」是指是否達成想要的目標，也就是「做對的事情」（do the right things）。

四、專案管理的意義

根據《PMBOK® Guide》（2000）定義：「專案管理是應用知識、技能、工作與技術來規劃活動，以達成專案的需求」。專案管理是專案經理（Project Manager）經由專案起始、規劃、執行、監控及結案等五大程序的運作，才得以完成。

基本上，「專案管理」（Project Management）是彙集一組由人執行的工具與技巧，以描述、組織與監控專案活動的工作。期間，專案經理要負責管理專案流程，並將所用的工具與技巧應用在專案活動進行。所有的專案都是由流程所組成，就算是一團亂的流程或方法也是一樣。

專案管理是一連串的流程，包括從專案規劃到化為實際的專案行動、以及衡量專案進展與專案績效。專案管理涉及辨識出專案要求、建立專案目的、平衡各項限制，以及將關鍵利害關係人的需要與期望都列入考量。

基本上，「專案管理是管理的一個分支」。在管理功能所含的規劃、組織、用人、領導與控制等五項中，專案管理比較著重在規劃與控制，最後達到專案的成功。

五、為什麼需要「專案管理」？

原因在於傳統上功能部門運作，無法面對現今動態且複雜環境的需要。當所遭遇的問題牽涉甚廣時，功能部門之單一知識或技術專家已無法滿足所需；因此，在傳統（功能）組織外，另設組織來整合各功能部門之資源，以便執行特定任務或解決特殊問題。

六、專案管理與功能別管理的差異

企業「專案」與「作業」（operation）有所不同，表 1-1 列示兩者之間的異同。

表 1-1 專案與作業的異同點比較

	專案	作業
相異性	• 暫時性、一次性工作 • 執行獨特性任務	• 持續性、重複性工作 • 執行例行性任務
共同性	• 都是由人主導完成 • 都受制於有限資源 • 通常都必須經過規劃、執行、控制的過程	

專案管理不同於功能別管理，管理專案所需的知識大多有其獨特性，表 1-2 顯示，專案管理與功能別管理的差異。

表 1-2 專案管理與功能別管理的差異

項目	專案管理	功能別管理
直線 - 幕僚組織二元化	層級組織模式仍然存在，但功能部門轉為支援單位，形成一網狀權力與義務關係。	功能部門負責完成組織之主要目標，直線式領導，幕僚提供意見。
梯形原則	直線主管部屬關係，仍然存在，但注重平行及斜行之工作流向，合法性工作均可推動。	主管部門之權力存在於組織中，其業務著重上下運作。
主管部屬關係	以同事或管理者與技術專家關係推動專案。	嚴守主管部屬關係，業務於金字塔形結構中進行。
組織目標	管理專案為相關單位共同責任，其目的為多元化。	機構決定組織目標，其目的為一元化。
統一指揮	專案經理領導並整合各部門達成組織目標。	功能經理領導部屬完成部門目標。
權力與義務關係	因支援人員之薪資、升遷及績效評估為功能經理職權，專案經理之義務超過權力。	主管部屬及幕僚之權力義務關係明確存在於功能組織中。
期限	專案於一定期限內結束。	無特定結束期限，長期提供能力、技術及設備支援。

七、相關的重要詞彙

深入了解專案管理相關的重要詞彙有助於專案的實際管理。例如計畫（Program）、專案（Project）、任務（Task）、工作包（Work Package）及工作單位（Work Unit）。「計畫」通常是一個特別大型、期間較長的目標，可進而分解成多個專案；而專案又可進而分解成多個「任務」；而「任務」可分解成多個工作包，工作包係由多個工作單位所組成。

專案計畫（Project Program）

「專案計畫」是指進行中的工作，它經過了協調統一管理，以便獲取單獨管理時無法取得的效益與控制之一組相互聯繫的專案。計畫（Program）通常是由一群相關的專案所構成，以達特定目的。換句話說，計畫與專案（Project）之間的關係在於，若管理多個相關的專案就稱為「計畫」。

專案組合管理（Project Portfolio Management）

專案組合管理涉及到綜合行動中所有計畫（Program）與專案（Project）的管理，從每一項專案與潛在專案的價值跟綜合行動策略目標之權重大小，慎選專案或計畫出來，以追求綜合行動價值最大化。

「專案組合管理」是為了便於有效管理以實現策略性企業經營目標，而將專案或計畫與其他工作組合。專案組合管理中的專案或計畫之間不一定有直接關係或相互依存性。除此之外，專案經常可劃分為多個較容易管理的工作細目或子專案處理。

專案生命週期（Life Cycle）

專案有其「暫時性」，因此具有明確的開始時間與結束時間，這便是「專案生命週期」。專案就像生命體一樣，也有其生命週期。大多數的專案從起始到結束都會經過類似的數個階段。從早期的緩慢成長而漸成規模，而後達到高峰，然後漸漸衰退，最後終結。

專案管理流程（Project Management Process）

「流程」（Process）是一組由「投入」（Inputs）、工具與技術（Tools & Techniques）以及產出（Outputs）（簡稱 ITTO）所構成的管理行動，其目的是要得到預先指定的（pre-specified）結果。

1-2 管理專案

一、成功的專案

專案成功的定義是要能在規劃的時間內（如期），符合規劃的品質（如質），在規劃的預算內（如成本），完成專案目標，而且專案的利害關係人能接受專案的成果。成功的專案是指符合或超出利害關係人預期的專案。要「如期、如質、如預算」成功地完成專案，通常受限於四項因素：範疇、成本、時程、顧客滿意。

1. **專案範疇（Project Scope）**：又稱為工作範圍。也就是說，為了滿足顧客交付的需求，與此專案相關的所有工作都要被執行。
2. **專案成本（Project Cost）**：是指顧客為了要求完成專案，所同意支付的費用。
3. **專案時程（Project Schedule）**：是專案活動的開始與結束時間。專案時程通常是在顧客同意下，專案範圍必須要完成的日期。
4. **顧客滿意（Customer's Satisfaction）品質**：專案管理的最終目的就是要獲得「顧客滿意」。因此，專案經理的責任就是要使顧客滿意，也就是要在顧客預算與顧客時程內完成專案範圍。

任何專案目標都是要在有預算與有限時間內，將工作範圍內的任務完成，以追求顧客的滿意，並確保目標達成。

二、管理專案的步驟

管理專案的步驟，主要包括「定義問題」、「發展解決方案」、「規劃專案」、「執行計畫」、「監督與控制過程」、「結案」，如圖 1-2 所示。

1. **定義問題**：任何專案開始之前，首要之務就是要明確地定義問題。這樣做有助於讓所有專案成員知道：專案所要達到的目標是什麼？專案要滿足利害關係人的哪些需要？
2. **發展解決方案**：針對專案所要解決的問題，由專案成員聚在一起腦力激盪，想一想可能有哪些可行的解決方案。在這些方案中，最好的解決方案是哪一項？這項方案要比其他方案花更多的成本？需要更多的資源投入嗎？這項方案能完全解決問題，還是只能解決部分問題？
3. **規劃專案**：規劃專案其實就是解答問題：要做些什麼？誰負責做？該如何做？什麼時候完成？需要耗費多少成本？需要供應哪些資源？
4. **執行計畫**：很明顯地，當計畫一旦出爐，接著就要進入實施階段。常常我們會發現一個有趣的現象：很多企業花了好大一番功夫，鉅細靡遺地規劃出一步步的計畫，但最後卻沒有付諸行動。請問如果最後計畫無人執行，一開始為何要計畫呢？
5. **監督與控制過程**：專案必有其想要達成的目的，所以除非能夠監控專案進行過程，否則專案不可能成功。這就像是手上握有一份到達目的地的詳細地圖，但是一上路之後，再也看不到路旁的指示標誌一樣無用。一旦發現進行方向與原計畫有所偏差時，就必須自問需要採取哪些必要措施，才能回到正軌。若已經無法還原，就要自問如何修改原專案計畫，以回應新變數加入後的影響。

6. **結案**：在專案結束時，要自問：有哪些做得很好？有哪些應該需要改進？從中學到哪些其他經驗？

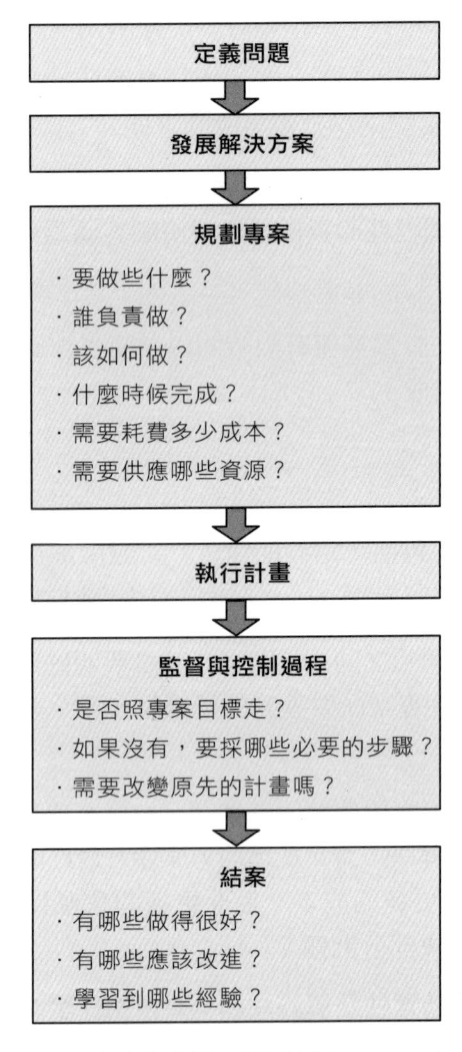

圖 1-2　管理專案的步驟。資源來源：Lewis（2003）

三、專案的第一步

對一般人而言，當面對問題發生時，天生的傾向就是想要儘快解決這個問題，而且通常會採用第一個出現在腦海中的解決方案。這就是所謂的人性。但不幸地，對優秀的專案而言，腦中出現的第一個解決方案卻可能會對專案造成不良的效果。因為，一個務實嚴謹的專案對策產生，應包括下列四個步驟：

1. **完全瞭解問題**：通常，問題並不像第一眼看到的那麼簡單，因此組織必須投注足夠的時間與精神全般瞭解整個問題。一般來說，在問題的背後往往會有一個巨大而根本的問題，只有發覺出這個根本的問題，才算是界定了真實的專案需求。

2. **找出最適合的解決方案**：多數的問題都有好幾個不同的解決方案，而有效專案管理的關鍵，就是找出最佳的解決方式—同時也是對企業最好的解決方式。要找出這個解決方案，必須經過審慎的思考，並且發展出可以用來評估的衡量標準。

3. **發展出完整的解決方案與前置計畫**：當找出一個解決方案之後，通常必須先以一兩句簡短的說明，點出其重點，而這個解決方案必須轉化為一個完整的計畫。因此其流程應該是一開始先完整地說明此解決方案，包括要採用什麼方法來達成等。最後則必須發展出一個詳細而又具可信度的專案計畫，讓專案成員以此作為執行的藍圖。
4. **正式啟動專案**：視各組織的專案特定程序不同，其專案正式啟動的方式也會有所不同。啟動活動可能是準備一份正式專案文件、對管理階層做一場正式的簡報、擬定與核准一份專案契約、或正式投入專案經費等。此外，也有可能是安排一次專案啟動會議，並藉此建立專案經理與專案團隊成員間的相互期許。

1-3 專案管理的基本概念

一、專案管理的目標

「專案」（Project）是指在一次性的工作中，必須同時完成績效（Performance）、成本（Cost）、時間（Time）、範疇（Scope）等多重任務要求的工作，如果說這項工作可以不斷重複的話，就不算是專案了。建構專案的最基本目的在於達成一個特定目標。專案管理的終極目標是要確保專案能符合所有既定的目標，這個終極目標包括績效、成本、時間、範疇，這四項簡稱為「PCTS」。

1. **績效（Performance）**：是指專案應該要產生的結果。
2. **成本（Cost）**：是專案的費用，即所謂的專案預算，其中包括原料、物料、勞工、資本設備等。
3. **時間（Time）**：是整體專案進行的期間。
4. **範疇（Scope）**：是專案必須完成的工作範圍。

根據專案績效與範疇的要求，這個專案需要花多少成本？多少時間？上述「PCTS」四個變數可以用公式「成本 = f (績效，時間，範疇)」來表示：。也就是說成本是「績效」、「時間」、「範疇」三者的函數。在理想狀況下，可以寫成這樣的數學式，但事實上，通常很難如上述公式般的精準計算。

此外，「PCTS」四個變數的關係，也可用一個三角形來比擬，如圖 1-3 所示。圖中，「績效」、「成本」以及「時間」是三角形的三個邊長，而三角形的面積則為專案的「範疇」。也就是說，如果已知三角形的三邊長，就可以算出面積（即範疇）了。

如果「灌水的預算」被放到預算之內，而且被核准通過，到時這一部分預算一定會被花掉，這就是所謂的「帕金森法則」（Parkinson's Law）：專案工作的時間與成本，通常會超過最初被核准的預算目標。

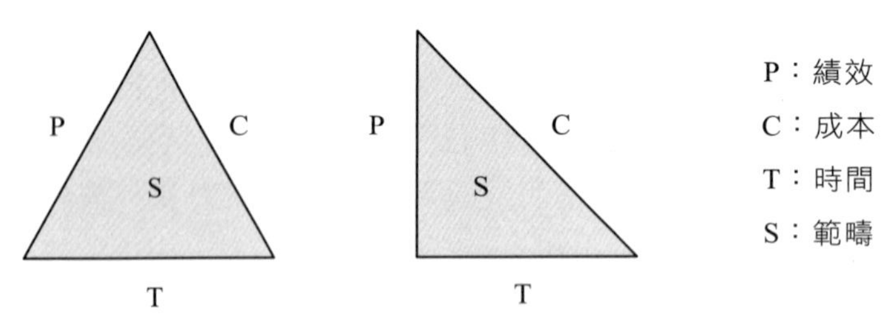

圖 1-3 PCTS 的三角關係

換句話說，「成本」、「時間」、「範疇」是專案管理中最基本的觀念，被稱為「專案的三角限制」，又稱為「專案金三角」。

由「專案發起人」所給定的專案目標，它必須和組織的經營策略目標相結合。專案目標的訂定必須符合下列五點（SMART）：S-明確（Specific）、M-可衡量（Measurable）、A-可達成（Achievable）、R-實際（Realistic）、T-有期限（Time-bound）。

二、專案管理的基本元素

圖 1-4 是專案管理的基本元素。這張圖的目的是說明專案管理是在一定時間、成本、範疇、資源下，追求績效，並涉及到兩個有關人的元素—專案小組成員與利害關係人。專案存在是為了產生可交付物。專案利害關係人是受到專案有利或不利影響的個人或組織。

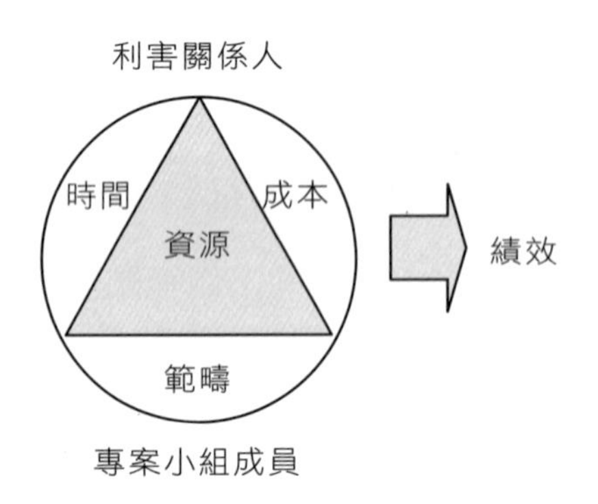

圖 1-4 專案管理的基本元素

三、好的專案管理

基本上，好的專案管理涉及到「人」、「系統」與「工具」，如圖 1-5 所示。

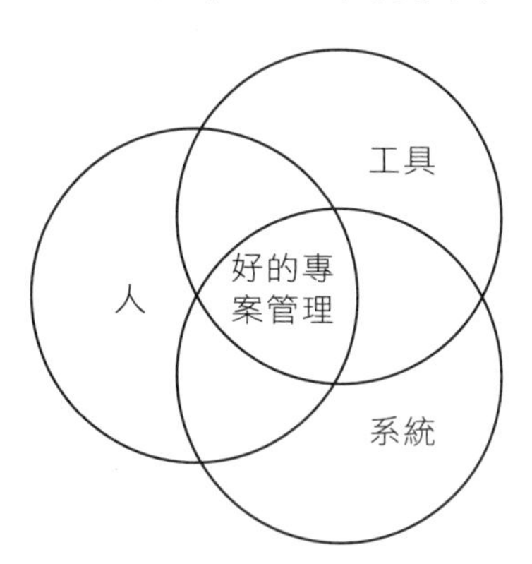

圖 1-5　好的專案管理

但「工具」無法協助專案管理處理：

1. 人的問題
   (1) 人與人之間的激勵、談判、溝通方式等。
   (2) 組織運作中可以給予的控管權力與責任。
2. 流程的問題
   (1) 工作的製程。
   (2) 工作如何有效的分解。
3. 策略的問題
   (1) 如何清楚的定義專案範疇。
   (2) 正確的選定專案策略。

四、專案管理循環

專案管理最主要目的在於整合有限的資源於預定的時間內，完成該專案之最終目標。專案的目標乃由「時間」、「成本」與「品質」三要件所組合而成。因此，專案管理必須從調節時程、成本及品質等三個要件著手，在滿足品質與時程的條件之下，擬定出合乎安全性與經濟性之計畫，而加以實施。而專案管理工作是由「規劃」、「排程」及「控制」所組成。其間的關係如圖 1-6 所示，而各項工作內容詳細說明如下：

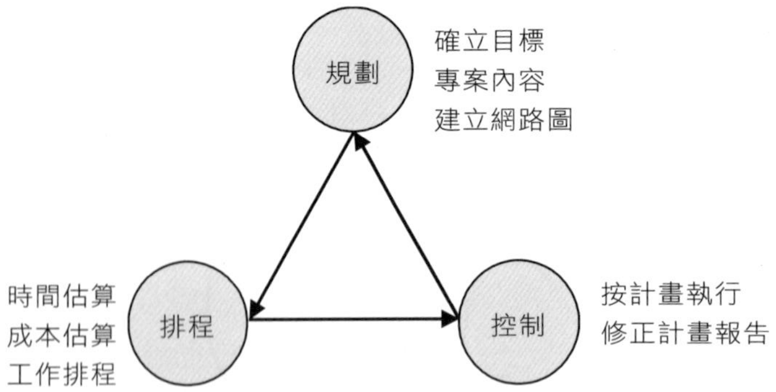

規劃
確立目標
專案內容
建立網路圖
時間估算
成本估算
工作排程
排程
控制
按計畫執行
修正計畫報告

圖 1-6 專案管理循環

1. **規劃（Planning）**：首先要確立專案的目標（成本、時間、品質）。接著，分析要達成目標所需的各項作業及其內容，並以專業領域知識為基礎，指出作業間的先後關係。最後，以網路圖描述各項作業間的先後關係。
2. **排程（Scheduling）**：有了作業間的先後關係，接著必須粹取專家的經驗以取得各項作業工期的最悲觀時間、最可能時間與最樂觀時間。再以三時估計法（Three times estimate）找出各項作業的期望時間，以完成專案網路圖。以專案網路圖為基礎，就可進行專案排程的工作。首先，進行順時計算與逆時計算以找出各項作業可能的執行時段。接著，估計各項作業在預定的時段內實施所需的成本。若所需的總時程或總成本並不符合專案的要求，則必須進行趕工縮程（Crashing）或資源撫平（Resource leveling），以求得各作業適當的執行時段。
3. **控制（Control）**：按照專案計畫執行，並藉由進度、成本及品質的控制朝最終目標邁進。當控制過程有差異存在時，應將修正結果向相關人員報告。其目的在於使計畫能依既定的目標正確地加以實施。

五、專案管理的知識結構

一般而言，專案管理的知識結構可分為兩大部分：

1. **硬技術（Hard Skill）**：包括成本分析、品質確保、時程規劃、風險控管、流程設計、報表作業等方面的管理技術與工程技術。
2. **軟技術（Soft Skill）**：包括處理形形色色人的問題、互動、溝通、衝突化解、利害關係人應對、領導藝術等。

六、專案管理的演進

基本上，專案管理的演進可分為四大歷程：

1. **萌芽期（1950~1960）**：從 1950 年美、蘇兩國冷戰開始，美國面臨管理技術跟不上科技迅速進步的腳步，而發生時程嚴重落後、品質不符規格、成本超支不斷的問題，此時「系統工程與管理」（Systems Engineering and Management）的概念因應而生。「系統工程與管理」主要係以宏觀的角度、系統化的思考橫跨不同專業領域議題，以解決動態而複雜的管理問題。基本上，專案管理源於系統工程與管理的概念，因此專案管理可視為系統工程與管理的運用，再經由專案管理程序與管理知識領域的發展，進而逐漸發展成完整的知識體系。
2. **成長期（1960~1987）**：1960 年代，由於科技進步迅速而商業經營環境競爭十分激烈，促使專案管理日漸受到重視，但仍被視為非正式的管理，相對地專案經理也沒有受到重視。到了 1970 至 1980 年代，為迅速回應挑戰對「功能性組織結構與流程」進行變革，而有正式與非正式專案組織並行。在此期間，1969 年 PMI 專案管理學會正式成立，並於 1987 年推出「專案管理知識體系」（PMBOK）。
3. **成熟期（1987~2000）**：1987 年之後，歐美先進國家已認知到導入專案管理的重要性，並把焦點著重在「如何快速有效運用專案管理」。接著有越來越多的專案組織成立，更多的知識、工具與方法被有系統地發展與應用專案管理工作上。
4. **全球風潮期（2001~迄今）**：隨著全球化的風潮，對於專案管理的重視，也由歐美國家漸漸轉移到世界各地。

七、專案管理知識體系的發展

專案管理知識體系的發展，要追朔到 1950 年代開始，專案管理知識從最早的工作排程開始，而有計畫評核術（Program Evaluation and Review Techiques，PERT）與要徑法（Critical Path Method，CPM）等技術產生，主要作為工程工期規劃的工具技術，建立了專案時程管理的初步知識。

1960 到 1985 年間，漸漸有更完整與更具體的理論與實務基礎知識，例如矩陣式專案組織結構的概念形成、美國國防部「成本／時程控制系統準則」（Cost/Schedule Control System Criteria，C/SCSC）規範與制度的建立、美國政府「計畫預算制度」…等。

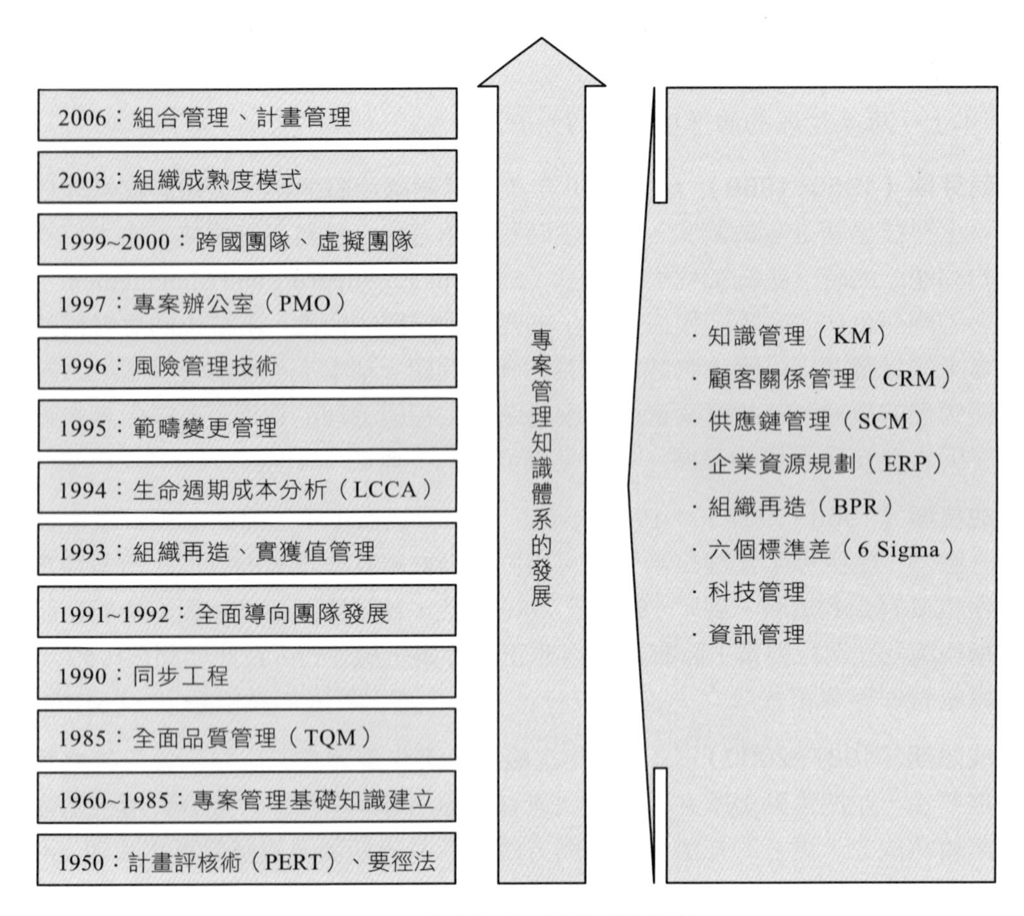

圖 1-7 專案管理知識體系的發展

1985 年全面品質管理（TQM）思維的發展，1990 年同步工程（Concurrent Engineering）的觀念、1991 年至 1992 年全面導向（All-aspects）團隊發展觀念的形成、1993 年企業組織流程再造（Business Process Reengineering，BPR）、1993 年由簡化 C/SCSC 而成的「實獲值管理」（Earned Value Management，EVM）、1995 年「範疇變更管理」、1996 年風險管理技術等的衍生、改良與運用，使得專案管理的知識領域更為完整。

1997 年「專案辦公室」（Project Management Office，PMO）的概念受到重視，1999-2000 年隨著全球化與網際網路的普及，跨國團隊與虛擬團隊的運作模式形成趨勢。

2000 年之後，各種「組織成熟度模式」（Organizational Maturity Model），例如美國軟體工程學會所發展的 CMM/CMMI、美國專案管理學會所推出的「組織專案管理成熟度模式 OPM3」，以及美國專案管理學會 2006 年 5 月發佈的「專案組合管理」（Portfolio Management）與「計畫管理」（Program Management）兩大知識標準後，將專案管理的思維從執行面，提升到策略面。

在專案管理工具發展的過程中，也隨著管理思維的演進，結合許多新的管理理論、管理思維、管理技術、管理手法等，例如企業流程再造、資訊管理、科技管理、企業資源規劃、供應鏈管理、顧客關係管理、知識管理、六個標準差等知識與觀念。專案管理是活的，會隨著時代的進步，不斷地演進，內容會更新，技術會增長、運用會深廣。

八、專案管理的成功因素

專案管理成功須有下列五項因素：

1. 優秀的專案經理人。
2. 足夠規劃時間。
3. 良好的溝通。
4. 行動的決心（由上而下的承諾）。
5. 妥善的財務規劃（專案追蹤與管制）。

九、專案管理的失敗因素

1. 沒有事先將待解決的問題定義清楚。
2. 專案經費管理不良，耗費過多成本。

1-4 專案管理的內容–五大流程與十大知識領域

「國際專案管理學會」（Project Management Institute；簡稱 PMI）主要在推動專案管理的知識體系，並且針對不同的產業特性，發展出不同的專案管理方法。PMI 召集專家學者提出一套標準化的專案管理作業內容與流程，稱為「專案管理知識體系指南」，簡稱「PMBOK Guide」。「PMBOK Guide」被國際間公認為是專案管理領域最具權威的經典，第六版包含「十大知識領域」與「49 個專案管理子流程」。第七版則強調「12 項專案管理原則」及「八大績效領域」，第 15 章有更詳細的敘述。

專案管理包含「五大流程」與「十大知識領域」，其中「流程」即是與時間相關或是與次序相關的步驟，包括 IPECC，其中 I 為「起始」（Initial Process）、P 為「規劃」（Planning Process）、E 為「執行」（Executing Process）、C 為「監督與控制」（Monitor and Control Process）、C 為「結案」（Closing Process）。對應到 PDCA 環，其關係如圖 1-8 所示。在專案管理中，「控制」一詞是指持續地做行動調整。

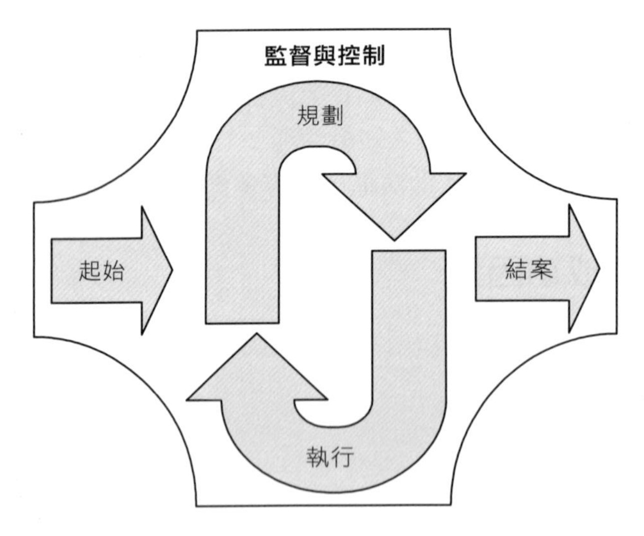

圖 1-8 IPECC 五大流程

專案管理的概念，來自於「計畫（Plan）→執行（Do）→檢查（Check）→行動（Act）」的 PDCA 循環。當專案團隊遇到新的問題（計畫），接著他們開始工作（執行），他們找到新的解決方案（檢查），然後採取修正行動（行動）。這個改進循環會持續不斷，如圖 1-9 所示。

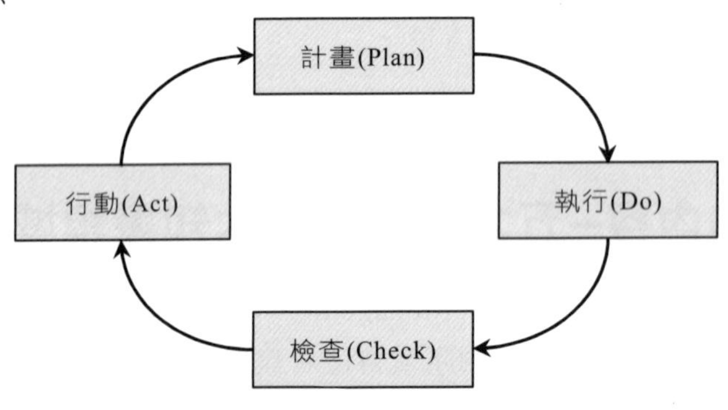

圖 1-9 PDCA 循環

為了使專案經理人有效學習專案管理知識，專案管理學會列出十大知識領域，制定出「專案管理知識體系」，試圖涵蓋專案管理所應涉及的知識範疇。讀者如需更進一步的資源，可在該機構的官方網站 www.pmi.org 取得。

十大知識領域即是專案管理所需考量的十種知識構面（Knowledge Framework），其實就是每一專案的十個知識構面與框架，《PMBOK® Guide》第五版包括整合（Integration）、範疇（Scope）、時間（Time）、成本（Cost）、品質（Quality）、人力資源（Human Resources）、溝通（Communication）、風險（Risk）與採購（Procurement）、利害關係人（Stakeholder）等，《PMBOK® Guide》第六版將「時間（Time）管理」改成「時程（Schedule）管理」，「人力資源（Human Resources）管理」改成「資源（Resources）管理」，如圖 1-10 所示。

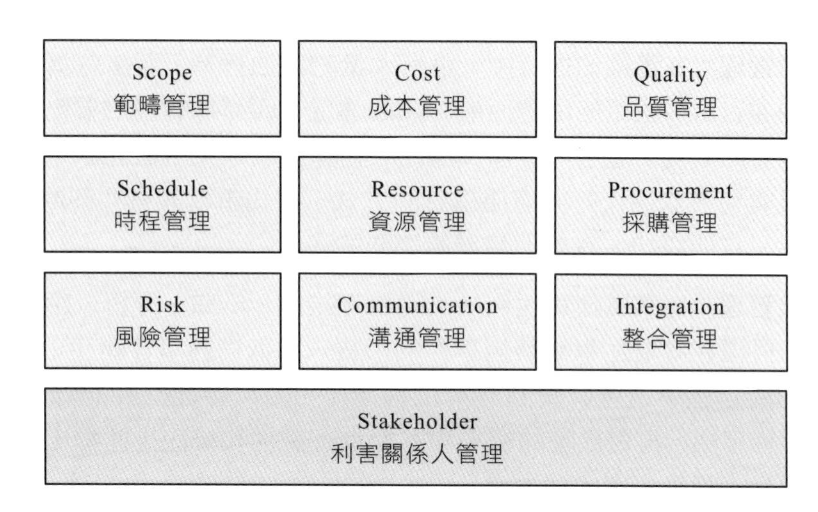

圖 1-10　專案管理十大知識領域（第六版）

1. **專案整合管理**：旨在確保專案得到適當的規劃、執行及監控。

2. **專案範疇管理**：旨為達成專案目標，所需的專案工作範疇，主要包括：範疇規劃（Scope Planning）、範疇定義（Scope Definition）、建立工作分解結構（Create WBS）、範疇驗證（Scope Verification）、範疇控制（Scope Control）、範疇變更管理。

3. **專案時程管理**：指訂出一個專案時間表，控制工作進度，以達專案期限要求。亦即，針對完成專案所需的時間予以規劃、排程。它必須針對專案各個可交付成果的階段規劃出時間，推估出工時單位數，並估算完成專案所需的資源的種類與數量，藉此制定相關的進度表與文件，以方便專案進行時的進度控制。

4. **專案成本管理**：旨在估計專案的各項資源成本，包括人力、設備、原物料及差旅費等細項。成本預估必須保持在專案預算之內。

5. **專案品質管理**：專案是否成功，除了在預定的時間和預算內，達成預定目標之外，另一個關鍵則是專案成果的品質。品質如果不符預期，即使最後能交出成果，也不算成功。品質管理主要包括品質規劃（Quality Planning）、品質保證（Quality Assurance）、品質管制（Quality Control）。

6. **專案資源管理**：辨識、獲得管理資源，使專案得以成功完成之一系列過程。專案資源包括「物」質資源與「人」力資源，而人力資源又以團隊（team)資源為主。由於專案是為了達到某一個目的，在一定的期限內組織團隊，藉由招募適合該專案的人，或是隨著專案的進行，培育人員的技能，以成功完成任務。人力資源管理必須分配專案成員的任務與職責，以及在專案過程中的請示、匯報的關係，並制定相關的管理計畫。

7. **專案溝通管理**：在專案的進行中，會有大量的溝通行為，而這些溝通的形式可分為正式和非正式，也可能用書面或口頭的溝通，而溝通管理的要點，就在於及時而且用適當的方式，產生、傳播、儲存、查詢整個專案所需的訊息。因此必須讓專案成員與利害關係人對於溝通訊息的方式、格式頻率等有共同的理解和應用，才能確保訊息能成功、有效地傳遞給需要的人。

8. **專案風險管理**：專案風險管理包括風險管理規劃、辨識、分析、應對和監控的過程，它的目標在於增加專案積極事件的影響，降低消極事件發生的機率。首先，必須要判斷哪些事情會影響到專案正常運作，並以書面文件記錄風險發生的機率、時間等事項。再對風險的機率和影響進行評估和排序，並提出因應方法，以便降低威脅，提高專案成功機會。

9. **專案採購管理**：當專案在進行過程中發現，專案團隊無法產出某些產品或服務，或是外包給第三方在成本或時間上較為適合，這時就必須針對這些行為進行採購管理。採購管理必須規劃採購與發包事宜，針對欲採購的項目詢價，以及選擇賣方。此外，外包涉及雙方買賣之間的契約，採購管理也必須涵蓋管理契約，以及在專案結束後，雙方的契約收尾工作。

10. **利害關係人管理**：利害關係人是指影響到專案成敗的所有人，包括專案客戶、專案成員、受該專案導入影響的人、專案的協力組織、甚至是該專案執行過程中將牽涉之政府主管單位等。總而言之，所有影響（可能是協助也可能是阻礙）此專案進行與完成之所有關係人，均是利害關係人管理所要管理之標的。

表 1-3 專案管理地圖（PM Map）

專案管理地圖 Project Management Map		五大流程群組				
		起始 Initial	規劃 Planning	執行 Executing	監督與控制 Monitor & Control	結案 Closing
十大知識領域	整合（Integration）					
	範疇（Scope）					
	時程（Schedule）					
	成本（Cost）					
	品質（Quality）					
	資源（Resources）					
	溝通（Communication）					
	風險（Risk）					
	採購（Procurement）					
	利害關係人（Stakeholder）					

結合五大流程與十大知識領域可以表示成如表 1-3 專案管理地圖（Project Management Map）。專案管理地圖將全流程專案進行時間與知識種類分割，並讓專案管理工作有一個可依循的方向與標的，是任何一個專案管理的起點與終點。

表 1-4　專案管理五大流程群組／十大知識領域／49 子流程配適表

知識領域（49 子流程）	專案管理五大流程群組				
	起始流程群組	規劃流程群組	執行流程群組	監督與控制流程群組	結束流程群組
專案整合管理（7 子流程）	4.1 發展專案核准證明	4.2 發展專案管理計畫書	4.3 指導與管理專案工作 4.4 管理專案知識	4.5 監控專案工作 4.6 執行整合變更控制	4.7 結束專案或階段
專案範疇管理（6 子流程）		5.1 規劃範疇管理 5.2 蒐集需求 5.3 定義範疇 5.4 建立工作分解結構		5.5 驗證範疇 5.6 控制範疇	
專案時程管理（6 子流程）		6.1 規劃時程管理 6.2 定義活動 6.3 排序活動 6.4 估算活動期程 6.5 發展時程		6.6 控制時程	
專案成本管理（4 子流程）		7.1 規劃成本管理 7.2 估算成本 7.3 發展預算		7.4 控制成本	
專案品質管理（3 子流程）		8.1 規劃品質管理	8.2 管理品質	8.3 控制品質	
專案資源管理（6 子流程）		9.1 規劃資源管理 9.2 估算活動資源	9.3 獲得資源 9.4 發展專案團隊 9.5 管理專案團隊	9.6 控制資源	
專案溝通管理（3 子流程）		10.1 規劃溝通管理	10.2 管理溝通	10.3 監視溝通	
專案風險管理（7 子流程）		11.1 規劃風險管理 11.2 辨識風險 11.3 執行定性風險分析 11.4 執行定量風險分析 11.5 規劃風險回應	11.6 實施風險回應	11.7 監視風險	
專案採購管理（3 子流程）		12.1 規劃採購管理	12.2 執行採購	12.3 控制採購	
專案利害關係人管理（4 子流程）	13.1 辨識利害關係人	13.2 規劃利害關係人參與	13.3 管理利害關係人參與	13.4 控制利害關係人參與	

最後需要說明，專案是一個有生命週期概念的管理活動。而談到生命週期就需要將產品生命週期（Product Life Cycle）觀念引進，包括起始期（Initial Stage），成長期（Growth Stage）、成熟期（Mature Stage）與衰退期（Decline Stage）。同樣的，全專案與五大流程與時間相關，因此全專案也包括起始期，成長期、成熟期與衰退期個階段，而五大流程也包括四個階段。亦即大生命週期中包含小生命週期，如圖 1-11。

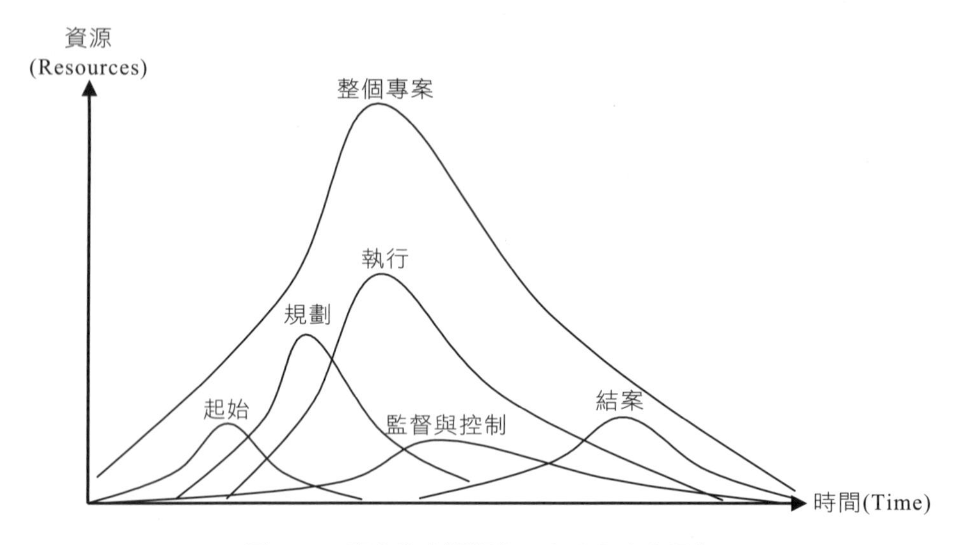

圖 1-11 專案生命週期與五大流程生命週期

專案管理核心概念與運作邏輯當然不僅可運用於專案，凡是人世間所有種類與問題解決機制，多少均與專案管理的部分邏輯相關，往後再進一步闡述相關內涵與實際應用。

1-5 專案管理的重要議題

一、釐清對專案管理的誤解

專案管理絕不只是排進度

很多人對專案管理最大的誤解是，認為專案管理不過是排進度罷了。當然安排進度是專案管理中十分重要的任務，但就重要性來說，讓專案參與人員充分瞭解專案目標、以良好的工作分解結構（WBS）來釐清待完成工作事項等，其實都比進度安排還重要。一份詳細的進度表所代表的意義，只是一份記載詳細的專案回憶錄而已。

專案管理並非一人專案

無可否認地，即使是一個人做的某項工作，有清楚的起始日、預定的完成日、有明確的績效標準、有確定的工作範疇、有限制的預算，就可以稱為一項「專案」。

二、要形成共識

花足夠多的時間討論專案，讓每個人都清楚知道大家真的有共識，這一點非常重要。注意，並不是說每個人都要完全同意大多數人的意見，但每位成員必須說出類似這樣的話：「雖然我並不完全同意此一看法，但我百分之百願意支持大多數人贊成的立場」。在這樣的情況下，專案才有可能形成共識。

這樣才不會像許多失敗專案的團隊，因無法妥善處理共識與異議而失敗。這就是所謂的「錯誤共識效應」（False Consensus Effect）是指人們傾向把自己的思維方式投射向他人，假設所有人以同一方式思考。

三、經營成效才是重點，而非技術

專案的重點是要達成某種經營成效，而非在技術上。也就是說，專案的基本目標是要達成某種經營成效，例如改善效率或增加營收。不管多少成千上萬的理由，專案的最終目標其實非常簡單：賺錢或省錢，而這也是高階管理階層內心的期望。大部分的企業對專案的成本回收都是非常關心的，因為對大多數的企業來說，大都是營利事業，利潤是長期生存的唯一要素。

四、專案管理的代表性活動

專案管理的代表性活動，包括：

1. 辨識利害關係人的需求。
2. 在專案規劃與執行時，平衡與滿足不同利害關係人的需求、關切與期望。
3. 平衡相斥競爭的專案限制條件，如範疇、品質、資源、預算（成本）、時程、風險等。

學習評量

1. 從專案的特性來看，專案的組成應包括哪些因素？[複選]
   (A) 有限預算
   (B) 特定的目標
   (C) 不確定性
   (D) 起迄日期
2. 下列何者不是專案經理人的職責？
   (A) 規劃
   (B) 組織
   (C) 技術
   (D) 領導
3. 下列何者不可視為專案？
   (A) 工程建設
   (B) 產品研發
   (C) 例行行政作業
   (D) 企業導入 e 化
4. 所謂專案成功是指？
   (A) 提供契約所條列的需求
   (B) 高階主管宣告專案完成
   (C) 符合或超出專案利害關係人的需求
   (D) 提送交付成果物給專案贊助者
5. 哪些是專案具有的特徵？[複選]
   (A) 獨特性
   (B) 例行性
   (C) 複雜性
   (D) 臨時性
6. 依據「PMBOK 指南」，專案流程的順序為？
   (A) 起始→規劃→執行→監控→結案
   (B) 執行→起始→規劃→監控→結案
   (C) 監控→起始→規劃→執行→結案
   (D) 規劃→起始→執行→監控→結案
7. 企業執行專案時的特徵？[複選]
   (A) 時間有限制性
   (B) 任務有獨特性
   (C) 利益有衝突性
   (D) 有限的成本預算
8. 以下哪一組是建立專案管理標準的機構？
   (A) PMBOK
   (B) PMO
   (C) PMI
   (D) PMA

9. 專案何時被認定為成功？

(A) 專案產品完成時
(B) 專案贊助人宣布專案完成
(C) 專案產品倒過來主導專案的持續營運
(D) 專案達成或超出利害關係人期待時

10. 下列何者運用一套工具技術去敘述，組織，並監控專案活動？

(A) 專案管理
(B) 專案經理
(C)〈PMBOK 指南〉
(D) 利害關係人

11. 對於專案的描述，下列何者正確？

(A) 專案是指重複性的活動
(B) 專案是指複雜性的活動
(C) 專案是指一次性的活動
(D) 專案是指限制性的活動

12. 專案管理程序中，下列哪項程序與變異關係最密切？

(A) 規劃
(B) 起始
(C) 執行
(D) 控制

13. 下列何者不可視為專案？

(A) 例行性行政工作
(B) 交通建設工程
(C) 產品創新研發
(D) 企業 e 化

14. 專案目標的制定必須符合下列何者？

(A) SMATR
(B) MARTS
(C) MASRT
(D) SMART

15. 下列何者符合專案的例子？

(A) 每個月客戶訂單的大量生產
(B) 每半年的 ISO 定期稽核
(C) 每年的年終庫存盤點
(D) 不定期的高階主管訓練

16. 下列關於專案的描述，何者有誤？

(A) 資源有限
(B) 時間有限
(C) 暫時性
(D) 專案目標隨進展越來越明確

17. 對專案而言，所謂「暫時性」的意思是？

(A) 專案的工期短
(B) 專案可以隨時取消
(C) 每個專案都有其開始點與結束點
(D) 專案資源有限

18. 進行專案管理，需要平衡下列哪一些因素？[複選]

(A) 範疇　(C) 成本

(B) 時間　(D) 資源

19. 在專案的哪一個階段進行變更的代價最小？

(A) 起始　(C) 執行

(B) 規劃　(D) 結案

20. 利害關係人對專案的影響力，在下列哪一個階段最大？

(A) 起始　(C) 執行

(B) 規劃　(D) 結案

21. 「驗證範疇」是屬於下列哪一個專案流程群組？

(A) 起始　(C) 執行

(B) 規劃　(D) 控制

22. 專案管理的三種限制是下列哪一組？

(A) 成本、時間、範疇　(C) 空間、時間、動作

(B) 規劃、時間、範疇　(D) 控制、時間、規格

23. 請問 PMI 協會所編撰的「專案管理知識體系指南」，其英文縮寫是？

(A) PMBOK Guide　(C) KKBOX

(B) XBOX　(D) Open Souce

CHAPTER

2 專案生命週期與組織架構

本章學習重點

- 專案生命週期
- 底線計畫
- 組織對專案的影響
- 組織結構
- 專案經理

2-1 專案生命週期

產品生命週期（Product Life Cycle）可分為誕生期、成長期、成熟期與衰退期四個階段，如圖 2-1 所示。

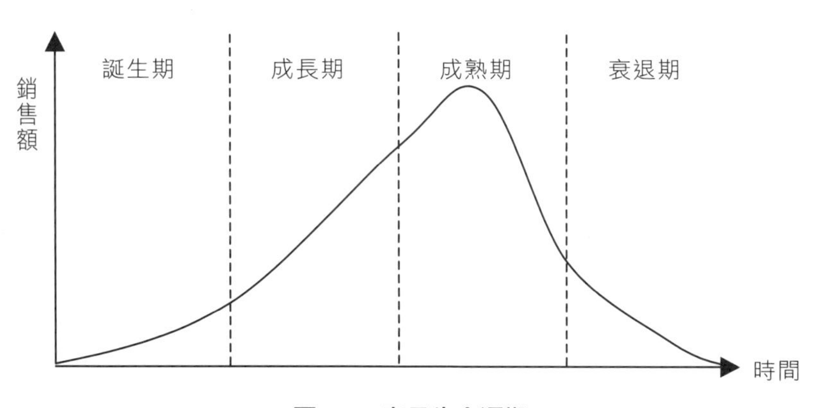

圖 2-1　產品生命週期

專案從概念產生到結束工作，有如新產品般有其生命週期，故稱其為「專案生命週期」（Project Life Cycle）。專案生命週期一般包含定義期、規劃期、執行期與結案期四階段。然而，專案生命週期會因產業不同而不同，因此很難定義專案到底有幾個階段。

一、專案生命週期的階段：第一種看法

Lewis（2003）認為，專案生命週期中的各階段，有很多種不同的模式可以解決，但一件好的專案，其生命週期應該是如圖 2-2 所示。

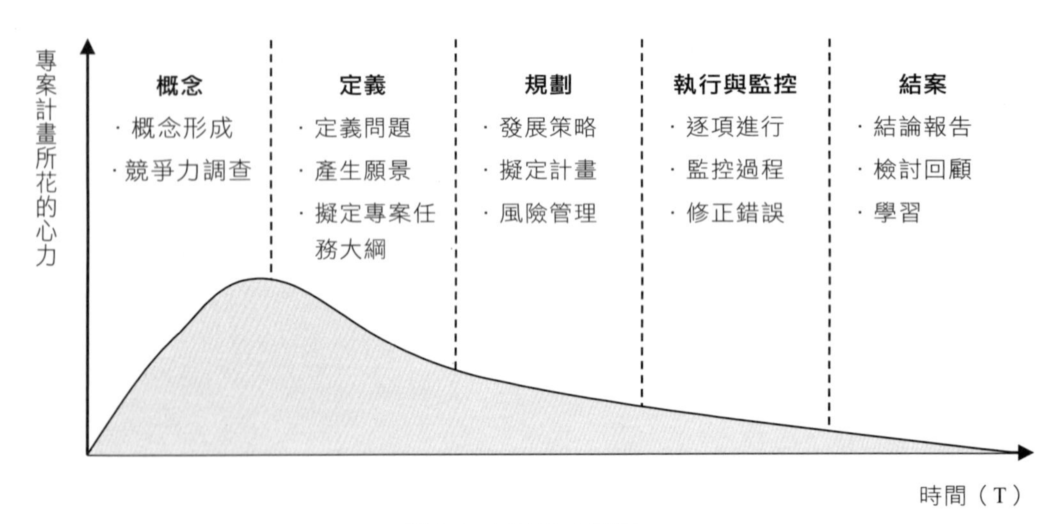

圖 2-2　專案生命週期

資料來源：Lewis（2003）

1. **概念階段**：問題剛發生，對很多狀況不是很瞭解，須作一些調查才能釐清問題。
2. **定義階段**：很多專案的失敗因素，並不是在最後的階段才失敗，而是一開始在「定義階段」就已經失敗了。定義階段主要任務在於，澄清專案目標，確認專案的資源需求。
3. **規劃階段**：如果專案能一開始就定義清楚，接下來就可進行擬定計畫。這階段主要可分為三大要素：策略（strategy）、戰術（tactics）以及後勤（logictics）。策略著重長期方計；而戰術著重細部計畫，同時也要決定各項細部工作應達成之成果為何？誰要負責做什麼？還有每一項工作要花費多少時間等。後勤工作的重點則是，確保專案團隊有足夠的資源供應，以利完成各項工作。
4. **執行與監控階段**：一旦計畫被核准，專案小組就可以開始展開作業，也就進入所謂執行與監控階段。當計畫被逐步開始執行時，必須有人確保專案進度依循計畫在進行，只要發現任何偏差，必須採取修正措施，使專案回歸正軌。
5. **結案階段**：當所有的工作都完成之後，就到了最後的結案階段。結案階段的重點，在於對整個專案一路走來的狀況進行檢討，目的是從每一項的工作細節中記取經驗與教訓，以作為未來其他專案的改進參考。檢討有兩件必須要問的問題：「這次有什麼地方做得很好？」和「又有什麼應該改進的地方？」

二、專案生命週期的階段：第二種看法

Jack Gido & James P. Clements（2001）認為，雖然專案生命週期有幾個階段並不確定，但一般來說，可界定為四個彼此相依的專案管理階段—確認需要、研擬計畫書、執行專案、終止專案，這些階段會按照相同的順序出現在每一個專案，也就是專案管理流程群組。不因專案之產業特性或應用領域不同，幾乎所有專案都是按照這一套順序來進行專案管理。在專案結束之前，個別的流程群組以及其所包含的個別流程會不斷地反覆，個別的流程不只會和同一流程群組的其他流程互動，也會和其他流程群組的流程互動。

1. **第一階段**：確認需求。當顧客因著需求時，專案就誕生了，顧客會為了達成這個需求而會提供資金。在專案生命週期的第一階段，要確認「需求」、「問題」或「機會」，專案團隊提供顧客所需求的計畫書，以便能明確地說出顧客需求與解決方案。顧客的需求或需要通常會被寫在文件上，這份文件就稱為「需求建議書」（Request for Proposal，RFP）。
2. **第二階段**：研擬計畫書。在這個階段，有意承攬契約的專案團隊會逐漸顯現，他們會依據「需求建議書」，可能花上幾天或幾週的時間，準備問題的解決方案、估計需要的資源、推算所需的時程，每一項都以文字加以記錄，並提交計畫書給顧客。之後，顧客會和其中一個專案團隊進行協商並簽訂契約書（contract）。
3. **第三階段**：執行專案。也就是正式執行「計畫書」。顧客由多份計畫書中，遴選出合適的專案團隊後，專案就開始執行。在這個階段，正式履行的任務包含更詳盡的細部規劃，並依計畫書執行，以完成專案目標。在執行專案期間，將會用到許多不同的資源。在這個階段強調，以有品質的方式，在有限預算與時間內，完成所有交付的工作範圍，以達成專案目標，並獲得顧客滿意。
4. **第四階段**：終止專案。這階段要確認顧客所交付的需求都已完成，並要評估專案執行的成果，如此才能對於未來要執行相似的專案有改善的機會，可以從中學習。

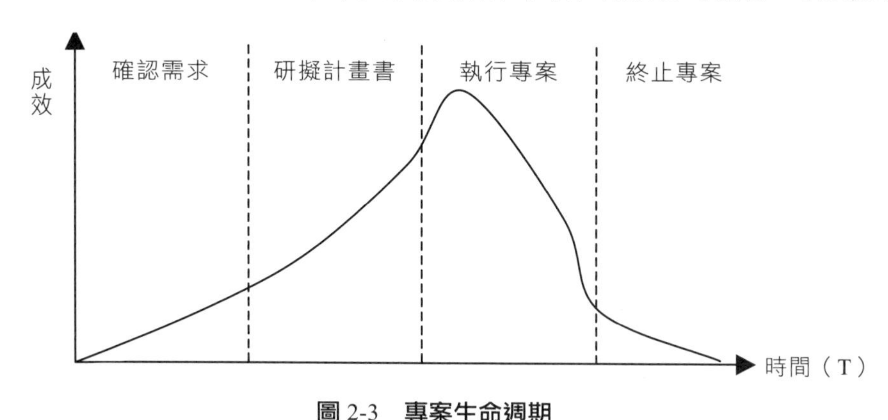

圖 2-3　專案生命週期

三、專案生命週期的共同特性

大部分專案生命週期都有以下的共同特性：

1. 在專案初期，成本和人力需求的程度都很低；但它們會隨著專案的持續進行，而逐漸增高；最後則會在專案結束前急速降低。
2. 在專案初期，通常其風險和不確定性為最高，故成功完成的機率為最低。但隨著專案的持續進行，其成功機率則會逐漸增高。
3. 在專案初期，專案的利害關係人對於專案最終產出的特性和最後成本的影響為最大；但是隨著專案的持續進行，影響則會逐漸減少。此現象主要系歸因於對錯誤的更正及成本的改變會隨著專案的進行而增加。
4. 各階段一般是有順序性的，通常是由某種技術資訊移轉或技術組件的交接來定義。

「產品生命週期」和「專案生命週期」的定義是不同的。前者除強調的是去創造及發展這個產品的整個過程，還需持續注意產品製造後的行銷、銷售與服務等所有工作。而後者則只強調如何去管理明確定義目標的工作，如只單一執行產品研發、或只執行行銷部分等。整體來說，產品生命週期可能包括許多專案，而每一個專案都有其五個程序。

2-2 專案管理的過程─底線計畫

簡單來說，專案管理的意思就是規劃工作（planning the work），並且工作計畫（working the plan）。同樣地，專案管理的過程也就是要建立計畫（establishing a plan），並且執行該計畫（implementing that plan），以達專案目標。

專案管理從起始到結束，所有進行的工作都必須建立在底線計畫（Baseline Plan）中。底線計畫就像是專案的藍圖，可以指引如何準時，在有限預算內完成專案範圍的工作。底線計畫所要做的包括下列步驟：

1. 清楚定義專案目標：這個定義必須是顧客所認可的，才可執行。
2. 細分再細分專案的主要工作包：在此階段必須對專案的工作任務進分解，常使用的工具是「工作分解結構」（Work Breakdown Structure，WBS），將專案工作項目逐層逐項地分解。
3. 定義每項所須執行的工作包，以順利達成專案目標。
4. 應用網路圖（Network Diagram），以圖表來描述任務。

5. 預估每項任務所需完成的時間與資源：對於要用哪一種資源與用多少資源，才能在時間內完成專案，要有所估計。
6. 評估每項任務的費用：依據每項任務所使用的資源形式與數量，來評估每項任務的費用。
7. 精算專案時程與預算，評估能否在需求時間、有限資金以及可用資源內完成專案。

規劃時要決定哪些是該做的？誰去做？要花多少時間做？要花多少費用做？這些就是所謂的「底線計畫」（Baseline Plan）。

2-3 專案管理的五大流程

一、起始流程（Initial Process）

專案生命週期最初的階段是「確認需求」，起始於「瞭解需求、問題、機會」，結束於「需求建議書」（Request for Proposal，RFP）的完成。一旦決定之後，就要依顧客的「需求建議書」（RFP），按其所指出的「問題、需求、機會」去達成所有的利益。

準備需求規劃書。準備需求規劃書的目的在於廣泛而詳盡地描述專案狀況，需求是來自顧客的觀點，以確立其真正需要。一份好的「需求建議書」（RFP）可以讓有意承接的專案團隊瞭解顧客真正的需求是什麼，以達到顧客滿意。

一般而言，好的「需求建議書」其內容應包括：

1. 工作說明（SOW）：工作說明（Statement of Work，SOW）的內容包涵「專案範圍」、「任務概要」、顧客想要專案團隊做的工作任務內容或專案團隊要執行的項目。
2. 顧客需求：亦即定義需求的規格及屬性。
3. 需求建議書應寫明所交付給顧客的狀況：專案團隊所交付的項目要在需求建議書中載明。
4. 需求建議書中要分項明列任何顧客支援的項目。
5. 需求建議書在執行前須獲得顧客的同意。
6. 有些需求建議書會提及顧客打算要使用的契約樣式。
7. 需求建議書中要載明顧客想要的付款方式。
8. 需求建議書中要載明專案完成時程。
9. 需求建議書中應要有格式化的廠商計畫書（proposals）。

10. 需求建議書中要說明廠商提交計畫書的期限。

11. 需求建議書中應包括有評估準則。

12. 有些需求建議書會說明顧客僅以有限經費來進行專案。

二、規劃流程（Planning Process）

專案規劃流程的目的在於建立並維護專案已定義好的活動計畫。而此流程需要達到下列的目的：

1. 發展專案計畫
2. 與關鍵人員適當的互動
3. 取得對專案的承諾
4. 維護專案計畫

專案規劃開始於用以定義產品與專案的需求。規劃包括：估計工作產品及工作項目之屬性、決定資源需求、協商承諾、產生時程，以及界定和分析專案風險。訂定專案計畫可能需要反覆上述活動。專案計畫提供執行及控制專案活動的基礎，專案活動提出對專案客戶的承諾。專案進行時，專案計畫常因下列情況而須修訂：需求及承諾變更、不準確的估計、矯正措施及流程變更。本流程包含說明規劃與重新規劃的特定執行方法。

三、執行流程（Executing Process）

「執行專案」是專案生命週期的第三階段，此階段起始於顧客與專案團隊簽訂契約，終止於專案在具品質的方法、預算及時程內、顧客滿意情況下，達成專案目標。

專案生命週期的第三階段—「執行專案」是由兩部分所構成，分別是「專案細部規劃」與「執行計畫」。計畫決定如何去做、誰去做、花多久時間做以及要花費多少成本，成效在於「底線計畫」。

四、監督與控制流程（Monitor and Control Process）

當專案工作開始執行時，監督與控制的動作也要隨即啟動，如此才能確保每件事都是根據專案計畫執行。

專案監督與控制的程序包括「常規性數據的蒐集」，比較實際執行與計畫的差異，如果差異過大就要啟動修正行動，這個過程必須從專案執行後就從頭到尾貫徹執行。專案管理是一項凡事都事前準備的工作，以便能控制專案，確保專案目標可以達成。

五、結案（Closing Process）

專案生命週期的最後一個階段是「結案」。這個階段始於專案工作都已被完成，也就是專案中的各項任務都完全地結束。結案的目的在於從這當中學習經驗，以做為未來專案的借鏡。

在結案階段，專案經理應要請參與這個專案的每位成員寫下專案成效評估報告，並且對於有功人員加以表揚，同時也要瞭解未來團隊成員還需要往哪個方向發展。

專案完成後之內部評估也包括有「專案團隊成員間的個別會議」與「專案團隊會議」。此外，和顧客舉行內部會議也是重要的，這個會議可知道專案是否提供顧客預期利益、是否讓顧客滿意、也可以自顧客處獲得回饋。

值得注意的是，所謂專案管理的最佳實務是指❶最節省成本的做法、❷執行最快速的做法、❸風險最低的做法。

2-4 組織對專案的影響

一、專案管理最常遇到的兩個問題

在專案管理中最常遇到兩個問題：

1. 專案的組織和隸屬怎麼安排最有效？
2. 誰是最理想的專案經理？

在談第一個問題之前，讓我們先回頭看看企業的基本組織結構有哪些。一開始，企業的組織結構是依業務功能不同而採取一種金字塔式的組織。這就是所謂的傳統功能式組織結構。這種組織結構的最大優點在容易控制，對預算和成本的計算也比較精確。但這種垂直式的組織對專案管理卻是一大障礙，因為它缺少一個能對專案負全責之人。同時，垂直式按功能劃分的組織雖然利於上下溝通，但對專案管理視為必要的橫向溝通卻無能為力。在這種情形之下，很多企業在原有的組織結構下，創造了一些新的頭銜，像專案主持人、專案行動小組、專案聯絡人等等，名目繁多，不一而足。

但經驗和事實告訴我們，這種治標不治本的改變不是很有用，因為這些改變仍然不能解決兩個基本的瓶頸：專案經理沒有實權；專案成員仍然效忠於其原屬單位 。因為他們都知道，專案的形成本來就有點像「烏合之眾」，專案完成後，各人都要回到各人自己的部門。在這種情形下，誰都不會把專案的任務當成「本業」來看待。

和傳統式組織相反的另一種結構，那就是不按業務功能，而依產品而形成的組織。換句話說，相同的功能，往往出現在不同的組織中。這種依產品而區隔出來的組織結構，對產品從研發到上市的時間上，當然可以提高不少效率，但在資源和人力的運用上，因不能彼此支援而造成極為浪費的現象。同時，它還是解決不了專案完成後，人員何去何從的問題。例如，有一家軟體公司原本只有一項產品，大家相安無事。後來產品增多了，每項產品的推銷，都被視為一件特殊的專案，結果每項產品都有自己的業務和支援幹部，產品與產品間彼此競爭，不相往來，造成公司極大的浪費，以致於兩敗皆傷的局面。

近來流行矩陣式組織。所謂「矩陣」（Matrix）最簡單的解釋，就是在傳統垂直式的組織中，一個新的實體（Entity）從側面橫向切過去，這個新設的實體叫做專案。

從表面上看起來，矩陣式的組織和專案管理應該是「天作之合」，因為專案的目的是協調不同的部門，而矩陣式組織的目的是協調企業各部門以支援某專案。但根據許多企業的經驗，矩陣式的管理說比做容易，因為每家企業所處的環境和面對的情況都不一樣，所以天下沒有兩個完全相同的矩陣。

矩陣式組織最大的問題出在「工作流程」，它不但要從上到下運作，並且要橫向平行運作。在這種繁雜的運作下，專案的管控顯然是一大問題。不可否認地，在所有的組織結構中，矩陣式組織對專案管理最有幫助，因為在管控上，它可以彌補以產品為中心式組織的缺失，在負全責上，它又可以彌補傳統式組織的不足。

專案管理的矩陣式組織談起來容易，但做起來卻挺難的。要克服此一困難的唯一辦法，是對有關人員進行有條理有計畫的訓練：矩陣式組織如何運作、如何溝通、如何解決問題、如何賞和罰。最重要的還是在矩陣式組織結構下，各成員扮演的角色一定要訂得很清楚。名不正則言不順，言不順則事不成。

至於什麼樣的人選是專案經理的最佳人選呢？是該選管理技巧比較好的人來領導呢？還是選技術能力強的人來領導？可不可能一個專案有一個以上的專案經理呢？關於這些問題，不同的人有不同的看法，孰是孰非，見仁見智。

基本上，一位理想的專案經理，他或她的管理技巧和技術能力都不是最重要的，最重要的是經驗，哪怕是失敗的經驗。如果我有權在兩個專案經理中選一個來替我做事：一個毫無經驗但學識能力都很好，不但能管人，自己也能放下身段來辦事；另外一個曾經有過類似專案的經驗，但那專案在他領導之下，缺點很多，成績並不好。在兩者之間，一般仍然會挑後者來做專案經理，理由很簡單：如果要找一個嚮導帶我去一個新地方玩，我一定會找一個去過那個地方的嚮導，而不是沒去過，但書和圖片都看得爛熟的嚮導。當然，我們假設這位嚮導（專案經理）能在失敗的經驗中吸取教訓，否則的話，豈不是自找麻煩？

專案經理的管理技巧和技術能力哪樣比較重要？以前，大家都認為技術能力比管理技巧重要，近年來，這個想法有轉變的現象。轉變的主要原因，乃是由於越來越多的技術人員感覺到，如果沒有管理技巧，對事業生涯的發展是極大的障礙。基於此種認識，在技術專業外再追求管理技巧的訓練，幾乎已經變成了「胸懷大志」的年輕人必經的過程。反過來看，先有一般管理技巧再去追求技術的專業，這種例子畢竟比較少。

由於一般的專案，在完成的期限上壓力會很大，如果一個專案經理在技術層面上不能與人溝通，當然並不是說一定不行，但在決策的速度上，卻要大大地打個折扣。因此，如果非要為經驗、技術能力和管理能力三者來訂一個百分比的話，一個專案經理，他的經驗應該佔百分之五十的重要性，剩下來百分之三十是技術，百分之二十是管理能力。當然這三者往往是交互運用，分不出彼此的。

至於一個專案是否能有一個以上的專案經理呢？答案是「能」，但「不應該」。為什麼？除了組織政治上的理由外，實在看不出這樣安排的原因何在。

二、高階管理者對專案所負的責任

1. 遴選專案經理：高階管理者對專案最重要的責任在於遴選出「專案經理」，所選的人應該具有計畫專長，並不是所有的技術型專案都是很好的計畫者。
2. 排定專案的優先順序：清楚地定義所要執行專案的優先順序。
3. 適當的資源配置：為每個專案配置資源及預算。
4. 管理里程碑的回顧與核可：高階管理者必須展現出對專案進度（里程碑）的關注。為了確認要求和期限，高階管理者應在專案進行的各關鍵時點（里程碑）與專案人員接觸以確認專案進度是否與原先規劃相符。
5. 發掘專案延誤的原因並加以解決。
6. 對可行替代方案的核可：當專案確實無法執行時，專案團隊可能會提出其他可行的替代方案或建議。為顯示高階管理者對其行動的支持與背書，高階管理者應認真檢視所有可行方案，如果您同意，就核准他們的方案。
7. 專案結束，對有功人員論功行賞：專案結束時，高階管理者應評估專案成果，並彙總專案執行過程中所學習到的啟示。最後並對於有功人員論功行賞，以激勵團隊不斷努力。

三、專案管理辦公室（PMO）

企業縱使有遠大完善的策略規劃，但如無法落實，這些規劃只不過是流於空談而已，「專案管理辦公室」（Project Management Office，PMO）或稱「專案辦公室」（Project Office）希望能提供不同的專案團隊環境與功能，透過其執行來落實組織策略規劃，整合團隊，並主導專案發展的窗口以達成組織策略目標為當下最佳途徑。因此，絕大多數成立「專案管理辦公室」的理由在於「建立一致性的專案標準與模式」。

基本上，專案管理辦公室是❶專案成員的辦公室、❷專案組合管理辦公室、❸訓練專案管理最佳實務的辦公室。專案管理辦公室是屬於一種「強矩陣型專案組織」。

專案管理辦公室（PMO）的設置與功能及其對促進專案成功所扮演的重要角色已成為專案管理領域中一項引人注目的熱門話題。形成專案團隊一個有效運作的最佳環境與功能，一般包括培養專案經理和支援專案經理管理的所有執行作用，包含開發、支持、控制專案，一個專案辦公室由一功能套件，包括培養專案經理（選拔專案經理）和支援這些專案經理管理的所有專案的執行（包括籌建專案管理辦公室至專案辦公室運作）。在各專業多元化高度發展之下，專案管理已廣泛運用在各大產業，期望引進「專案管理辦公室」促進有效的行政模式，進而推展成功達成專案目標。

「專案管理辦公室」（PMO）是企業很重要的策略管理單位，因為各個「專案」都是一段時期的努力來達成特定的目標成果。當企業內有各式各樣的目標設定出來，就會有各個不同的專案形成，也就有各個獨立的小組進運作。一般企業總經理的功能，會在年初時設定年度目標、在年尾時檢討績效成果，一般期間則是多在業務開拓如夥伴社交運作上花費較多時間，而內部的各個專案的推進追蹤和支持協助上，最好要有一個高層的「專案管理辦公室」來統籌管理，再由一堆專業專案人員進行團隊領導跟催專案。因此，專案管理辦公室大多由「高階主管」所成立。

值得注意的是，專案管理辦公室扮演的角色是「協助者」而不是「執行者」。

專案管理辦公室的常見目的

一般而言，成立專案管理辦公室的常見目的如下：

1. 建立及推廣優良的專案管理程序，並成為執行專案管理的資料庫。
2. 傳遞專案管理所學習的經驗與知識。
3. 提高專案管理的成功率。
4. 減少專案管理的前置時間，進而縮短專案時間。
5. 彙總及摘要專案資料，並提供一致性的專案資訊。

6. 發展與維護專案管理系統。

專案管理辦公室的主要功能

專案管理辦公室（PMO）的主要功能，包括：

1. 管理「專案管理辦公室」轄下所有專案的共同資源。
2. 辨識及發展專案管理的「標準」、「方法論」與「最佳實務」。
3. 指導、輔導、訓練及監督轄下各專案。
4. 經由專案稽核監督控制各專案，依循專案管理標準之政策、程序及範本。
5. 發展並管理專案政策、程序、範本及其他共同的文件，例如組織流程資產。
6. 協調跨專案間的溝通。

專案管理辦公室的附加價值服務

一般來說，專案管理辦公室（PMO）可以提供以下幾項附加價值的服務：

1. 對專案進度的整體檢視。
2. 專案成果管理。
3. 重新配置短期的開發資源。
4. 建立並維持專案管理的標準與方法。
5. 將從每個專案中學習而來的知識加以彙整，以供未來的專案使用。
6. 提供專案管理訓練，以改善專案的效度。
7. 評估企業內的專案管理成熟度，並採取改善行動。

四、組織理念與組織文化對專案的影響

專案組織的理念與文化是很重要的，因為專案經理在強調專案重要性的時候，首先要確保高層管理者與功能單位全力支持與配合專案的執行，如此，才能規劃更好的環境與條件，讓專案成員得以全力以赴，無後顧之憂地投入專案的執行。

高層管理者對專案的關心，專案和職能經理的合作以及資訊的流動性，都對專案執行有重大的影響，公司的每位成員都必須清楚專案對於公司生存的重要性。唯有建立專案組織與文化，才能更加容易且有效率地推動專案的進行。如果專案組織文化沒有建立在適當的水平上，專案的執行便會窒礙難行，加大專案經理的工作難度，引發執行者的不滿，降低專案實現的可能性。只有把專案組織文化建立在公司體制內，企業策略的實施過程才能圓滿成功。

2-5 組織結構

企業的組織結構就像是一個有機體一樣，會不斷地變化與成長，因此組織結構具有動態的本質。

一、職權與職責

基本上，組織規劃就是釐清「什麼人該負責什麼工作」，明確劃分每個職務的職權（Authority）、職責（Responsibility）與責任範圍（Accountability）。職權意指「職務帶來的相關權力」；職責是指「職務要負擔哪些責任」；責任範圍則是「這個職務要做哪些工作」。

1. **職權（Authority）**：因職位而來的權力，也可以說是職務上所擁有的權力。
2. **職責（Responsibility）**：是與職權一起的。當我們擔當某一職位，除了承受職權外，同時也必須負起相對應的職責。
3. **責任範圍（Accountability）**：是指員工會去承擔隨著工作成果而來的褒貶。

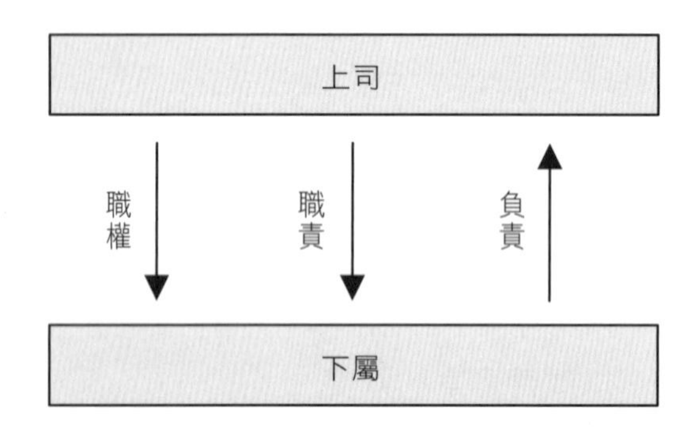

圖 2-4 職權、職責、負責三者間的關係

在將職務組織規劃好之後，會得出兩項實際可見的成果：一是「組織圖」（Organization Chart），說明每個職位的職權與職責關係；另一個是「工作說明書」（Job Description），明白指出每件事該由誰做、又該負責做好什麼工作。有了這兩份文件，就可以據此了解每個人的工作執掌內容與責任範圍，消彌工作分配上的灰色地帶，而不會是一群人吃大鍋飯，每個人都把責任推開。

二、組織相關名詞

Organizing vs. Organization

1. 組織（Organizing）是動詞，是指有系統地將群體的活動和要素加以分群或安排的動作。

2. 組織（Organization）是名詞，是進行組織化後的結果，是指一群具有特定任務的群體成員。

正式組織 vs.非正式組織

1. **正式組織**：組織內法制的與正式的組織結構。
2. **非正式組織**：在組織圖中是隱略不顯的，其是指組織內成員所發展出來的一種非正式、私人性的接觸、溝通，以及做事方式。

組織圖

組織圖有四項的重要資訊：

1. **任務**：組織圖顯示了組織中各種不同的任務。
2. **分工**：組織圖顯示了組織的分工，組織圖中的不同方塊，代表不同的工作領域。
3. **管理的層級**：組織圖顯示了組織從最高階層到最低階層的組織分層。「控制幅度」會影響組織分層的階層數。「控制幅度」是探討一位管理者所可以有效地管理的部屬數目。
4. **指揮鏈**：組織圖中方塊間的垂直線，顯示了職位間的指揮關係。指揮鏈原則是認為每一部屬都應該只對一位，且只能向一位直屬上司負責，沒有人應該同時對兩位以上的上司負責。

影響力與權力

1. **職權（Authority）**：是指由組織所合法授予的權力。
2. **影響力（Influence）**：是指一個人可以使其他人採取某些行動的能力。
3. **權力（Power）**：權力的基礎便是影響力。當一個人有了影響力，他便擁有了權力。

權力來源的基礎

權力的來源有五種基礎：

1. **強制權力（Coercive Power）**：因為害怕被處罰而對擁有處罰權力者的遵從，這種基於畏懼的權力，便是強制權力。
2. **獎賞權力（Reward Power）**：基於個人因具有給予其他人所認為有價值的獎賞，而所產生對他人的權力。

3. **法制權力（Legitimate Power）**：基於個人在正式組織所擔任的職位而取得的權力。
4. **專家權力（Expert Power）**：基於個人因擁有某種專長、特殊技能或知識而產生的權力。
5. **參考權力（Referent Power）**：基於某人因為擁有某些獨特的特質而易受人認同的權力。

授權、集權、分權與賦權

1. **授權（Delegation）**：是指如何將職權分配在主管與其幾個部屬之間。
2. **賦權（Empowerment）**：意指允許並幫助部屬，使其有能力去做他們所被授予去執行的工作。
3. **集權（Centralization）**：是指組織將大部分的決策權力保留在組織的較高階層。
4. **分權（Decentralization）**：是指組織將大部分的決策權力有系統地分散在組織的中低階層。

三、傳統功能管理與專案管理之比較

Hodgetts（1968）將傳統功能管理與專案管理做比較，如表 2-1 所示。

表 2-1　傳統功能管理與專案管理之比較

	功能管理	專案管理
組織的直線／幕僚劃分	功能單位對目標達成負直接的責任，直線指揮，幕僚諮詢。	形式上有層級存在，但直線功能單位僅呈支援地位，職權和職責形成交織關係存在。
組織層次原則	職權關係鏈是由主管到部屬遍及全組織，而重要、中央、關鍵的事務均垂直地由上向下傳達。	雖有垂直關係存在，但主要重點在於橫向及斜向之流向；重要工作事項的執行，乃依任務需求的情況而定。
主管與部屬的關係	是最重要的關係，如果正常，則有成功的可能，所有重要的活動都是經由主管對部屬的金字塔形關係而進行。	大部分重要的活動，都是經由主管與主管之間、管理者之間、同事與同事之間、技術人員之間的關係而進行。
組織目標	組織目標由母體（次級組織所合成的總組織）配合環境而製定，是一元性的目標。	專案目標是許多相互依存的單位的聯合任務。因此，目標為多元性的。
指揮的統一	管理者是各項活動的首腦、而各項活動均以相同的計畫為主。	專案管理者需要跨越功能線和組織線，始能達成各單位的共同目標。
職權與職責	必須和功能管理相一致，主管與部屬關係的統合必須經過功能職權與幕僚諮詢服務來達成。	專案管理者的職責往往大於職權，成員在有關薪資及績效報告、升遷等問題往往需向另一位功能管理者負責。

	功能管理	專案管理
時間幅度	可以經由不斷的業務而長遠存在。	專業的時間有限定，組織的時間也就有一定的限度。

※資料來源：修改自 Hodgetts（1968）

2-6 專案常見的組織結構

專案管理工作存在著許多不同的組織結構，但最常見的主要有三種：功能式組織、專案式組織、矩陣式組織，茲分述如下：

一、功能式組織

典型的功能式組織如圖 2-5 所示。在功能式組織結構下，專案成員仍要對原功能組織中的主管負責，專案經理並未具有完全職權。

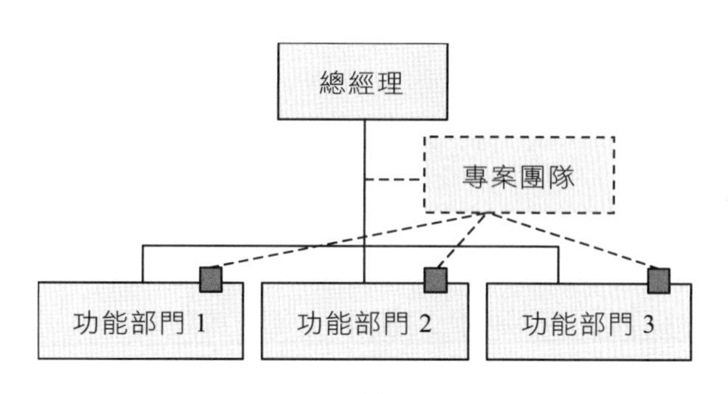

圖 2-5　功能式組織

二、專案式組織

在專案式組織中，每項專案都有專職人員在運作，而專案經理對專案團隊也有比較充分的管理職權；反觀，在功能式組織中，專案經理只有專案職權。

當專案具有高度複雜性，須委以重要資源，且結果需承擔高度風險時，就需要形成「專案式組織」（Projectized Organization）。專案式組織是由專案經理所負責，而專案經理必須獲得充分授權，並分配到足夠的資源，以執行最有效的資源利用與控制。專案內的所有人員與資源，都必須將專案式組織的任務列為最高優先等級。

一般而言，專案式組織可分為三種類型：專案中心、獨立專案、局部專案。

1. **專案中心**：原公司仍維持原有架構，額外為專案增加一個單獨的專案團隊人員與資源，並設置一位被充分授權的專案經理。其中，專案成員與專案資源視需要從各功能部門借調，當專案結束，將專案成員與專案資源解散回歸各功能部門。

2. **獨立專案**：當專案大到無法由單一組織所組成時，為完成特殊任務（例如中國大陸的三峽大霸工程），獨立專案的組織成員與資源，來自各個共同參與的組織。此類專案大都涉及一個以上的主要契約廠商，數個次要契約廠商，以及多個小型下游支援廠商。當任務完成時，除了營運作業功能的組織仍維持外，其餘組織則解散，回歸各公司。

3. **局部專案**：係將專案中重要而關鍵的功能分配予專案經理，其他的支援導向功能仍維持在原部門。在局部專案組織結構下，專案經理對重要而關鍵的功能之成員與資源，具有直接控制權力，也接受其他相關功能部門的協助與支援。

由位專案式組織是一個完全或局部獨立的組織結構，必須投入相當的成員與資源。對原公司易形成專案人力及成本的問題。此外，也由於專案式組織是暫時性的，當任務結束面臨工作的不確定性，會降低員工的士氣及服務的熱忱。

三、矩陣式組織

典型的矩陣式組織結構如圖 2-6 所示，在這種組織結構中，矩陣是一個矩形的格子，垂直線顯示功能部門的職權，水平線顯示專案經理的職權。一般而言，矩陣式組織具有三種獨特的能力：

1. 功能部門經理掌握專門技術人員與實體資源，專案經理組成專案團隊時，須透過功能部門經理的協調，借調相關的技術人員與實體資源。

2. 借調的專案成員仍維持在原工作領域，保有固有的專業技能。矩陣式組織讓功能專案之間更易於溝通，並提供不同功能的團隊成員間彼此相互學習與發展技能。

3. 在專案進行的過程中，專案成員在功能部門內執行專案，工作仍保有持續性，成員士氣或焦慮的情形會減少。

專案經理在矩陣中的主要角色是協調與整合；部門經理的角色則是提供支術協助、諮詢與支援。在整個專案過程中，專案經理與部門經理必須相互協調直到專案完成。

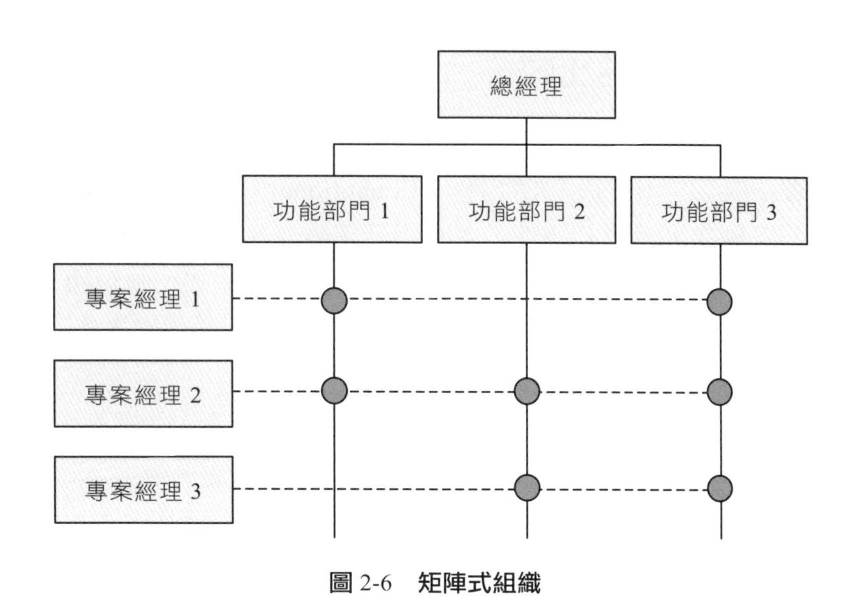

圖 2-6　矩陣式組織

Davis and Lawrence（1997）認為，下列三種情形適合使用矩陣式組織，茲說明如下：

1. **外界壓力使組織必須從事兩方面努力**：隨著科技的進步，專業技能的需求越來越高、越多樣化，同時人們的需求、產品的功能也越來越複雜、變化快，使得組織必須同時兼顧專業領域的進步，同時也需兼顧特殊目標之短期達成。單一主管難以應付此一情況，使得矩陣式組織成為解決此一困境的希望。工作的多樣化、環境的高度不確定性和各次級任務間的相關性，是採用矩陣式組織的適合背景因素。

2. **需要高度的處理資訊能力**：隨著科技的進步，專案的分工與複雜及人們需求的快速變化，當組織面臨迅速變遷、不確性高、任務變得複雜時，導致組織內部溝通增加，必需處理的資訊量也增加，傳統的組織結構在資訊的取得及應用上，往往無法負荷，此乃因為當任務的不確定性持續增加，經向上級體系反應的次數愈來愈多，使得訊息處理系統可能因負荷過多而對環境的反應會發生嚴重遲緩的現象，也可能因為決策者無法正確了解事實而作出不合適的決定。設法降低訊息量或提高訊息處理能力為組織因應資訊增加的對策。解決方法有多種，而矩陣式組織運用水平方向的專業組合，將決策下移至訊息所在地，乃組織處理大量資訊的極佳選擇。

3. **組織資源有限**：組織一方面希望資源不要過度擴張、資源利用效率達高標準，一方面又要求產能極大化。因此組織資源必須具有彈性調配的機制。傳統的功能式組織及專案式組織在彈性應用上均有其困難。矩陣式組織允許特定資源同時滿足不同專案的需求，並且可使各種人才在不同專案獲得再發展的機會，對於工作效率及士氣的提升頗有貢獻。

四、三種組織的優缺點比較

David and Lewis（2004）認為，專案的組織結構受限制於專案資源之可用性和使用期限。就組織結構而言；可依「功能性」（Functional）到「專案化」（Projectized）兩種極端之間的各層次來說明其特性，並將組織架構分為功能式組織、矩陣式組織、專案式組織。其中，矩陣式組織又分為弱矩陣式、平衡矩陣式、強矩陣式，隨著兩者之間比重之變異，進而產生不同矩陣式組織，如表 2-3 組織結構對專案之影響。

表 2-2 三種組織的優缺點比較

	優點	缺點
功能式組織	· 工作內容不重複 · 功能性卓越	· 組織較僵化 · 命令傳達時間長 · 較不以顧客為焦點
矩陣式組織	· 有效利用資源 · 各功能單位的專案技能都可以應用所有專案 · 促進學習與知識交換 · 增進溝通 · 以顧客為焦點	· 需向功能經理與專案經理兩方面報告 · 權力需要平衡
專案式組織	· 具資源控制權 · 對顧客負責	· 較不具成本效益 · 專案和專案間，知識的轉移較低度

表 2-3 組織結構對專案之影響

組織型態 / 專案特質	功能式組織	功能式矩陣組織 弱矩陣式（Weak）	平衡式矩陣組織 平衡矩陣式（Balanced）	專案式矩陣組織 強矩陣式（Strong）	專案式組織
專案經理人之權利	無或很少	低度	低度到中度	中度到高度	高度到幾乎完全
全職參與專案之人員比例	幾乎是 0 %	0 - 25 %	15% - 60 %	50% - 95 %	85% - 100 %
專案經理人之角色	兼任	兼任	全職	全職	全職
專案管理之行政幕僚	兼任	兼任	兼任	全職	全職
專案職稱	專案協調者	專案協調者	專案經理	專案經理	專案經理

※資料來源：PMBOK Guide

根據 David and Lewis（2004）之分類；歸納矩式組織之相關文獻，優缺點綜合整理如下：

1. **功能式組織（Functional Organization）**：不改變原來按功能別劃分的組織型態，將專案各部分依其性質，委諸於各功能別組織，由上級及功能部門經理負責協調。

   優點：

   (1) 可形成專業技術的經濟規模。

   (2) 利用分工和專業化之優點，提高功能性資源的使用效率。

   (3) 可減輕高階主管的負擔，並培養管理幹部。

   (4) 可使功能部門對其負責之業務做全盤性之考慮。

   缺點：

   (1) 不適於管理高度動態、不確定性與複雜性高的專案。

   (2) 本位主義嚴重，易造成局部最佳化。

   (3) 溝通較為困難，彈性差。

   (4) 資訊在功能部門間傳遞，故決策速度較為緩慢。

   (5) 高度例行性的事務，易忽略人類行為的動機。

   (6) 易使專業人力分散，人才難以充分發揮。

   (7) 不太可能同時、及時的完成不同任務。

2. **功能式矩陣組織（Functional Matrix）**：專案協調者（Project Coordinator）僅有類似幕僚的職權，負責協調和該專案有關事宜；部門經理仍負責和其功能有關的專案事宜。

   優點：

   (1) 保留功能式組織的優點。

   (2) 功能部門保有威權，有助於工作的推行。

   (3) 適合多重專案的環境。

   (4) 保有較佳的技術品性。

   缺點：

   (1) 功能部門視專案幕僚為找麻煩的單位，而不願意衷心合作。

   (2) 由於專案領導權較差，所以專案整合較為不易。

3. **平衡式矩陣組織（Balanced matrix）**：專案經理和部門經理對專案負有同等的職權，共同負責推展專案。

   優點：

   (1) 保有專案式以及功能式專案組織的優點。

   (2) 兼顧了專業溝通協調的速度。

   (3) 保有專業分工的利益。

   (4) 適合多重專案的環境。

   (5) 有較佳的成本控制結果。

   缺點：

   (1) 專案經理與功能部門經理的權責劃分不清，易產生衝突。

   (2) 參與人員有雙重主管，適應不易。

   (3) 功能部門人員不願意被派參與專案。

   (4) 排程、人員、績效評估系統均變複雜了。

   (5) 產生行政管理的重複成本。

4. **專案式矩陣組織（Project Matrix）**：專案權責主要在專案經理身上，各功能經理僅提供技術上和專業上的協助。

   優點：

   (1) 適合多重專案的環境。

   (2) 增加專案的整合性。

   (3) 可增加反應的時效性。

   缺點：

   (1) 功能領域參與程度較低，可能影響技術品質。

   (2) 功能部門參與意願低落。

5. **專案團隊式組織（Project Team）**：由來自不同功能部門的成員獨立形成專案團隊，專案經理負全責，功能部門經理並不正式參與專案運作決策及管理。

   優點：

   (1) 專案負責人完全控制，不會權責不一。

   (2) 參與人員較有認同感。

   (3) 溝通容易，決策速度較快。

(4) 較能夠配合專案的進度。

缺點：

(1) 易造成設備與人員的重複。

(2) 降低資源使用的效率。

(3) 由於參與人員與原部門關係中斷，易缺乏安全感。

(4) 破壞參與人員對原工作的連續性。

(5) 沒有專家負責長期技術發展。

(6) 支援（功能）部門可能失去效率。

無論專案組織是完全採專案式或是功能式組織架構方式，以及其中多種不同型態的專案組織架構，其相對權力的比重亦有所不同，且按照從功能式組織、功能式矩陣、平衡式矩陣、專案式矩陣、到專案式組織間，可將其權利的比重分配整理如圖 2-7 專案組織的五種架構。

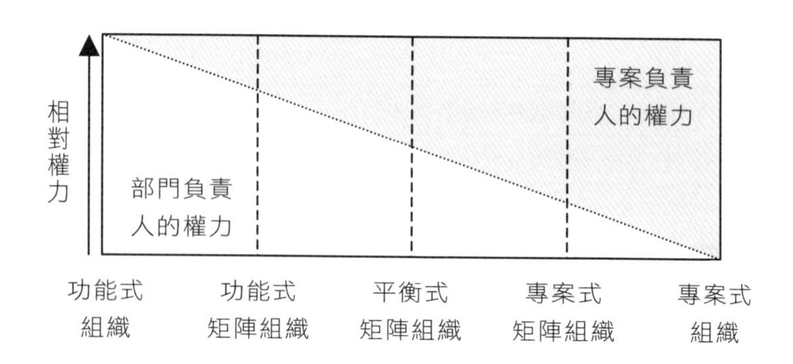

圖 2-7　**專案組織的五種結構。資料來源：**Galbraith（1971）

2-7 專案經理

一、何謂專案經理

專案經理（Project Manager，簡稱 PM）是指為專案規劃與執行之成敗負全責的人，因為專案經理必須對專案的「起始」、「規劃」、「執行」、「監控」與最後「結案」負責。專案核准證明確認專案經理，並描述專案經理實行專案時所擁有的職權。專案經理的主要職責在於規劃專案，然後是執行與管理專案工作。藉由監督「專案核准證明」與專案規劃文件，專案經理保證每位專案成員都知道與瞭解對他們的期望，以及什麼要素構成一項成功的專案。

專案經理永遠處在需要改變的壓力下，以因應市場的變化。不管這些變動是大還是小，通常多多少少會造成某些延誤。

二、意外的專案經理

專案經理的前身，這些人在原本各自的專業領域大都表現良好，事實上，他們通常是專案技術最好的工程師或最成功的銷售員，而現在，他們正準備搖身變成「專案經理」。實際上，對這些人比較正確的描述是「意外的專案經理」（Accidental Project Managers）。所謂「意外的專案經理」，是指這些人係因為組織需求與機緣，而被放置到這個位置上，而不是出於其本身對職場生涯的選擇與規劃。假若您是一位意外的專案經理，當務之急就是停下手邊工作，認真思考自己是否希望成為一位專案經理人，並試著釐清您真正想要做的是什麼。表 2-4 是專案經理檢核表，有助於您的思考。

表 2-4 專案經理檢核表

檢核表內容
1. 所有的專案經理都應該深諳專案管理的科學構面，如果對於該領域的知識不足，將會很難生存。
2. 專案管理是科學也是藝術。
3. 你最好樂於扮演這角色，否則您的生活將不會有太多樂趣。
4. 一般來說，專案經理的工作並非是智力一大挑戰，但工作內容卻非常複雜與廣泛，需要十八般武藝。

三、專案經理應有的技能

一般而言，專案經理應有如下的技能：

1. 溝通技能
2. 組織與規劃技能
3. 編制預算與管理預算技能
4. 衝突管理技能
5. 協商與影響技能
6. 領導技能
7. 專案團隊建立與激勵技能

李榮湧（2005）更認為，良好的專案管理者應具備下列能力：

1. **規劃**：規劃為管理之基礎（規劃、組織、領導、用人、控制），任何專案管理者，必須有危機意識，瞭解環境內、外之各項變數，擬訂最佳之計畫，以確定行動方向與目標，並藉其他管理機能協助，達成目標。

2. **溝通**：管理者必須八面玲瓏，除善於社交能力外，也須據具備良好的人際關係，並隨時向團隊成員灌輸計畫目標與內容，加強雙向溝通，俾使每位成員瞭解工作的方向而全力以赴。
   (1) 傾聽專案人員的心聲並重視建言。
   (2) 具專業性並能作兩向溝通表達能力。
   (3) 就員工能力、努力、角色的認定帶好它，並以回報方式給予培養、訓練。

3. **組織**：專案管理者必須長於設計組織，為完成一項特定的任務而將有關人員與組織結合在一起的團體，因係專案，故有下列特性：
   (1) 臨時性動態組織。
   (2) 富有彈性。
   (3) 人員之互動性較佳。
   (4) 與原有組織結構相輔相成。
4. **變通能力**：由於市場供需千變萬化，專案管理者必須具備洞察力，深入瞭解且能未雨綢繆於執行中配合社會與市場脈動，而適切機動修訂計畫目標。
5. **分析能力**：專案管理者必須敏銳觀察，有能力及掌控分析專案計中，所發生礙難行之各項變數，隨時作為修計畫之參據。
6. **用人**：人為推動專案管理最重要之工具，人員良窳攸關專案成敗至鉅，專案管理者必須善加運用人員，曉之以理，動之以情，並加以培訓，於組織各個工作崗位上，從事專案各項工作，俾使提升人力素質，發揮最大工作效率。
7. **驅策能力**：管理者於執行專案管理，必須借重「領導」、「激勵」、「溝通」及「問題解決」等技巧，強力推動人員執行計畫進度，以加速完成工作目標。適當的激勵能力，懂得與了解激勵措施才能體會到工作人員的需求，而設計滿足他們需求方式於適當時間地點及情勢下給予獎勵並具有化解衝突的處理能力。
8. **稽核能力**：專案管理者必須有能力稽核計畫目標中每個作業細節之進度，倘有未達目標者，即速檢討落後原因及改善對策，直到排除障礙，完全改善為止，俾免影響整個專案管理達成目標之期限。
9. **控制**：當執行專案時，專案管理者應擬訂精密控制計畫、建立適當的標準作業規範與一套完整溝通網路系統，俾有能力將成本、進度、品質等控制在專案目標範圍內，以利追蹤考核，達成專案工作目標。

四、專案經理的權力

一般而言，專案經理的權力來自於：

1. **正式的權力(Formal/Legitimate)**：來自組織正式的職位的權利(正式化權力)。
2. **獎勵權力(Reward)**：對良好績效的專案成員獎勵的權力，可建立獎勵制度(正式化權力)。
3. **懲罰權力(Penalty/Coercive)**：可能對專案團隊造成不良氣氛(正式化權力)。
4. **專家權力(Expert)**：指具有專門知識或技能的人會擁有較高的聲望(專業聲望)。
5. **權威權力(Referent)**：涉及一位更有權威的人如大師(專業聲望)。

對專案經理人而言，最佳的權力是「專家權力」與「獎勵權力」，而不得已才使用的權力是「懲罰權力」。

五、專案經理的角色與權責

專案經理在專案中所扮演的角色，應該是一個啟動者(enabler)。啟動者的工作，就是要協助專案團隊成員，將他們所負責的工作順利完成。啟動者是成員們的介面，當專案成員有人缺少資源時，要幫他們找到資源；當有外力介入，會阻礙專案成員作業時，啟動者也要能居中協調緩衝，減少外力衝擊。專案經理絕不可以獨才，而要是一個領導人(leader)。

基本上，專案經理的角色與權責如下：

1. 專案經理是負責專案達成目標的人。
2. 負專案成敗之責。
3. 主導與指導專案計畫的方向。
4. 在專案的生命週期越早指派出來越好。
5. 應被適當地授權，以利完成專案的管理工作。
6. 專案經理在專案常在做的事：激勵團隊、訓練成員、為專案成員未來鋪路。
7. 應是主動的(Proactive)，而不是被動遇到問題再處理(Reacting)。
8. 是專案唯一在做整合的人，以達到專案目標。
9. 有權利拒絕專案額外的事項。
10. 時時控制專案進度並提出改善行動。
11. 建立專案的變更管理系統。

六、專案經理與職能經理的衝突

誰擁有何種職權和職責的問題，常會導致專案經理與職能經理（Functional Manager）在交界處的員工衝突。這些交易處可由下列關係來界定：

1. **專案經理（Project Manager）**：要做什麼？什麼時候執行該任務？為何要執行該任務？完成該任務需要多少資金？整個專案進展情況如何？
2. **職能經理（Functional Manager）**：誰來執行該任務？在哪裡執行該任務？如何執行該任務？職能部門的投入與專案結合的情況如何？

對於專案，各主要參與人員的職責：

1. **專案經理**：專案經理必須確定下列項目：目的（goals）和目標（objectives）、主要里程碑、專案需求、基本原則和假設、時間、成本、品質、作業程序、行政方針、報告要求。
2. **職能經理**：職能經理必須確定下列項目：實現目標、要求和里程碑的詳細任務描述、支持預算和進度計畫的詳細時間安排與人力匹配、風險、不確定性和衝突的確認。
3. **高階管理者**：高階管理者必須確定下列項目：做為專案經理與職能經理之間歧意的協商者、澄清關鍵問題、與客戶的高階管理者進行溝通。

七、專案經理必須完成的四項計畫書

一般而言，專案經理若想要有效地規劃專案，必須完成四種計畫書：

1. **工作說明書（Statement of Work，SOW）**：工作說明書是專案工作要求的詳細描述。
2. **專案規格書（Project Specification Documentation）**：描述專案的應用領域、創作思路，對實際問題的解決方案和實現模型。
3. **里程碑進度表**：專案里程碑進度表，主要包括「專案開始日」、「專案終止日」、「其他重要事件」、「交付與報告」等資訊。所有專案里程碑的工作任務的排程，都會列入專案的甘特圖中，並在高階管理者所主持的專案會議中提出來討論。當執行中發生任何的重大事件，也將被列入控管。
4. **工作分解結構（WBS）**：在專案要求確定之後，第一個步驟就是發展「工作分解結構」。

學習評量

1. 下列何者為專案利害關係人？
   (A) 部門經理 (C) 客戶
   (B) 專案發起人 (D) 以上皆是
2. 專案生命週期是指？
   (A) 專案管理制度可以維持的壽命 (C) 專案從開始到結束的壽命
   (B) 專案產品可以維持的壽命 (D) 以上皆是
3. 專案管理辦公室是？
   (A) 專案成員的辦公室 (C) 訓練專案管理最佳實務的辦公室
   (B) 專案組合管理辦公室 (D) 以上皆是
4. 對於專案組織，下列描述哪項是正確的？
   (A) 原來就存在的 (C) 隸屬總務部門
   (B) 隸屬人事部門 (D) 臨時性
5. 專案的利害關係人可能包括？
   (A) 最終使用者 (C) 員工
   (B) 供應商 (D) 以上皆是
6. 專案管理成熟度是指？
   (A) 組織專案管理能力 (C) 利害關係人專案管理能力
   (B) 個人專案管理能力 (D) 以上皆非
7. 專案經理？
   (A) 是專案說明書制定的負責人 (C) 是專案需求書制定的負責人
   (B) 是專案授權書制定的負責人 (D) 是專案計畫書制定的負責人
8. 專案管理辦公室是屬於？
   (A) 強矩陣型專案組織 (C) 平衡矩陣型專案組織
   (B) 弱矩陣型專案組織 (D) 純專案型專案組織

9. 專案管理的最佳實務是指？
   - (A) 最節省成本的做法
   - (B) 執行最快速的做法
   - (C) 風險最低的做法
   - (D) 以上皆是

10. 專案成員集中辦公的主要目的是？
    - (A) 增進溝通效率
    - (B) 促進團隊建立
    - (C) 以上皆是
    - (D) 以上皆非

11. 以下何者是主要專案利害關係人（Key project stakeholder）？
    - (A) 部門經理
    - (B) 專案經理
    - (C) 專案協理
    - (D) 以上皆是

12. 專案計畫書由誰負責制定？
    - (A) 專案團隊
    - (B) 專案經理
    - (C) 部門經理
    - (D) 以上皆是

13. 組織的專案管理政策是由誰制定？
    - (A) 專案發起人
    - (B) 專案經理
    - (C) 專案推動委員會
    - (D) 以上皆非

14. 關於矩陣式專案組織的描述，下列何者正確？
    - (A) 在功能型組織架構下執行專案
    - (B) 分弱矩陣及強矩陣
    - (C) 目的是要促進溝通
    - (D) 以上皆是

15. 有關矩陣式組織的敘述，下列何者錯誤？
    - (A) 成員有兩個老板
    - (B) 在功能型組織下執行專案
    - (C) 為了借調資源
    - (D) 為了溝通方便

16. 哪一種組織，專案經理的權力最少？
    - (A) 純專案型組織
    - (B) 平衡矩陣型組織
    - (C) 強矩陣型組織
    - (D) 功能型組織

17. 法制的權力是指？

(A) 在正式組織所擔任的職位而取得的權力

(B) 可以獎賞的權力

(C) 可以懲罰的權力

(D) 以上皆是

18. 劉小良接獲上級交辦蒐集日本 9.0 大地震的相關資訊，並建立專案評估事項。請問劉小良處於專案管理之五大流程中哪一個流程階段？

(A) 起始　(C) 執行

(B) 規劃　(D) 控制

19. 下列何者不屬於專案管理的五大流程？

(A) 規劃　(C) 執行

(B) 檢查　(D) 控制

20. 請問一個新專案的需求是由下列何者所決定？

(A) 專案經理　(C) 利害關係人

(B) 政府　(D) 專案成員

21. 在專案管理的生命週期中，受專案贊助者影響最大的是下列哪一個流程階段？

(A) 規劃　(C) 執行

(B) 起始　(D) 控制

22. 在矩陣式組織結構中，導致容易發生衝突的主因是？

(A) 溝通障礙　(C) 相互利益衝突

(B) 管轄模糊　(D) 需要統一意見

23. 下列哪一個流程階段，是指派專案經理到專案的最佳時間？

(A) 規劃　(C) 執行

(B) 起始　(D) 控制

CHAPTER

3 專案管理流程

本章學習重點

- 專案起始階段
- 專案規劃階段
- 專案執行階段
- 專案監督與控制階段
- 專案結案階段

專案管理活動需整合應用「知識」、「技能」、「技術」與「工具」以符合專案之需求，而這需要有一適當的「流程」加以管理。「PMBOK 指南」將專案管理流程分成五大流程群組（Projects Management Process Groups）：❶起始、❷規劃、❸執行、❹監督與控制、❺結案。

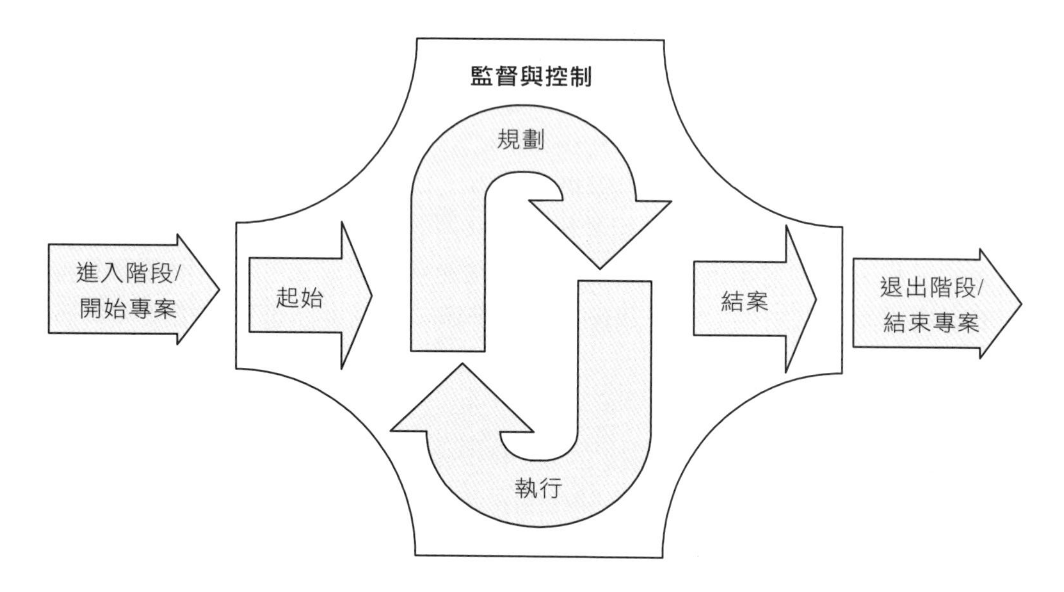

圖 3-1 專案管理五大流程群組

1. **起始階段**：確定專案的需求，釐清專案方向，訂出專案的目標，並與專案利害關係人做好溝通，達成專案共識。

2. **規劃階段**：在符合專案目標的前提下，進行專案細部規劃，包括確認範疇、規劃時程、估計成本、規劃品質、風險管理、採購管理等。此階段是專案未來是否成功的主要關鍵，規劃越完善成功機率越高。

3. **執行與監控階段**：專案團隊成立後，根據專案「規劃」的內容，開始「執行」專案，並透過溝通、整合、協調、激勵等措施來管理專案團隊，並同時「監督與控制」專案方向與進度。若專案方向或進度有所偏差，則採取相關措施進行修正，以利專案順利進行。

4. **結案階段**：達成專案目標後，結束專案相關採購，解散專案團隊，並將專案的成果與經驗整理成專案結案報告。

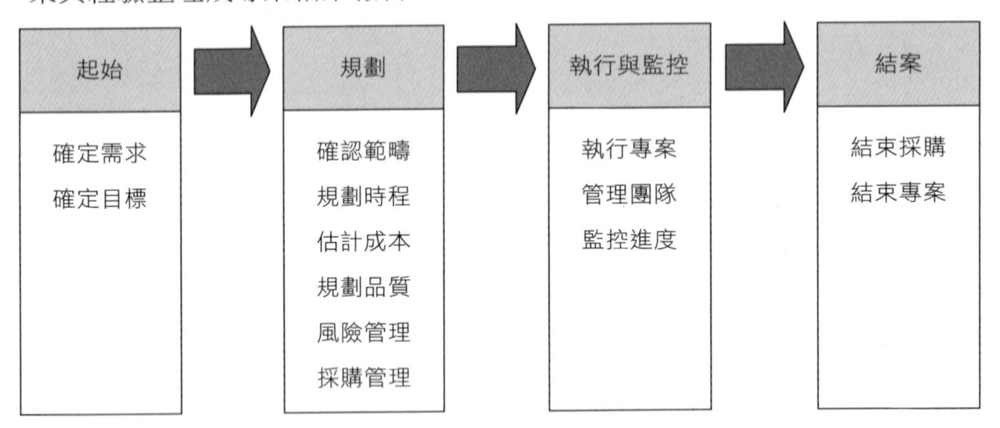

圖 3-2　專案管理的主要工作

3-1 專案起始階段

專案「起始」（Initiation）是一項正式認可，代表專案的正式開始，且將資源投入於專案之中。專案起始流程群組包含執行一系列經由取得啟動專案的授權，以定義專案所需的流程。在專案起始階段，初步的專案範疇被界定、初步的財務預算亦獲得承諾，而影響專案整體結果的利害關係人亦被辨識，並且進而選派或指派專案經理。

專案起始主要工作如下：

1. **選出專案經理**：當專案即將開始之前，有很多事情無法確定，無法直接進行，因此在專案發展過程中，要有人從開始到結束，負責掌控進度，進行溝通協調，調度整合資源等重要工作，因此需要先選出專案經理。適合的專案經理通常有下列特質：具使命感（擔負專案責任）、具規劃力（系統化思考力）、具執行力（積極主動達成目標）、具組織邏輯力（瞭解事情優先順序）、具有溝通力（協調跨單位）、具領導力（領導專案團隊）、具膽識力（能面對問題）、具判斷決策力（解決突發問題）等。

2. **蒐集確認專案需求**：專案正式開始之前，要先找出專案的利害關係人，定義出專案需求方向。瞭解他們的需求，透過各種方式，廣泛地進行調查、蒐集相關資料。進一步將這些資料進行分析，歸納出可能的需求方向，最後進行討論確認需求。但各利害關係人的需求不盡相同，因此專案不可能滿足所有利害關係人的需求。

3. **擬出專案初步方向**：在專案經理選出後，接下來要確立專案的初步方向，包括專案目標、專案限制、可獲得的成果、里程碑等。

專案流程中，最重要的階段就是「專案起始階段」，也就是專案「定義」階段，約有 80% 的專案都是在此種下失敗的種子。專案的起始規劃是專案最重要的部分，在針對大部分失敗的專案或專案問題做檢討時，大半都會發現，這些災難在最開始，就已經注定會發生。

很多時候，當您著手進行某項專案，幾乎沒有過去的資訊可供依循，您必須憑藉著相當有限的資訊，甚至是錯誤的資訊，開始進行您的專案。

一、商業論證：需要（needs）與需求（demand）調查

商業論證（Business Case）是以營運觀點來提供所需要的資訊，以決定專案是否值得投資或進行。依據「PMBOK 指南」第五版，商業論證的發展是因七種「需要」（needs）與「需求」（demand）之一而產生：

1. 市場需求（demand）
2. 商業需要（needs）
3. 顧客要求（request）
4. 技術需要（needs）與需求（demand）
5. 社會需要（needs）與需求（demand）
6. 法律要求
7. 生態影響

商業論證必須定期檢討，以確保專案能按規劃達成組織績效目標。在專案生命週期的初期，專案的贊助組織定期檢討商業論證，有助於確認專案持續進行的必要性。一旦辨識出哪些需要與需求，下一個步驟就是進行可行性研究（feasibility study），以決定專案存在的必須性。專案可行性研究主要討論二個問題：

1. 要決定此專案是否可行？
2. 要判定此專案的成功率？

二、發展專案核准證明（Develop Project Charter）

投入
1. 商業文件
   ・商業論證
   ・效益管理計畫
2. 契約(Contract)
3. 企業環境因素
4. 組織流程資源

工具及技術
1.專家判斷
2.數據收集
3.人際關係與團隊技能
4.會議

產出
1. 專案核准證明(專案章程)
2. 假設日誌

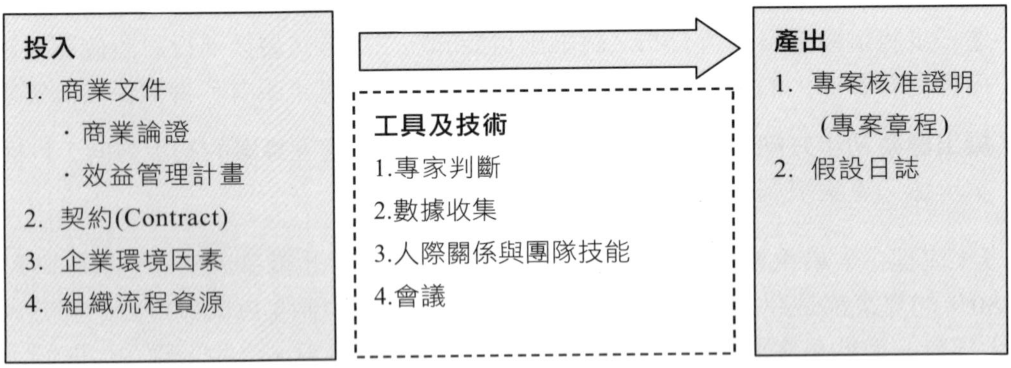

圖 3-3 **發展專案核准證明(專案章程)** ITTO（**投入、工具及技術、產出**）

要師出有名，就必須要設法讓大家知道專案的正式性，而「專案核准證明」（Project Charter）就是專案的正式授權書，也有人翻譯成「專案章程」。「專案核准證明」是一份宣示專案正式成立的文件，它建立執行組織與需求組織的互動關係，它授權專案經理運用組織資源於專案活動，帶領專案的準備、規劃、執行及後續的監控工作，以達成專案目標。雖然專案核准證明被定位為正式文件，但並沒有固定的格式。總結來說，專案核准證明是專案欲達成目標的象徵性文件，宣告專案的狀況(需求、目的、資源、限制、效益)，授權專案經理的權限等。專案核准證明的目的就是：正式授權專案開始，並且投入所需資源。

「專案核准證明」的內容主要包括：

1. 專案的需求與目的。
2. 專案可投入的資源（人力、物力、時間、預算）。
3. 專案的限制。
4. 專案的效益。
5. 專案經理被賦予的權限等。

專案核准證明的重要性在於清楚地告訴所有的利害關係人：

1. 有待解決的問題是什麼。
2. 本專案提供的解決方案是什麼。
3. 組織執行專案的決心。
4. 專案經理是誰以及他（她）的權責。

「起始」之目的是要核准一項專案，或是一項專案的下一個階段可以開始進行，它也賦予專案經理職權，將資源投入於專案之中。這也是「專案核准證明」的主要目的：正式核准專案開始，以及投入資源。換句話說，一旦核定專案核准證明，就表示專案正式啟動。

三、辨識利害關係人（Identify Stakeholders）

在專案起始階段，專案經理就必須辨識出利害關係人，掌握這些人的態度，瞭解他們的相關資訊，然後再透過溝通的方式，想辦法提升他們對專案的認同感，或減低他們對專案的阻力。辨識利害關係人是辨識所有受專案影響的個人或組織，並藉由正式文件記錄有關各利害關係人的利益、參與專案及影響專案成功等相關資訊的流程。

投入	工具及技術	產出
1.專案核准證明(專案章程) 2.商業文件 ・商業論證 ・效益管理計畫 3.專案管理計畫 ・溝通管理計畫 ・利害關係人參與計畫 4.專案文件 ・變更日誌 ・議題日誌 ・需求文件 5.契約 6.企業環境因素 7.組織流程資產	1.專家判斷 2.數據收集 ・問卷調查 ・腦力激盪 3.數據分析 ・利害關係人分析 ・文件分析 4.數據呈現 ・利害關係人匹配／呈現 5.會議	1.利害關係人登錄冊 2.變更申請 3.專案管理計畫更新 ・需求管理計畫 ・溝通管理計畫 ・風險管理計畫 ・利害關係人參與計畫 4.專案文件更新 ・假設日誌 ・議題日誌 ・風險登錄冊

圖 3-4　辨識利害關係人 ITTO（投入、工具及技術、產出）

四、擬定專案目標：SMART 原則

擬定專案目標，可以運用 SMART 原則。所謂 SMART 原則，就是下列五個英文字縮寫：明確的（Specific）、可衡量的（Measurable）、可達成的（Attainable）、有相關的（Relevant）、有時限的（Time-bound）。

五、取得利害關係人的共識

在擬定出明確的專案目標後，要進一步尋求利害關係人的支持，主要工作包括釐清專案問題、溝通專案目標、形成專案初步方向，達成共識。因此，在專案開始規劃前，必須先釐清專案的問題，找出可能解決方案，在擬定明確的專案目標後；專案經理再透過有效的溝取通方式，設法與所有利害關係人達成共識。當取得共識後，專案目標就成為專案是否成功的判斷基準，接下來，就可以開始準備進行專案的細部規劃。

六、初步盤點現有資源

在專案起始階段，專案經理需要進行專案資源的初步盤點，以瞭解可以掌握的資源概況為何，然後比對現有人力、物力、經費、時間等資源，跟未來要做的專案所需資源間的落差，而後再設法做調整或補充資源。

在盤點資源前，必須先瞭解專案所需的資源。確定後，再進行現有資源的盤點，完成盤點後，再比對兩者的落差。這就是問題所在，專案要設法解決的地方。

七、發展初步專案範疇聲明

專案工作聲明書（Project Statement of Work，SOW）是描述專案承諾要完成的任務，這通常是由專案贊助者（sponsor）或專案發起者（initiator）所撰寫的一份文件。

在專案管理的五大流程中，「起始」階段負責「發展初步專案範疇聲明書」（Develop a Preliminary Project Scope Statement）。依據「PMBOK 指南」，發展初步專案範疇聲明書應包含如下要件：

1. 專案目的
2. 專案產品或服務的特性（也就是專案任務的描述）
3. 專案初步組織
4. 專案可交付的成果
5. 要求（require）
6. 排除範疇以外之事物（專案界限）
7. 限制
8. 假設
9. 概略性風險清單與定義
10. 里程碑

11. 初步工作分解結構（WBS）
12. 成本估計
13. 型態管理要求
14. 專案驗收標準

八、正式啟動會議

啟動會議的目的

1. 使專案成員都能認同專案目標。
2. 降低專案成員的疑慮。

正式啟動會議帶來的助益

1. 可以讓全體人員知道，這項專案是由高階主管大力贊助，因此值得大家大力支持。
2. 它讓專案團隊有機會檢視所發展的「專案核准證明」（Project Charter）—想要成為一個有效率的團隊，全體組員對於專案目標應有共同的理解。
3. 它讓專案團隊成員有機會與高階主管進行互動，此時所建立的關係，對於之後的專案進行可能有所助益。
4. 它讓專案團隊成員有機會在較無壓力的情況下，更熟悉彼此。
5. 它讓專案團隊成員有機會決定如何進行團隊任務。

總之，一場成功的正式專案啟動會議，有助於每位專案成員站在同一陣線，往同一個方向努力。

正式啟動會議成功的祕訣

要想辦一場成功的正式啟動會議，您必須：

1. **找出所有應該與會的利害關係人**：至少要邀請資助專案成立的「顧客」，所有專案團隊成員，以及與最終結果有關的其他人員參加。
2. **由專案經理進行簡報**：當然，您也可以書面方式發給所有與會人員。但若能由專案經理在會議上親口說明，最能強調專案的需要、重要性與承諾。

九、專案定義階段的管理焦點

專案定義階段的管理焦點在於：

1. **專案範疇**：專案範疇都有清楚的定義及獲得認同嗎？這是否跟專案路線圖中所定義的要求一致？
2. **資源**：專案的人力資源是否依照計畫配置？有任何新的要求嗎？資源的配置是否涵蓋所有區域？
3. **預算**：這個專案的預算是否可行？投資報酬率如何？損益平衡點會落在什麼時候？現金流量的狀況如何？
4. **專案期間**：專案預計什麼時候開始？什麼時候結束？
5. **風險評估與替代方案**：專案的主要風險為何？這對專案有何影響？對公司有何影響？有其他替代方案嗎？

3-2 專案規劃階段

為了讓專案管理能有效進行，專案經理必須對於完成專案目標的相關知識領域有一定的涉獵。因此，專案管理學會（PMI）將專案知識分為十大知識領域：範疇、時程、成本、品質、風險、採購、資源、溝通、整合、利害關係人參與管理。

一、發展專案管理計畫

專案規劃階段的第一個流程為「發展專案管理計畫」（Develop Project Management Plan）。此流程也是十大知識領域中「整合管理」（Integration Management）的一部分，並與定義、協調與整合所有各種輔助性專案計畫有關。

專案管理計畫書是指書面記錄用以定義、準備、整合及協調各附屬計畫等所需行動之流程。專案管理計畫書是專案如何規劃、執行、監督與控制，以及結案等主要的資訊來源。發展專案管理計畫有四項投入：

1. **專案核准證明（專案章程）**：專案核准證明是正式啟動專案的文件，說明專案的目的，以及滿足利害關係人期望的綜觀性要求。
2. **其他流程的產出**：主要包括 3 個專案基準（範疇基準、時程基準、成本基準）與 11 個子計畫書（範疇管理計畫書、需求管理計畫書、時程管理計畫書、成本管理計畫書、品質管理計畫書、流程改善計畫書、人力資源管理計畫書、溝通管理計畫書、風險管理計畫書、採購管理計畫書、利害關係人管理計畫書）之產出。

3. **企業環境因素**：主要包括政府法規、產業標準、組織文化、現有員工技能與知識、利害關係人的風險容忍度、以及專案管理資訊系統（PMIS）。
4. **組織流程資產**：主要包括專案管理計畫範本、變更控制程序，績效衡量標準、歷史資訊、公司政策、標準、程序，和其他專案文件的形態管理知識資料庫。

二、專案規劃階段的管理焦點

基本上，專案規劃階段的管理焦點在於：

1. **專案規劃涵蓋範圍**：該專案的計畫是否包含了整個的專案？所有專案成員都對此專案有承諾與投入嗎？
2. **關鍵時間點**：專案的時程表與里程碑（檢核點）。
3. **關鍵要徑**：專案的要徑為何？萬一這些要徑出了問題，有沒有其他替代方案可茲因應？
4. **異議**：利害關係人對此專案是否有任何異議？

三、專案管理的動態觀

專案管理是包含「規劃」與「執行」的連續性動作，是一門動態的科學。因此，可用 IPO 模型（Input Process Output Model）來說明。IPO 模型的概念是先有「投入」（Input），接著進行「處理」（Process），最後則有「產出」（Output），如圖 3-5 所示。而 PMBOK 中所提出的「ITTO」，如圖 3-6 所示，就是依據 IPO 模型而來，簡單來說，專案過程中，要持續回饋，不斷改善。

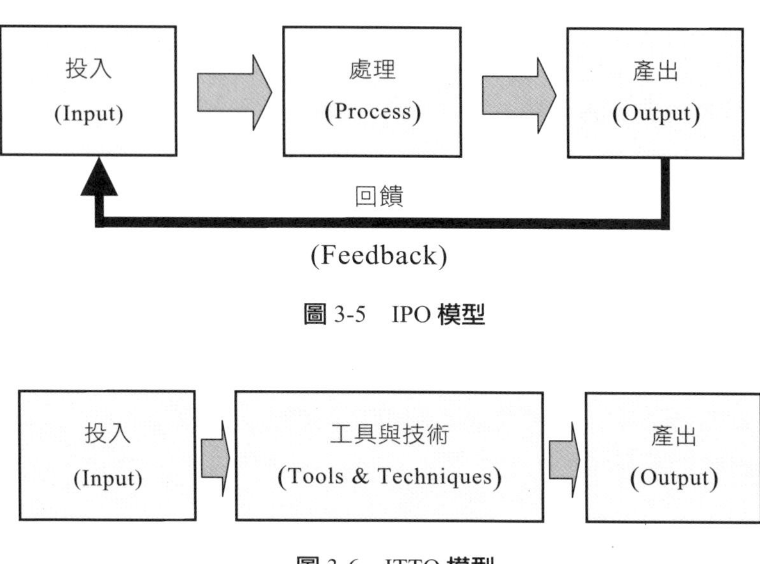

圖 3-5　IPO **模型**

圖 3-6　ITTO **模型**

3-3 專案執行階段

專案執行流程群組包含一系列以滿足專案規格的方式，用來完成專案管理計畫書中所定義之工作的流程。專案執行流程群組涉及協調資源與人員，以及依照專案管理計畫書來整合與執行專案管理活動。

一、專案執行

每個專案都有四個限制：「績效、成本、時間、範疇」（Performance、Cost、Time、Scrope，PCTS），由於這四者間彼此相關，因此在這中間必須有所取捨與折衷（trade-off）。

在專案執行時，必須嚴格遵守一個原則，就是要做這些工作的人，就應該要負責準備那一部分的專案計畫！因為，只有實際做那一部分工作的人才最清楚知識，那些工作到底要花多少時間，以及工作的先後順序。如此還會產生第二種利益：人們自己組合起自己的計畫，對這樣的計畫比較有承諾感，也比較願意投入。

二、專案執行階段的管理焦點

基本上，專案執行階段的管理焦點在於：

1. **專案進度與允諾執成的里程碑相較**：專案是否按照原先核准過的計畫進度進行？是否有遭遇重大困難？專案團隊是否能在預定時間與預算內完成專案。
2. **專案資源**：是否分配了適當的資源？還需要額外的資源嗎？
3. **專案預算**：專案計畫的花費是否控制在預算之內？有任何新資金需求嗎？追加預算能加速專案的進行嗎？
4. **肯定並慶祝大大小小的成功**：執行過程中給予專案團隊肯定，將可滋生出更多的成功。

三、專案執行階段的常見問題

一般而言，執行專案計畫時，常會遇到下列問題：

1. 專案計畫中的各項工作無法順利銜接。
2. 專案計畫中的各項工作時間會有「浮誇」的情況。
3. 專案計畫排程的變動。
4. 無法準時的完成專案計畫。
5. 超過預算。

6. 與其他專案搶奪資源。
7. 專案的優先順序問題。
8. 專案團隊和管理階層的衝突。

上述問題的核心在於「不確定性」，因而突顯出專案管理的重要性，目前常用的專案管理手法有甘特圖（Gantt Chart）、要徑法（CPM）、計畫評核術（PERT）等。近年來許多學者所提倡的關鍵鏈專案管理（Critical Chain Project Management，CCPM）理念，運用限制理論（Theory of Constraints，TOC）改善了要徑法及計畫評核術等的缺失。

3-4 專案監督與控制階段

一、監督與控制的基本概念

基本上，高階管理者不應花太多時間在監控專案上，因為這是專案經理的責任。不過，這並不代表高階管理者就放任不管。

專案管理的目的，在於讓專案在預算與範疇內準時完成，並達到預期成效，這就需要專案監與控制。如果你知道專案執行正偏離正軌，卻沒有採取任何行動，那麼，這只是「監督」，而沒有「控制」。如果專案經理無法處理偏差問題，那麼這個系統只不過是個監督系統，而不是一個控制系統。

注意，這並不表示每一個細小偏差都要大驚小怪。任何控制系統中，都有「容錯範圍」（tolerance）。一般來說，在控制營造專案方面，可以有 5% 上下的容錯範圍；而產品研發專案方面，可以有 15%~20% 的容錯範圍。因此，如果企業將控制程度壓縮到正常容錯範圍，則企業所得到的利益，將不如被過度控制所浪費的時間與精力所造成的耗損。

二、最高境界—自我控制的專案小組成員

專案監督與控制的最高境界，是專案小組中的每一位成員都能控制好他自己所負責的工作。要使專案小組中每一位成員都能達到充分自我控制的目的，以下五項條件必須清楚列出，以供專案成員有所依循：

1. 要使每一位成員能夠清楚地知道自己的工作目標是什麼。
2. 要使每一位成員有一份個人工作計畫，好知道如何進行工作。
3. 要使每一位成員都有充分的技術與資源以進行其所負責的工作。

4. 要使每一位成員都能得到作業成果的直接回饋。若這些回饋是從別人那裡間接得到的，這位主事的專案成員將會失去自己控制的能力。
5. 該成員必須得到充分授權，在專案進度與原計畫有偏差時，能夠有權立即採取修正措施。

三、運用 PDCA 的概念

PDCA 循環又稱為「戴明循環」，包含規劃（Plan）、執行（Do）、檢討（Check）、改善（Act）四個活動。PDCA 的主要精神是希望透過不斷地確認現況與規劃是否相符，進行檢討與持續改善，以提升品質。專案過程中，「監督與控制階段」可以運用 PDCA 的概念，不斷進行監控，以確保各流程均依原先規劃進行，並做出適當的修正或改善。

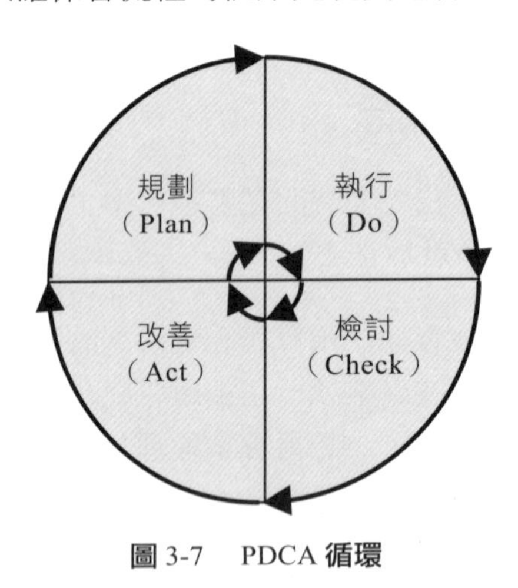

圖 3-7 PDCA 循環

3-5 專案結案階段

專案團隊在專案結案時最常犯的另一個錯誤，就是沒有做「經驗學習」檢討；這大概就表示，相同的錯誤很可能在未來的專案中重複出現。此外，專案中做的好的部分也沒有被蒐集起來，因此也無法在以後的專案中當作運用。定期進行「經驗學習」檢討應該成為組織文化的一部分，而不只是在專案結束時才進行。

一、專案完成後之內部評估

專案完成後的內部評估是兩種型態的會議，一是專案團隊成員間的個別會議，另一是專案團隊會議。這些會議要在專案完成後愈快舉行愈好。

在專案團隊會議中，專案經理要檢討所專案績效以及建議要改進之處。在專案團隊會議中，主要討論的議題有：

1. 技術績效
2. 成本績效
3. 時程績效
4. 專案計畫與控制
5. 顧客關係
6. 團隊關係
7. 溝通
8. 問題的確認與解決：專案團隊成員有早期確認潛在性問題的機制嗎？問題有用合理的方式，全面性的解決嗎？
9. 建議：基於上述評估與討論，有何建議可做為未來的改進之道？

二、專案結案階段的管理焦點

基本上，專案結案階段的管理焦點在於：

1. **檢視專案成效**：專案團隊是否達到專案原先設定的專案目標？
2. **確保專案團隊能從此一專案中吸取有用的經驗**：主要學習到的啟示與經驗有哪些？如何累積這些知識，作為未來專案的參考？在管理未來的專案時，有哪些地方值得改善？此時應該要問兩個問題：
   (1) 這個專案中，我們做得好的部分有哪些？
   (2) 有哪些部分，是我們下一次可以做得更好的？
3. **慶祝**：要對專案團隊給予應有的肯定，並依其績效進行獎勵，論功行賞。
4. **協助專案團隊成員平順轉移**：確保專案成員都意識到專案即將結束，不會無所適從、不知道最後結果究竟是什麼。
5. **解散人員／人員歸建**：是專案結案階段的最後一個動作，也是專案管理的最後一個事項。

三、行政結束

行政結束是蒐集所有和專案有關的資料，作成專案評估報告，然後開會檢討專案的「規劃」、「執行」和「控制」過程的成功和失誤，並記錄發生問題的前因後果，形成可以做為後續專案參考的專案管理知識庫。通常在每階段結束時進行「行政結束」。

學習評量

1. 在專案結案階段，檢討經驗教訓的目的是？
   (A) 評估目前專案團隊績效
   (B) 檢討部門配合專案的程度
   (C) 提供未來專案團隊參考
   (D) 以上皆是
2. 在專案結案階段的最後一個事項，也是專案管理的最後一個事項是？
   (A) 評估資料
   (B) 解散人員／人員歸建
   (C) 資料建檔
   (D) 以上皆是
3. 專案目標可以在哪個文件中看到？
   (A) 專案概念書
   (B) 專案授權書
   (C) 專案草案
   (D) 以上皆非
4. 下列何者是專案管理計畫變更的正當理由？
   (A) 成本變異
   (B) 進度落後
   (C) 範圍變更
   (D) 資源增加
5. 資源規劃的目的是規劃？
   (A) 資源分解結構
   (B) 資源需求的時間
   (C) 資源需求的種類和數量
   (D) 以上皆是
6. 制定專案計畫書之前必須先有？
   (A) 工作分解結構
   (B) 組織分解結構
   (C) 風險分解結構
   (D) 以上皆非
7. 關於「專案計畫書」的描述，下列何者正確？
   (A) 一個正式核准的文件，可以引導專案的執行
   (B) 由高層發出的文件，授權專案經理使用企業的資源
   (C) 對產品或服務的簡要說明
   (D) 描述組織分解結構的文件
8. 專案流程中，最重要的階段是？
   (A) 專案「起始」階段
   (B) 專案「規劃」階段
   (C) 專案「執行」階段
   (D) 專案「監督與控制」階段

9. 發展專案管理計畫有四項投入，下列何者不是？
   (A) 初步範疇說明書 (C) 組織流程資產
   (B) 企業環境因素 (D) 願景與使命

10. 每個專案都有四項限制，下列何者不是？
   (A) 價值 (C) 成本
   (B) 範疇 (D) 時間

11. 下列哪些是專案結案階段的管理焦點？[複選]
   (A) 檢視專案成效 (C) 解散人員
   (B) 慶祝 (D) 協助專案團隊成員平順轉移

12. 專案完成後的內部評估有種型態的會議，是哪兩種？[複選]
   (A) 期中報告會議 (C) 專案團隊會裱議
   (B) 專案團隊成員的個別會議 (D) 以上皆非

13. 在專案管理的五大流程中，是由哪一個階段負責「發展初步專案範疇聲明書」（Develop a Preliminary Project Scope Statement）？
   (A) 起始 (C) 執行
   (B) 規劃 (D) 控制

14. 專案「啟動會議」的主要作用為何？
   (A) 討論專案成本 (C) 審查專案計畫
   (B) 討論時程規劃 (D) 設定專案成員個人目標

15. 發展「專案管理計畫」（Project Management Plan），是在哪一個流程群組進行？
   (A) 起始 (C) 執行
   (B) 規劃 (D) 控制

16. 發展詳細的專案預算，是在哪一個流程群組進行？
   (A) 起始 (C) 執行
   (B) 規劃 (D) 控制

17. 詳細的專案時程，必須在下列哪一項工作完成後才能發展？
   (A) WBS (C) 專案管理計畫書
   (B) 專案預算 (D) 詳細的風險評估

18. 專案的規劃流程應該由下列何者負責？

(A) 專案贊助者 (C) 行政經理

(B) 專案經理 (D) 專案團隊成員

19. 下列何者不是專案管理的流程群組？

(A) 起始 (C) 執行

(B) 規劃 (D) 可行性研究

20. 「行政結束」通常在何時進行？

(A) 在整個專案結束時 (C) 在產品交付給客戶時

(B) 在每階段結束時 (D) 專案生命週期結束時

21. 有關「專案啟動會議」，下列敘述何者不正確？

(A) 會議中要發展具體的行動方案 (C) 是一個資訊溝通與協調的會議

(B) 在專案正式執行之前召開 (D) 需要專案相關的各方人員都參加

22. 有關「專案啟動會議」作用，下列何者不正確？

(A) 建立專案工作關係 (C) 熟悉與瞭解利害關係人

(B) 設定專案團隊的目標 (D) 發展成本預算

CHAPTER 4

整合(Integration)管理

本章學習重點

- 專案計畫擬定
- 專案計畫執行
- 專案變更管理
- 發展專案核准證明（Project Charter）
- 發展專案管理計畫書（Project Management Plan）
- 引導專案執行
- 監控專案工作
- 整合變更管制
- 專案結束

本章主要討論專案整合管理的架構與程序，說明專案起始之專案核准證明（專案章程）、專案計畫書的發展、引導與管理專案工作執行、管理專案知識、監督與控制專案工作、執行專案整合變更控制的技術與方法、以及結束專案或專案階段。在整合管理的過程中，經常需要尋找平衡點，考慮各種限制條件、風險和不確定性來滿足專案的目標。

表 4-1　專案管理五大流程群組與專案「整合」管理知識領域配適表

知識領域	專案管理五大流程群組				
	起始 流程群組	規劃 流程群組	執行 流程群組	監督與控制 流程群組	結束 流程群組
專案整合管理 **（7 子流程）**	1 發展專案核准證明(專案章程)	2 發展專案管理計畫書	3 引導與管理專案工作 4 管理專案知識	5 監督與控制專案工作 6 執行整合變更控制	7 結束專案或階段

專案整合管理知識領域，主要講述專案整合管理的 7 個子流程：

1. **發展專案核准證明（專案章程）**：編寫一份正式批准專案並授權專案經理在專案活動中使用組織資源的檔案。屬於「起始」流程群組。
2. **發展專案管理計畫書**：定義、準備和協調所有子計劃，並把它們整合為一份綜合專案管理計劃。屬於「規劃」流程群組。
3. **引導與管理專案工作**：為實現專案目標而領導和執行專案管理計劃中所確定的工作，並實施已批准的變更。屬於「執行」過程群組。
4. **管理專案知識**：使用現有知識並生成新知識，以實現專案目標，並且幫助組織學習的過程。屬於「執行」流程群組。
5. **監督與控制專案工作**：追蹤、審查和報告專案進展，以實現專案管理計劃中確定的績效目標。屬於「監督與控制」流程群組。
6. **執行整合變更控制**：稽核所有變更請求、批准變更，管理對可交付成果、組織過程資產、專案檔案和專案管理計劃的變更，並對變更處理結果進行溝通。屬於「監督與控制」流程群組。
7. **結束專案或階段**：完結所有專案管理五大流程群組的所有活動，正式結束專案或專案階段。屬於「結束」流程群組。

表 4-2 專案整合管理 ITTO 概述

1 發展專案核准證明(專案章程)	2 發展專案管理計畫書	3 引導與管理專案工作	4 管理專案知識
投入 1.商業文件 • 商業論證 • 效益管理計畫 2.協議 3.企業環境因素 4.組織流程資產	**投入** 1.專案核准證明(專案章程) 2.其他流程的產出 3.企業環境因素 4.組織流程資產	**投入** 1.專案管理計畫 • 任何組件 2.專案文件 • 變更日誌 • 經驗教訓登錄冊 • 里程碑清單 • 專案溝通記錄 • 專案時程 • 需求追蹤矩陣 • 風險登錄冊 • 風險報告 3.已核准的變更請求 4.企業環境因素 5.組織流程資產	**投入** 1.專案管理計畫書 • 任何組件 2.專案文件 • 經驗教訓登錄冊 • 專案團隊派工單 • 資源分解結構 • 供應方評選準則 • 利害關係人登錄冊 3.可交付成果 4.企業環境因素 5.組織流程資產

1 發展專案核准證明(專案章程)	2 發展專案管理計畫書	3 引導與管理專案工作	4 管理專案知識
工具與技術 1.專家判斷 2.數據收集 • 腦力激盪 • 焦點團體 • 訪談 3.人際關係與團隊技能 • 衝突管理 • 引導 • 會議管理 4.會議	**工具與技術** 1.專家判斷 2.數據收集 • 腦力激盪 • 檢核表(Checklist) • 焦點團體 • 訪談 3.人際關係與團隊技能 • 衝突管理 • 引導 • 會議管理 4.會議	**工具與技術** 1.專家判斷 2.專案管理資訊系統 3.會議	**工具與技術** 1.專家判斷 2.知識管理 3.資訊管理 4.人際關係與團隊技能 • 主動傾聽 • 引導 • 領導力 • 人脈建立 • 政治意識
產出 1.專案核准證明(專案章程) 2.假設日誌	**產出** 1.專案管理計畫	**產出** 1.可交付成果 2.工作績效數據(Data) 3.議題日誌 4.變更申請 5.專案管理計畫書更新 • 任何組件 6.專案文件更新 • 活動清單 • 假設日誌 • 經驗教訓登錄冊 • 需求文件 • 風險登錄冊 • 利害關係人登錄冊 7.組織流程資產更新	**產出** 1.經驗教訓登錄冊 2.專案管理計畫更新 • 任何組件 3.組織流程資產更新

5 監督與控制專案工作	6 執行整合變更控制	7 結束專案或階段
投入 1.專案管理計畫 2.專案文件 • 假設日誌 • 估算基礎 • 成本預測值 • 議題日誌	**投入** 1.專案管理計畫 2.專案文件 • 估算基礎 • 經驗教訓登錄冊 • 需求追蹤矩陣 • 風險報告	**投入** 1.專案核准證明（專案章程） 2.專案管理計畫 • 任何組件 3.專案文件 • 假設日誌 • 估算基礎

5 監督與控制專案工作	6 執行整合變更控制	7 結束專案或階段
• 經驗教訓登錄冊 • 里程碑清單 • 品質報告 • 風險登錄冊 • 風險報告 • 時程預測值 3.工作績效資訊 4.協議 5.企業環境因素 6.組織流程資產	3.工作績效報告 4.變更申請 5.企業環境因素 6.組織流程資產	• 變更日誌 • 議題日誌 • 經驗教訓登錄冊 • 里程碑清單 • 專案溝通 • 品質管制衡量值 • 品質報告 • 需求文件 • 風險登錄冊 • 風險報告 4.已接受的交付成果 5.商業文件 6.協議 7.採購文件 8.組織流程資產
工具與技術 1.專家判斷 2.數據分析 • 備選方案分析 • 成本效益分析 • 實獲值分析 • 肇因分析 • 趨勢分析 • 變異分析 3.決策制定 4.會議	**工具與技術** 1.專家判斷 2.變更控制工具 3.數據分析 • 備選方案分析 • 成本效益分析 4.決策制定 • 投票 • 獨裁式決策 • 多準則決策制定 5.會議：變更控制會議	**工具與技術** 1.專家判斷 2.數據分析 • 文件分析 • 迴歸分析 • 趨勢分析 • 變異分析 3.會議
產出 1.工作績效報告 2.變更申請 3.專案管理計畫更新 • 任何組件 4.專案文件更新 • 成本預測值 • 議題日誌 • 經驗教訓登錄冊 • 風險登錄冊 • 時程預測值	**產出** 1.經核准的變更申請 2.專案管理計畫更新 • 任何組件 3.專案文件更新 • 變更日誌	**產出** 1.專案文件更新 • 經驗教訓登錄冊 2.最終產品、服務或成果轉移 3.最終報告 4.組織流程資產更新

4-1 整合管理

在專案進行過程中，專案成員之間往往不會考慮到工作的相關性，只會針對自己負責的部分，埋頭苦幹，因此潛藏很多問題沒有被發現。專案經理必須綜觀全局，清楚掌握整個專案的架構，瞭解各專案任務之間的關係，協調各個不同領域的相關資源，進而整合整個專案的流程，以達成專案的目標，滿足利害關係人的需求。簡單來說，專案整合管理就是讓專案有效團隊合作，以利達成專案目標。

基本上，整合管理是一個能讓往後要談到的各領域要素之間進行適當合作的流程，並且也是一個能夠將各專案管理流程要素進行整合，並確保其整合性之流程，它包括三項流程：

1. **專案計畫規劃（Project Plan Development）**：以其他要素之計畫流程所得到成果為基礎，來製作出專案執行以及提供專案監控之指導方針，是種貫徹頭尾的專案計畫書流程。
2. **專案計畫執行（Project Plan Execution）**：是實際執行專案計畫的主要流程，是消耗大半專案預算的流程，也是製作出專案成果物件的流程。
3. **整合變更管理（Integrated Change Control）**：在實際執行專案計畫過程中，發生明顯變異時，需進行整合變更管理流程。

4-2 界定專案

一、專案計畫的產生

專案計畫的產生，應該包含下列四個基本步驟：

1. 完全掌握問題的性質
2. 找出最適合的解決方案
3. 發展出完整的執行計畫
4. 按步驟進行

釐清真正需求後，須條列出專案需求要項，以求完全了解問題。

1. 對問題或機會的描述
2. 該問題可能造成的影響或效應
3. 釐清與該問題有關之利害關係人與事
4. 若不處理該問題或機會，可能造成的影響

5. 期望的理想結果
6. 達成預期成果將能帶來的效益與價值
7. 該專案與企業整體策略配合的狀況
8. 該專案與組織內部之介面整合與相容性問題
9. 不確定性與未知數
10. 重要假設
11. 限制條件
12. 環境評估
13. 背景與其他支援性資料

在確認需求與問題後，找出最佳方案，提出建議：

1. 列出所有可能的潛在方案
2. 邀請相關專家與利害關係人參加討論
3. 運用腦力激盪技巧
4. 針對合理可行的方案進一步深入地探討

將可能的潛在方案篩選至剩下 2~5 個選擇方案，選擇的方式如下：

1. 運用財務評量指標來進行方案篩選
   (1) 還本期間（Payback Period）法
   (2) 淨現值（Net Present Value，NPV）法
   (3) 內部報酬率（Internal Rate of Return，IRR）法
2. 財務分析流程
   (1) 確認現金流量來源
   (2) 預估現金流量的大小
   (3) 將現金流量做成圖表
   (4) 利用當時的貼現率來計算現金流量
3. 運用非財務標準來進行專案選擇時，可以先找出選擇該方案的關鍵因素，並設計出各因素的權重，小組成員（或專家）依不同方案給予不同的評分，評分經過加權平均後，選擇分數最高的方案。

規劃研發專案時須考量的項目：

1. 目的
2. 目標產業及目標（產品規格、工程能力、技術能力）
3. 工作內容（製程選擇、製程設計、實驗方法、測試方法、驗收準則、成功因素、須解決的困難）
4. 時程規劃（里程碑，查核點與具體成果）
5. 資源運用（經費、人力、外包）
6. 效益（產出結果、效益評估、未來的影響潛力）
7. 其他注意事項，如核心能力的培養

評估科技類專案時所需考量之輸入資訊：

1. 專利的分析與檢討（專利地圖）
2. 市場調查與優劣勢分析（SWOT）
3. 技術趨勢預測（預測方法）
4. 廠商或客戶的需求（客戶問卷、QFD）
5. 目前市場上的產業資訊
6. 政府法規與國際標準

評估科技類專案時所需考量之輸出資訊：

1. 技術可行性分析
2. 產品的製程規畫
3. 實驗性「標準作業程序」（Standard Operations Procedures，SOP）的規劃。
4. 測試計畫
5. 理論推導的結果與估計
6. 製程設計與產品規格

二、專案計畫擬定

專案目標的制定

在專案開始前的階段，最主要的任務是有效地制定專案目標，而專案的執行情況取決於專案目標制定的品質。專案目標包含期望的專案結果、專案預算和專案期限，其結果必須能夠用具體的數量和質量來衡量。專案目標是專案的執行方向，同時也是制定專案計畫和進行績效控制的基礎，清晰明確的專案目標可保證專案成員取得共識。假如各專案成員對目標各有不同的理解，專案在執行過程中很容易發生衝突，甚至導致失敗的下場。

不明確的目標對專案計畫的擬定有重大的影響。在推動階段最主要的任務是制定各種對策以保證專案能圓滿達成。在此階段，必須先行完成專案計畫的制定，例如：市場分析、風險分析、專案進度表、專案費用、組織及成員等。經營策略不明確或者專案目標不完善，將導致專案的失敗、或造成費用增高。基於以上原因，專案經理必須參與經營策略的制定過程，以確保專案目標制定的品質。

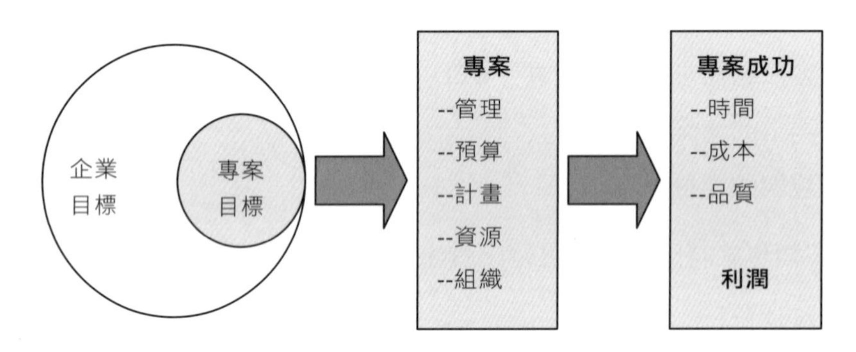

圖 4-1 確保專案目標制定的品質

專案組織架構的制定

專案組織架構定義了專案經理、專案小組成員、其他執行者與公司組織之間的關係。為了專案的管理與控制，專案經理在公司的組織架構中需有權限進行其授權、激勵、處罰的管理動作。

在企業經營策略的制定階段，專案經理需規劃其組織架構。專案組織是公司組織架構中的一環，必須有彈性，且清楚定義每個成員的角色及責任。專案經理明瞭專案的執行方式，他為達成企業策略目標，有時需提出建議對公司組織架構作適當的調整。在專案開始進行之前，組織架構的一些改變，有時會對專案執行產生非常正面的影響。

此外，未來會參與專案的人員，最好也參與專案的規畫工作，否則專案可能要冒的風險是：這些人員不會承諾支持專案，計畫的假設基準會有錯誤，以及可能忽略重要工作等。

三、要做好專案規劃工作，要先克服？

研究指出，專案失敗的主因源於專案管理不善所致，尤其是專案事前規劃不善更容易招致失敗。要做好專案規劃工作，首先要克服兩大障礙：

1. **優勢典範（Prevailing Paradigm）**：典範是每個人對對週遭事物的信念。您可以從一個人所做出來的事，來觀察出這個人的信念或典範是什麼。因為一個人不斷地重複產生的行為，會透露出他所秉持的信念為何。
2. **人的天性**：基本上，一般人都不喜歡做規劃，因為規劃是一件頗為無聊而痛若的一件事。

四、利用 5W2H 進行專案整合管理

基本上，專案可利用 5W2H 分析法，先瞭解為何要這樣做，再思考如何達成專案目標。

1. Why（**為何這樣做**）：瞭解問題的動機或背景，「理由是什麼？原因是什麼？」。
2. What（**要做些什麼**）：確定問題的內容，才知道要做什麼？
3. When（**何時做**）：指「時間」，什麼時機最適合？什麼時間做？什麼時間要完成？
4. Who（**誰負責做**）：指「對象」，由誰來做？由誰來完成？
5. Where（**在哪裡做**）：指「地點」，在哪裡做？從哪裡開始做？
6. How（**該如何做**）：指「方法」，怎麼做？如何做更好？要用什麼方法做？
7. How much（**需耗費多少成本或預算**)：指「成本或預算」，要花多少成本或預算？很哪裡開始做？

五、會簽專案計畫

一旦「專案計畫」規劃完成，就要送交利害關係人會簽。會簽的意義在於彙集每個人對專案計畫貢獻已力的承諾，並同意定下的工作範疇，以及接受規格的有效性。

簽章的意思並不是成果保證的切結書，其實「承諾」的意義遠大於「保證」。畢竟還是會有一些無法控制的外來因素發生，所以沒有人願意保證結果如何。不過，大多數人願意做的是，承諾會盡全力，完成自己應盡的義務。

4-3 發展專案核准證明（專案章程）

一、發展專案核准證明（Project Charter）

在專案「起始」階段第一站是「發展專案核准證明」（develop the project charter）流程。其目的是要產生一份專案核准證明，它正式賦予專案經理職權，正式核准將資源開始投入於專案中。換句話說，「發展專案核准證明」是指發展一份授權專案正式存在的文件，用以將組織資源應用於專案活動中，並任命專案經理。對於外部專案以正式契約或合約達成協議，但專案核准證明(專案章程)並非契約或協議。

下列工具與技巧可用以協助發展專案核准證明（專案章程）：

1. **專案遴選方法（Project Selection Methods）**：專案遴選方法隨公司、服務於遴選委員會的人、所用的標準、專案而異。對於專案遴選方法，大多數的組織都有正式或半正式的作業流程。
2. **專案管理方法論（Project Management Methodology）**：是指管理專案的一種方法論。專案管理方法論可能是正式認可的專案管理標準，也可能是非正式的專案技巧，但無論正式或非正式，專案管理方法論都應協助專案經理發展專案核准證明。
3. **專案管理資訊系統（Project Management Information Systems，PMIS）**：是一組自動化工具，允許專案人員對專案活動與資源做排程，並蒐集與傳遞專案資訊。型態管理系統是 PMIS 的子系統。此外，PMIS 也包括變更控制系統。PMIS 是「發展專案管理計畫」流程的工具與技巧，也是企業環境因素的要件之一。
4. **專家判斷（Expert Judgment）**：其背後觀念是要仰賴專業領域中，具有專業訓練與專業知識或技能的個人或群體。

「商業論證」（Business Case）是為了說明為何要做某個專案，是從商業角度說明專案是否值得投資。商業論證的內容通常包括「業務需求」和「成本-效益分析」（Cost-Beneift Analysis）等。外部專案的商業論證通常由專案發起組織或客戶來撰寫。專案經理不可更新或修改「商業論證」文件，只能提供建議。

「專案工作說明」是對專案所需交付的產品或服務的敘述性說明。對於外部專案，通常由「客戶」負責提供專案工作說明，可以是招標文件或契約的一部分；對於內部專案，則由專案起始者或贊助者提供。

二、常見的專案遴選方法

專案遴選是一種程序，用以評估個別專案或專案群組，並於評估後進行選擇決策，以達成組織目標。常見的專案遴選方法主要可分為兩大類：效益衡量法（Benefit Measurement Methods）與數學模型（Mathematical Models）。數學模型主要以演算法（algorithm）的形式來解決專案遴選問題，這些都是複雜的數學超出本書討論的範圍。而常見的效益衡量法主要包括：成本效益分析、評分模式（Scoring Model）／加權評分模式、現金流量分析等，茲說明如下。

成本效益分析（Cost-Benefit）

成本效益分析（Cost-Benefit Analysis）起源於 1844 年杜比（Jules Dupuit）發表「公共工程項目效用測算」。直到今日，大多數的企業在遴選專案過程中的評價方法遵循這樣的一個原理，如果效益大於所耗費的，則專案是可行的。

因此，成本效益分析乃是計算各種成本與效益之價值，其以系統性方法彙整分析以判定計畫之成效。在分析的第一步驟，即認定成本與效益項目，並賦予成本與效益應有的價值，再將不同時間的成本與效益價值轉換在同一個時間點上，最後核算成本效益的評估指標，以表達計畫之成效。

評分模式（Scoring Model）／加權評分模式（Weighted Scoring Model）

評分模式，或又稱為加權評分模式。專案遴選委員會依每項評分準則的重要性，指定一個權重（weight），較重要的評分準則權重較高，相反地，較不重要的評分準則權重較低。接著每個專案會用 1 到 5 的數字（或某種這類的指定）加以評等，又接著這項評分會乘以準則因素的權重，並加上其他加權準則分數，而得到總加權分數。然後從中選出總加權分數最高者。

現金流量分析

1. **還本期間（Payback Period）法**：是指一項專案計畫在投入成本後，可以回收的時間，以年為單位。例如，某專案期初投資為$300,000，前二年每季預期的現金流入為$25,000，之後每季為$50,000。則還本期間為 2.5 年。

   第一年現金流入=25,000×4 季（一年有四季）=100,000

   第二年現金流入=25,000×4 季（一年有四季）=100,000

   第三年之前半年現金流入=50,000×2 季=100,000

2. **折現現金流量（Discounted Cash Flow）法**：是對專案未來的現金流量及其風險進行預期，然後選擇合理的貼現率，將未來的現金流量摺合成現值。使用此法的關鍵確定：第一，預期專案未來存續期各年度的現金流量；第二，要找到一個合理的公允的折現率，折現率的大小取決於取得的未來現金流量的風險，風險越大，要求的折現率就越高；反之亦反之。

   公式：現值$PV = \frac{FV}{(1+i)^n}$，其中 FV 是未來值，i 是折現率，n 是期數

   案例：在 5%利率水準下，二年後的$11,025，現今值多少？

   答：現值$PV = \frac{FV}{(1+i)^n} = \frac{11025}{(1+.05)^2} = \$10,000$

3. **淨現值（net present value，NPV）法**：指一個專案項目的全部現金流入的折現值和全部現金流出的折現值之間的差額。如果 NPV>0，說明該專案的現金流入現值大於現金流出現值，其結果可以增加淨利。在專案遴選時，會選擇最高 NPV 值的專案。

4. **內部報酬率（Internet rate of return，IRR）法**：是指現金流入的現值，等於原始投入金額時的貼現率（discount rate）。在專案遴選時，會選擇最高 IRR 值的專案。

三、發展初步範疇聲明（Preliminary Scope Statement）

初步範疇聲明是對專案所從事之事項的第一次聲明文件。這份文件是專案目的與專案可交付成果的概括性說明，其目的是要記載專案預期的結果與專案交付的成果。它提供專案簡短背景介紹，並描述專案從中想要獲得的商業效益與商業目的。

初步範疇聲明是以專案贊助者或專案發起人所提供的資訊為依據，並奠定未來在可交付成果與專案期望方面一致意見的基礎。

當沒有專案核准證明（Project Charter）或初步範疇說明書時，產品範疇描述可以用來當作「範疇定義」流程的投入。

4-4 發展專案管理計畫書

一、專案管理計畫書（Project Management Plan）

定義、準備、協調所有「專案管理計畫書組件」(Plan Components)，並整合成一個完整「專案管理計畫書」的過程。「專案管理計畫書」定義所有專案工作，以及專案應該如何執行、監督控制與結案。專案管理計畫書可包括「風險登錄冊」、「風險相關契約協議」、「資源要求」、「專案時程」、「活動成本估計」、「成本基準」（Cost Baseline）等。

二、一份完整的專案管理計畫書內容

一份完整的專案管理計畫書，其內容必須包括：

1. 問題說明。
2. 專案使命說明書（Mission Statement）。
3. 專案目標。
4. 專案工作要求，同時包括可交付（deliverable）明細表。若能在專案的每一個重要里程碑（milestone），都事先設定該階段應呈現的可交付明細表（產出），將更有助於衡量專案的進度。
5. 完成標準。每個里程碑都需要訂定一個完成標準，以用來判定該階段所有工作是否真的都已被完成了。
6. 檢查完成規格。檢查成果是否符合工程規格、建築規格或政府法規等。
7. 工作分解結構（Work Breakdown Structure，WBS）。為了達成專案目標，就要用工作分解結構圖來設計必須完成的細部工作。工作分解結構是一種以圖示方式表達專案範疇的利器。
8. 工作進度表。
9. 人力、物力資源需求。不同需要量的資源，必須配合進度表做規劃。
10. 監督與控制制度。
11. 直接參與人員。使用直接責任歸屬表（Responsibility Chart）來做規劃。
12. 風險應變規劃。

三、專案管理計畫的 13 個子計畫與 3 個基準

依據《PMBOK® Guide》第五版，「專案管理計畫」包含 13 個子計畫和 3 個基準：

1. **範疇管理計畫（Scope Management Plan）**：說明應該如何界定、制定以及驗證專案範疇，如何界定工作分解結構，並指導專案管理團隊如何管理和控管專案範疇的文件。
2. **需求管理計畫（Requirements Management Plan）**：說明在整個專案生命週期內，如何分析、記載以及管理需求的文件。
3. **時程管理計畫（Schedule Management Plan）**：建立發展和控管專案時程的相關準則和活動的文件。
4. **成本管理計畫（Cost Management Plan）**：建立專案成本規劃、結構、估算、預算和控管的相關準則和活動的文件。
5. **品質管理計畫（Quality Management Plan）**：說明品質管理團隊將如何建置組織之品質政策的文件。
6. **流程改善計畫（Process Improvement Plan）**：詳細說明進行流程分析的各個步驟，以辨識可增值活動的文件。
7. **人力資源管理計畫（Human Resource Management Plan）**：說明角色與職責、通報關係以及如何界定、配置、管理、控管以及遣散專案人力資源的文件。《PMBOK® Guide》第六版將「人力資源管理計畫」改成「資源管理計畫」，包括「人」（人力資源）與「物」（物資資源）的管理。
8. **溝通管理計畫（Communications Management Plan）**：說明專案的溝通需要和期望、溝通方法和格式、溝通時機和場合，以及由誰負責提供各種溝通的文件。
9. **風險管理計畫（Risk Management Plan）**：說明如何組織與實施專案風險管理的文件。
10. **採購管理計畫（Procurement Management Plan）**：說明如何從發展採購文件到結束採購的各個採購流程文件。
11. **利害關係人管理計畫（Stakeholder Management Plan）**：記載管理利害關係人參與專案計畫的策略。主要記載如下內容：❶利害關係人的期望及參與程度。❷變更範疇對利害關係人的影響。❸辨識利害關係人間的相互關係及可能的重疊。❹專案各階段利害關係人的溝通需求。❺發佈給利害關係人資訊的語言、格式、內容及詳細程度。❻資訊發佈的原因及對利害關係人參與的預期影響。❼發佈資訊給利害關係人的時機與頻率。❽隨著專案進行及發展，利害關係人管理計畫書更新及改進方法。❾利害關係人管理計畫應具敏感性，應有適當的預防措施。有

關抗拒專案的利害關係人之資訊，可能有潛在的破壞力；發佈時其內容，應做適當的考慮。⑩利害關係人管理計畫書更新時，應對基本假設進行有效性的審查，以確保其準確性及相關性。

12. **變更管理計畫（Change Management Plan）**：界定管理專案變更流程的文件。
13. **構型管理計畫（Configuration Management Plan）**：界定需要納管的「構型項目」和需要正式變更控管的內容，並為這些構型項目和內容制定變更控管流程的文件。
14. **範疇基準（Scope Baseline）**：包含專案範疇聲明、工作分解結構(WBS)、工作分解結構字典（WBS Dictionary）的文件。
15. **時程基準（Schedule Baseline）**：已核准時程，用於專案實際進度與計畫進度的比較，以判斷是否需要採取預防措施或矯正措施，以便達成專案目標的文件。
16. **成本基準（Cost Baseline）**：已核准且按時間分配的預算，用於真實花費和預定花費的比較，以判斷是否需要採取預防措施或矯正措施，以便達成專案目標的文件。

此外，專案管理在「範疇」、「時間」與「預算／成本」都在專案規劃階段設下基準（Baseline），例如範疇基準（Scope Baseline）由專案範疇聲明（PSS）、工作分解結構和工作分解結構字典（WBS Dictionary）彙整出；時程基準（Schedule Baseline）是由專案團隊確認過後的必要流程，訂出明確的開始日期和完成日期；預算基準就是綜整出已知的各「工作包」與交付項目，並給予專案管理對管控風險的應變準備量（Contingency Reserve）後，而訂出以時間為階段、用來度量與監督專案成本績效的預算，也就是所謂實獲值（Earned Value）技術的管理。這三項基準相當於專案管理項目裡重要的紅線，也是專案管理必須檢視與緊抓的重點。

4-5 管理專案知識

管理專案知識是指利用現有資訊或取得額外知識，以實現專案目標的過程。此一流程步驟在確保專案團隊取得生產所要求交付項目所需的全部資訊。管理顯性和隱性知識，重複使用現有知識並生成新知識。重點關注把現有知識條理化和系統化，以便更好的加以利用。在此步驟中獲得的所有知識或專業知能都有助於形成組織的整體知識體系，有助於未來的策略舉措。

知識可分為二大類「顯性知識」與「隱性知識」：

1. **顯性知識（Explicit Knowledge）**：是可供他人檢視的知識，可透過言辭的說明，通常可以文字方式呈現，如文件資料、工作說明書、技術手冊等，又稱組織知識。

2. **隱性知識（Tacit Knowledge）**：是指主觀的經驗或體會，不易分類，不易標準化，不易用文字記載製作成詳細的文件知識，又稱個人知識。

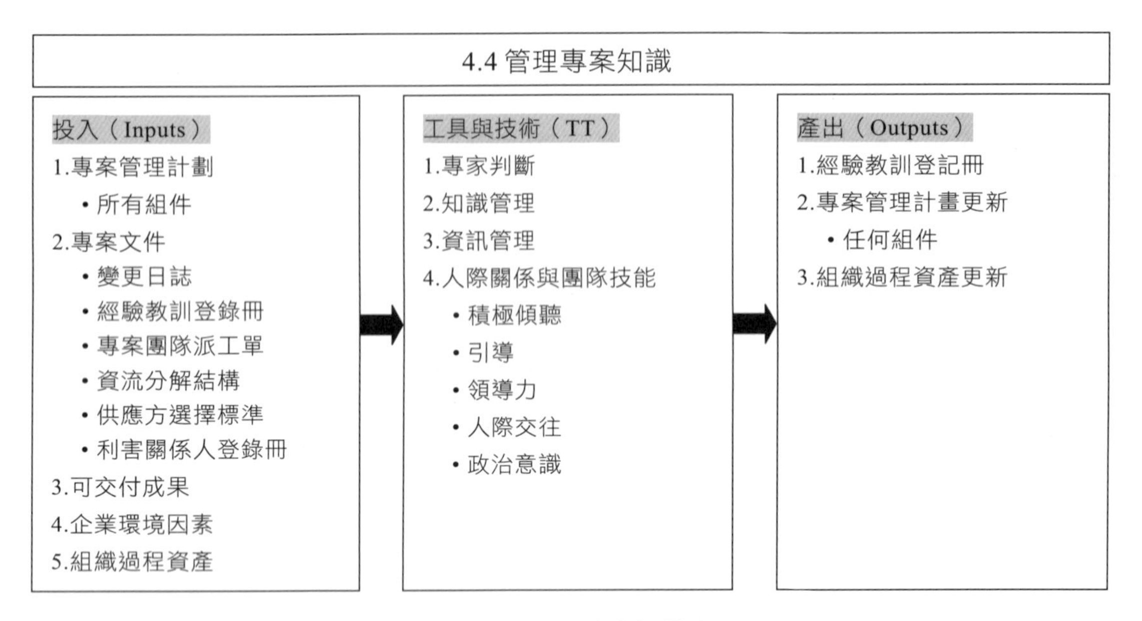

圖 4-2 **子流程** 4.4 **管理專案知識的** ITTO

知識管理的主要環節是結束專案或者結束專案階段時，將相關資訊與知識歸入經驗教訓知識庫，成為組織過程資產的一部分。經驗教訓登錄冊主要內容包含情況的類別和描述、與情況相關的影響、建議和行動方案、遇到的挑戰與問題、意識到的風險和機會等。

4-6 監控專案工作

一、監控的基本目的

一般而言，監控的基本目的有二：管理與調節資源、調節活動以達成目標。

二、監控專案工作的六大基準

監控專案工作是以六大基準比較實際的工作績效。所謂六大基準是指「範疇、時間、成本、品質、技術績效、資源」等。

專案除了發展「底線時程」外，也要發展「底線預算」。當專案計畫一旦被執行，就要開始準備預算，或緊跟專案期間的所有花費。當專案開始時，監控專案實際成本以及工作績效，以確保每件事或物都在專案時程與專案預算之內是十分重要的。在專案執行期間，應該要定期監控下列與預算（成本）相關的參數：

1. 從專案一開始，累積實際耗用成本。
2. 從專案一開始，工作執行的累積實獲值（Earned Value）。所謂「實獲值」是指工作實際執行的價值，是整個專案必須要決定的關鍵數值。
3. 從專案一開始，依據專案時程累積耗用的預算。

在這三項參數間相互比較，評估專案成本是否控制在專案預算之內，工作執行價值與實際成本支出是否一致。如果專案執行期間發現超出預算或工作時程落後，就必須馬上採取校正行動。

三、管制圖（Control Chart）

管制圖是用來管制專案執行的流程是否失控的一個圖形工具，它是以中限和上下控制界限所形成的區域，來判斷流程是否穩定。若連續七個樣本點（rule of seven）都落在中限的上方或下方，也代表流程出了問題，必須儘速解決。

4-7 整合變更管制

一、專案變更

基本上，對於已經規劃好的事情，都希望能順利進行，但若發現與原先規劃有所不同，就必須進行變更或處理。專案文件可以經由顧客的要求或專案團隊的建議而有所更改，有時調整是細小而不重要的，有時是舉足輕重的，甚至影響專案工作範疇、成本、時程與成敗。

在專案進行的過程中，專案文件可能會修修改改，專案團隊必須搞清楚哪一份專案文件是最新的，使專案工作都有最新最正確的資訊為基礎而進行。因此，一般而言，最好每份文件都要標記有：最後修改日期、目前的版本編號、修改人。

當專案文件一旦被更新，更新後的專案文件要立即給予相關的專案團隊成員。在分送專案文件時，更告知收件的專案成員新舊文件的主要差異處。

二、專案變更管理

變更專案計畫要先得到簽核之後，才可繼續進行。專案變更的方法，一般可分為：

1. **缺點改正**：確認缺點已經發生，所進行的改善措施。
2. **矯正措施**：於檢核點發現與原先設定的標準有所偏差，所進行的矯正措施。
3. **預防行動**：提前預防，對於潛在的風險，進行相關的預防準備。

處理專案變更時有一些注意事項：

1. 只有在專案產生明顯偏差時，才有更改計畫的必要。明顯的偏差是指，相對於原設定目標，在可容許誤差範圍之外，所產生的偏差。
2. 一定要控制變更的程度，特別要防止專案範疇擴大後，對參與人員造成的影響。一般而言，變更專案會導致額外的工作量，一旦這些增加的負擔沒有得到妥善處理，或不被參與者所認同，專案就有可能出錯。
3. 需把專案變更的原因記錄下來，做為未來進行其他專案計畫的參考。

4-8 專案結案

專案進行的過程中，往往充滿各種不確定性，在每個階段或里程碑都需要重新檢視是否能符合效益或是否能符合原先設定的目標，然後再依評估結果，作出專案是否要繼續、延遲、調整、終止等決定。因此，專案最後結果有兩種：

1. **完成專案**：專案結案（Close）。
2. **專案未完成**：專案中止（Pending, Cancel, Terminat）。

專案結案階段在專案管理的重要性，絕不亞於其他階段，甚至有過之而無不及。想要讓專案成功結束，就不可以掉以輕心。

記取教訓

1. 由專案經理帶領團隊成員，一起檢視專案執行期間所發現的專案管理相關問題。如果沒有這類記錄，則可檢視會議議程與記錄，看看是否能激起大家的記憶。
2. 進行 360 度的評估，汲取所有利害關係人的意見（包括顧客、專案成員、支援人員、高階主管、以及其他相關工作領域的人員），藉此拓展專案知識。評估方式有很多種，但通常會先透過專案小組會議進行腦力激盪，提出清楚目的，腦力激盪出各種想法，然後將結果分類與組織。

3. 與人分享本次專案所遭過的問題，以及日後如何避免這類問題的方法。
4. 不只是條列出「順利進行事項」與「不順利進行事項」，這無法協助他人應用本次專案所學。您（專案經理）應該做到下列幾點：
   (1) 記錄問題與其衝擊。
   (2) 探究根本原因。
   (3) 記錄建議改進做法。

專案結案報告

1. 展現專案最終成果（品質、時間、成本）。
2. 專案過程所使用的新知識或新技術。
3. 經驗學習、建議事項。
4. 預算執行狀況檢討。
5. 待辦事項。

學習評量

1. 管制圖（Control Chart）是用來做什麼？
   (A) 改善流程不良率太高的問題　(C) 決定產品是否重工
   (B) 監督流程是否失控　(D) 產品是否允收決定的參考
2. 專案計畫書制定的依據是？
   (A) 專案原由　(C) 專案授權書
   (B) 專案草案　(D) 以上皆非
3. 關於 PMIS 的敘述何者不正確？
   (A) PMIS 是一套自動化系統
   (B) PMIS 包括變更控制系統
   (C) PMIS 是「範疇規劃」流程的工具與技巧
   (D) 型態管理系統是 PMIS 的子系統

4. 關於專案管理資訊系統的敘述何者正確？
   (A) 一個包括工具和技術，用來收集、整合和分送專案管理結果的系統
   (B) 一個支援專案各個層面，從發起到結束的人工或自動系統
   (C) 一個專案計畫制定階段所使用的工具
   (D) 以上皆是

5. 專案計畫書要實際可行，下列何者正確？
   (A) 專案團隊根據成員意見制定計畫
   (B) 專案團隊根據高層意見制定計畫
   (C) 部門經理根據專案經理意見制定計畫
   (D) 專案團隊根據範疇說明書及組織流程制定計畫

6. 專案經過變更後應該要？
   (A) 提出預防措施
   (B) 記錄經驗教訓
   (C) 制定因應計畫
   (D) 以上皆非

7. 變更管制系統不包括下列何者？
   (A) 變更資訊系統
   (B) 變更管制程序
   (C) 變更核准層級
   (D) 變更審查會議

8. 專案經理面對變更要求時，應該如何做？
   (A) 大公無私，全部不准
   (B) 為了和諧，儘量核准
   (C) 避免沒有必要的變更
   (D) 避免遺漏必要的變更

9. 下列關於專案計畫書的描述，何者正確？
   (A) 專案計畫在執行過程很少不會變更
   (B) 專案計畫一經核准之後就不能變更
   (C) 專案計畫經客戶同意後就可以變更
   (D) 以上皆是

10. 整合管理包括哪三項流程？[複選]
   (A) 專案計畫規劃
   (B) 專案計畫執行
   (C) 整合變更管理
   (D) 監督與控制

11. 專案「起始」階段的第一站是？

    (A) 發展專案核准證明
    (B) 瞭解問題
    (C) 尋找解決方案
    (D) 招募專案成員

12. 有哪些工具可用以協助發展專案核准證明？[複選]

    (A) 專案遴選方法
    (B) 專案管理方法論
    (C) 專案管理資訊系統（PMIS）
    (D) 專案判斷

13. 下列何者負責提供外部專案的工作說明？

    (A) 客戶
    (B) 專案經理
    (C) 專案團隊成員
    (D) 行政經理

14. 外部專案的商業論證通常是由下列何者來撰寫？

    (A) 行政經理
    (B) 專案經理
    (C) 專案團隊成員
    (D) 專案發起組織或客戶

15. 在選擇專案時，應參考下列哪一份文件以確定專案是否值得投資？

    (A) SOW
    (B) 商業論證
    (C) 專案核准證明
    (D) WBS

16. 對專案所需交付的產品或服務的敘述性說明，是指？

    (A) 商業論證
    (B) 專案工作說明
    (C) 專案核准證明
    (D) WBS

17. 下列哪一份文件的核准，表示專案的正式起始？

    (A) 商業論證
    (B) 專案工作說明
    (C) 專案核准證明
    (D) 專案管理計畫書

18. 「專案核准證明」的目的為何？

    (A) 正式認可專案的存在，並授權專案經理在專案活動中動用組織資源
    (B) 正式認可專案工作說明
    (C) 正式認可選擇專案的方法
    (D) 正式認可專案管理計畫書

19. 「專案整合管理」是由下列何者負責來做？

(A) 行政經理

(B) 專案經理

(C) 專案團隊成員

(D) 專案發起組織或客戶

20. 反映利害關係人的初步需求與期望是下列哪一份文件？

(A) 專案核准證明

(B) 專案管理計畫書

(C) 專案工作說明

(D) 專案商業論證

21. 在何時執行「專案整合管理」？

(A) 在專案起始時

(B) 在專案規劃時

(C) 在專案結束時

(D) 在每個專案管理階段完成時

CHAPTER 5

範疇(Scope)管理

本章學習重點

- 範疇規劃（Scope Planning）
- 範疇定義（Scope Definition）
- 建立工作分解結構（Create WBS）
- 範疇驗證（Scope Verification）
- 範疇控制（Scope Control）
- 範疇變更管理（Scope Change Management）
- 範疇聲明書（Scope Statement）

本章主要討論專案範疇管理的重要程序，如範疇規劃、需求蒐集、範疇定義、建立工作分解結構、範疇驗證及範疇控制的定義及方法，如何利用範疇管理來定義專案規模與工作活動，有效掌握專案範疇作為成功執行專案的基礎。

表 5-1　專案管理五大流程群組與專案「範疇」管理知識領域配適表

知識領域	專案管理五大流程群組				
	起始 流程群組	規劃 流程群組	執行 流程群組	監督與控制 流程群組	結束 流程群組
專案範疇 管理 （6 子流程）		1 範疇規劃管理 2 蒐集需求 3 定義範疇 4 建立工作分解結構(WBS)		5 驗證範疇 6 控制範疇	

表 5-2 專案範疇管理 ITTO 概述

1 範疇規劃管理	2 蒐集需求	3 定義範疇
投入 1.專案核准證明(專案章程) 2.專案管理計畫 • 專案生命週期描述 • 品質管理計畫 • 開發方法 3.企業環境因素 4.組織流程資產	**投入** 1.專案章程 2.專案管理計畫書 • 範疇管理計畫 • 需求管理計畫 • 利害關係人參與計畫 3.專案文件 • 假設日誌 • 經驗教訓登錄冊 • 利害關係人登錄冊 4.商業文件 • 商業論證 5.協議 6.企業環境因素 7.組織流程資產	**投入** 1.專案核准證明(專案章程) 2.專案管理計畫 • 範疇管理計畫 3.專案文件 • 假設日誌 • 需求文件 • 風險登錄冊 4.企業環境因素 5.組織流程資產
工具與技術 1.專家判斷 2.數據分析 • 備選方案分析 3.會議	**工具與技術** 1.專家判斷 2.數據收集 • 腦力激盪 • 訪談 • 焦點團體 • 問卷調查 • 標竿比對 3.數據分析 • 文件分析 4.決策制定 • 投票 • 多準則決策分析 5.數據呈現 • 親和圖法 • 心智圖法 6.人際關係與團隊技能 • 集體發想表決法 • 觀察/交談 • 引導 7.系統關聯圖 8.雛型	**工具與技術** 1.專家判斷 2.數據分析 • 備選方案分析 3.決策制定 • 多準則決策分析 4.人際關係與團隊技能 • 引導 5.產品分析

1 範疇規劃管理	2 蒐集需求	3 定義範疇
產出 1.範疇管理計畫 2.需求管理計畫	**產出** 1.需求文件 2.需求追蹤矩陣	**產出** 1.專案範疇說明書 2.專案文件更新 • 假設日誌 • 需求文件 • 需求追蹤矩陣 • 利害關係人登錄冊
4 建立工作分解結構（WBS）	**5 驗證範疇**	**6 控制範疇**
投入 1.專案管理計畫 • 範疇管理計畫 2.專案文件 • 專案範疇說明書 • 需求文件 3.企業環境因素 4.組織流程資產	**投入** 1.專案管理計畫 • 範疇管理計畫 • 需求管理計畫 • 範疇基準 2.專案文件 • 經驗教訓登錄冊 • 品質報告 • 需求文件 • 需求追蹤矩陣 3.已驗證的可交付成果 4.工作績效數據	**投入** 1.專案管理計畫 • 範疇管理計畫 • 需求管理計畫 • 變更管理計畫 • 構型管理計畫 • 範疇基準 • 績效衡量基準 2.專案文件 • 經驗教訓登錄冊 • 需求文件 • 需求追蹤矩陣 3.工作績效數據 4.組織流程資產
工具與技術 1.專家判斷 2.分解(Decomposition)	**工具與技術** 1.檢驗(Inspection) 2.決策制定 • 投票	**工具與技術** 1.數據分析 • 變異分析 • 趨勢分析
產出 1.範疇基準(Scope Baseline) 2.專案文件更新 • 假設日誌 • 需求文件	**產出** 1.已接收的可交付成果 2.工作績效資訊 3.變更申請 4.專案文件更新 • 經驗教訓登錄冊 • 需求文件 • 需求追蹤矩陣	**產出** 1.工作績效資訊 2.變更申請 3.專案管理計畫更新 • 範疇管理計畫 • 範疇基準 • 時程基準 • 成本基準 • 績效衡量基準 4.專案文件更新 • 經驗教訓登錄冊 • 需求文件 • 需求追蹤矩陣

5-1 專案範疇管理

為了防止專案在執行過程中，偏移了原來的專案目標，必須要界定專案的範疇，這就是專案範疇管理的精神。範疇管理的主要用意在於專案資源與時間有限，應專注在該做的事，而不要讓問題發散。因此，範疇管理是為了完成專案目標所應進行的必要作業：釐清哪些是專案應該做的？哪些是專案不應該做的？亦即在確保兩件事情，第一件事情「確保專案包含了所有的工作」，第二件事情「確保僅有完成專案所需要的工作」。

「範疇」（Scope）是指專案的產品、服務或成果及專案想要產生的可交付成果。「專案範疇管理」（Project Scope Management）知識領域的目的是描述與控制哪些是專案工作，哪些不是專案工作。整體來說，專案範疇管理主要由下列流程所組成：❶範疇規劃（Scope Planning）—制定專案範疇管理計畫、❷蒐集需求（Collect Requirements）—蒐集利害關係人想要什麼，需求什麼、❸範疇定義（Scope Definition）—專案團隊需要做哪些或做什麼來滿足利害關係人的需求、❹建立工作分解結構（Create WBS）—把可交付成果和專案工作分解成較小、較易管理的組成部分、❺範疇驗證（Scope Verification）—驗證專案已完成的可交付成果、❻範疇控制（Scope Control）—確保範疇不要有偏差。

5-2 範疇規劃（Scope Planning）

範疇規劃是「專案範疇管理」知識領域的第一個流程，也是「規劃」流程群組的第二個流程。（「規劃」流程群組的第一個流程是「發展專案管理計畫」）。「範疇規劃」的主要目的，是要製作「範疇管理計畫」這份文件。「範疇管理計畫」記載專案團隊如何著手定義專案範疇、如何發展工作分解結構、如何控制範疇更、如何驗證專案範疇等。

「範疇規劃」制定詳細專案範疇說明書的過程；從專案範疇說明書促成建立「工作分解結構」的過程、建立如何維護予核准「範疇基準」的過程；具體說明如何正式接受「可交付成果」的過程。用以在整個專案中對如何管理範疇提供指南和方向。

一、範疇規劃的投入

範疇規劃的投入，包括：

1. 專案核准證明（專案章程）
2. 專案管理計畫：包括專案生命週期描述、品質管理計畫、開發方法等。

3. 企業環境因素
4. 組織流程資產

二、範疇規劃的工具與技巧

「範疇規劃」可採用下列工具與技巧：

1. **專家判斷（Expert Judgment）**：專家最好是對「專案核准證明（專案章程）」有貢獻的高階經理人。
2. **數據分析**：主要為備選方案分析。
3. **會議（Meetings）**：可用來協助定義範疇管理計畫的範疇管理範本、表格與標準。

三、範疇規劃的產出：範疇管理計畫

「範疇規劃」的主要產出是「專案範疇管理計畫」（Project Scope Management Plan）。這份計畫文件描述專案團隊如何著手定義專案範疇、驗證專案工作、管理與控制範疇。「範疇管理計畫」是「專案管理計畫」的一項子計畫，描述將如何定義、制定、監督、驗證和控制專案範疇，用以指導將如何制定專案範疇說明書、如何創建WBS、如何驗收可交付成果、如何處理對範疇說明書的變更等。專案範疇管理計畫文件的內容，應包括：

1. 用來準備專案範疇說明書的流程。
2. 建立及維護工作分解結構（WBS）的流程。
3. 如何驗證可交付成果正確性的定義，以及用來驗證可交付成果的流程。
4. 控制範疇變更申請之流程的描述，包括範疇申請變更的程序，以及如何獲得申請變更的表格。

四、範疇規劃的產出：需求管理計畫

「範疇規劃」的另一項產出是「需求管理計畫」。這份計畫文件描述將如何分析、記錄和管理專案需求。

5-3 蒐集需求（Collect Requirements）

「蒐集需求」(Collect Requirements)是決定、紀錄及管理利害關係人之需要與需求，以符合專案目標；提供定義與管理專案範疇、產品範疇之基礎。「利害關係人」是否積極參與，而後專案成員將利害關係人的這些需求詳細紀錄與管理，在此流程對專案的成功影響很大。「蒐集需求」是蒐集「人」的需求，因此與人有關係。「蒐集需求」的工作內涵如下：

1. 定義「利害關係人的期望與需求」是什麼，並且將其文件化。
2. 建立「需求追蹤管制表」。
3. 「需求」是工作分解結構（WBS）、成本（Cost）、時程表（Schedule）、品質（Quality）…的基石。

5-4 範疇定義（Scope Definition）

範疇定義（Scope Definition）是根據所蒐集的利害關係人需求，以明確界定範疇的邊界。「範疇定義」的主要目的，是制訂出詳盡「專案範疇說明書」，以利專案的持續進行。明確界定專案範疇的邊界之後，從而明確界定專案成果的邊界。確定專案範疇圓滿達成的方法是所有 WBS 項目全部允收通過。

一、範疇定義的投入

「範疇定義」的投入，包括：

1. 專案核准證明（專案章程）
2. 專案管理計畫的範疇管理計畫
3. 專案文件：包括假設日誌、需求文件、風險登錄冊。「需求文件」說明專案贊助者與利害關係人的要求、需要以及期望，並將其排出優先順序。
4. 企業環境因素
5. 組織流程資產

二、範疇定義的工具與技巧

「範疇定義」是由下列工具與技巧所組成：

1. **專家判斷（Expert Judgment）**：專家判斷常用來分析制定專案範疇說明書所需的資訊。專家判斷和專業知識可用來處理各種技術細節。專家判斷可來自具有專業知識或經過專門培訓的任何個人或群組，可從許多管道獲得，包括（但不限於）：組織內的其他部門、顧問、利害關係人（包括客戶或發起人）、專業技術協會、產業團體、主題專家等。

2. **產品分析（Product Analysis）**：產品分析與產品範疇的描述息息相關。產品分析是將產品描述與專案目的，轉換成可交付成果與要求的一種方法。根據「PMBOK 指南」，產品分析可包括執行價值分析、功能分析、系統工程技巧、系統分析或價值工程技巧等，以進一步定義產品或服務。
3. **替代方案辨識（Alternatives Identification）**：是用來找出完成專案的不同方法或方式的一種技巧。常見的手法，例如，腦力激盪法、水平思考等。
4. **引導式工作坊（Facilitated Workshops）**：藉由具有不同專業知識的關鍵人物參與工作坊，有助於就專案範疇定義達成跨職能的共識。

三、範疇定義的產出

「範疇定義」的產出有二：❶專案範疇說明書（Project Scope Statement）-記錄整個專案的範疇，並詳細描述專案的產品範疇描述、驗收標準、可交付成果、專案除外責任（哪些工作不該做）；❷專案文件更新。

專案範疇說明書（Project Scope Statement）

「專案範疇說明書」是「範疇定義」的產出，並直接影響到「工作分解結構」（WBS）的建立。專案範疇說明書的目的，是要讓所有利害關係人對專案範疇有基本瞭解。專案範疇說明書定義與逐步完善專案工作，並在「執行」階段引導專案團隊的工作。

因為專案範疇說明書用來作為專案基準，如果在專案執行期間發生問題或提出變更，就可以與專案範疇說明書中所記載的內容做比較。一般而言，專案範疇說明書主要包括如下內容：

1. 專案目的
2. 產品範疇描述
3. 專案可交付成果（Deliverable）
4. 專案要求
5. 專案界限
6. 驗收標準（Acceptance Criteria）
7. 專案限制
8. 專案假設
9. 最初專案組織
10. 最初定義的風險

11. 時程里程碑
12. 資金限制
13. 成本估計
14. 專案型態管理要求
15. 專案說明書
16. 核可要求

專案文件更新

「範疇定義」流程的另外一項產出是「專案文件更新」，包括假設日誌、需求文件、需求追蹤矩陣、利害關係人登錄冊。範疇定義可交付成果於要求期間，可能會發現有必要更改原本的目的與要求，經由「請求變更」流程，一旦經重新審查與核准，這些請求變更就會變成新的專案範疇。如果「專案範疇說明書」已核准與發佈，當需要對它做變更時，經由「專案文件更新」流程，對它做變更，並通知利害關係人已做的變更。

5-5 建立工作分解結構（Create WBS）

一旦專案目標確立，下一個步驟就是決定有哪些工作需要去完成。所有的作業都要列出明細，此時建立工作分解結構（Work Breakdown Structure，簡稱 WBS）是一種較佳的方法。在專案管理中，透過工作分解的方式，將原本規模大而複雜的工作內容，變成規模小而容易管理的工作項目，這樣將工作分解成較容易管理的工作項目之圖表，就稱為「工作分解結構」（WBS）。

工作分解結構（WBS）是將專案工作細分為數個可以控制的項目，用來協助確認所有需要完成的工作範圍，其是一種階層樹狀圖，當中的每個項目在專案期間都要完成。

一、何謂工作分解結構

工作分解結構（Work Breakdown Structure，WBS）最初由美國國防部在 1993 年三月訂定於 MIL-STD991B 標準，其標準如下：「工作分解結構是一個由硬體、軟體、服務、資料及設施所組成的產品導向樹狀圖，它表現和定義此發展或將產生的產品及最終產品要完成的相關工作元素」。

工作分解結構將專案的任務或最終產品分類組織起來，並作為估算需求，成本及時程的依據，有助於整體專案工作的管理。工作分解結構是定義專案計畫範疇時所使用的重要方法，結構底層為專案可交付的元件成果或分組的商品，提供整個專案範疇。它是專案團隊在專案期間要完成或生產出的最終明細目的階層樹，這些細目的完成或產出構成了整個專案的工作範圍。進行工作分解結構是對專案計畫非常重要的工作，工作分解結構將決定專案計畫能否成功。如果專案工作分解得不夠詳實，則在專案計畫實施的過程中難免要進行修改，專案計畫一經修改會影響原專案計畫所訂行程，造成專案計畫排程時間延誤及成本費用增加。

工作分解結構（WBS）的第一個觀念是「逆向分解」。因此要先想像整個專案完成時，全貌是什麼樣子，才能將專案進行逆向分解。也就是說，工作分解結構（WBS）是其於專案的最後成果，來進行逆向分解。因為專案範疇管理是實現專案目標，所應獲得的成果，因此工作分解的目的是要進行有效管理，而分解後的項目都必須是「可交付的」。「可交付的」（deliverable）意思是「可以被指派的」、「可以被執行的」、「可以交出成果的」。至於「交付項目」是「有形的」、「可衡量的」、「可被驗證的」工作產出。因此，工作分解結構（WBS）所逆向分解後的每個項目，必須是「可交付的」、「有形的」、「可衡量的」、「可被驗證的」工作產出。

工作分解結構（WBS）是逐層進行，而每下降一層，代表分解後的工作項目就越詳細。

二、工作分解結構的製作原則

製作工作分解結構時，有一個很重要的問題，就是「工作要分解到什麼程度才能停止？」一般原則是，精細到您可以正確地估算細項作業的時間和成本，或是所耗的時間單位小到等於排進度的時間單位為止。舉例來說，如果您想要排的是每日的進度，那麼就把工作一直分解到一天能夠完成的地步；如果您想要排的是每小時的進度，同樣地，就把工作一直細分到以小時計數的範圍。決定工作分解結構要多詳細或是有多少層級，準則在於：

1. 在層級中，個人或組織被分派要完成工作包的責任程度。
2. 在層級中，專案期間想要控制預算、監控和蒐集的成本資料。

對任何專案都沒有所謂正確或標準的工作分解結構。因為相似的專案會有不同的專案團隊，發展出不同的工作分解結構。

三、工作分解結構的步驟

工作分解結構是將專案計畫內的工作分解為越來越小、成為易於管理和控制的單元系統。其分解過程是依照專案內的結構或實施過程，進行逐層分解而形成的階層概念圖。其階層概念圖如下圖 5-1 所示：

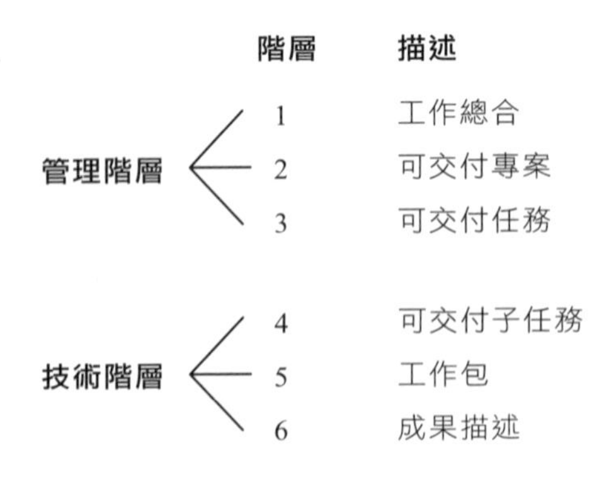

圖 5-1 工作分解結構階層概念圖

1. **第一層**：專案本身，包含專案工作的總組成。
2. **第二層**：專案內可交付專案，但不是全部專案，是細分專案。以專案可交付任務或可交付功能來做細分，會因專案工作範圍的內部特點不同而不同，專案以可交付為分類原則，以便進行專案管理。
3. **第三層**：可交付任務，由第二層專案再細分專案，細分的原則同上一層，依據活動構成完成任務的特點，對每個可交付任務作分解，對不同的單元一直分解到可交付的子任務，這個可交付的子任務，可於下一層分解為工作包。分解時應儘量減少結構的層次，但是層次太多則不易有效管理。各可交付任務的階段數量可能有多有少，以易於理解與管理為原則。
4. **第四層**：可交付的子任務。
5. **第五層**：工作包（Work Package），是工作分解結構最底層項目，也是專案可控制的最小單元，可以是商品或是元件為主。在這一階層，以滿足專案經理人與用戶溝通的監控需求為主，這是專案經理管理專案所要求最低層次。工作包是一個任務，包含不同的工作種類。
6. **第六層**：對第五層工作包成果的描述。工作分解結構工作包，依使用人對計畫的了解程度而定可以很簡單、也可很複雜，簡單的可只含工作項目、責任、工作量與時程，複雜的則含唯一的識別碼、工作名稱、工作說明、負責單位或人員、成本預算、開始日期、結束日期、工作產品、驗收準則、資源種類及數量等。工作包應具備以下特點：

(1) 與上一階層有相對應單元關係，具有明確的商品或是元件。

(2) 配合責任結構圖能夠落實到專案團隊中負責的經理人，由專案的工作分解結構與組織的責任圖結合起來，使兩者緊密結合，以便於專案經理人將各工作單元分派給專案團隊成員。

(3) 可確定排程，最早時間、最短時間、完成時間，與最晚時間以便於專案經理人對該工作包進行專案的管制。

(4) 能夠確定實際預算、人員、需求和排程，作為專案稽核與專案異動追蹤。

四、工作分解結構的編碼方式

工作分解結構的編碼是將工作分解結構中的每一項工作單元都編上號碼，編上號碼利於專案發展時對工作包的變更、時間安排、資源安排、品質要求等，各方面查詢都要參照這個編碼。利用技術如下：結構的每一層次代表某一位數的編碼，第一位數表示處於第一級的整個專案；第二位數表示處於第一級的子工作單元（或子專案）的編碼；第三位數是處於第二級的具體工作單元的編碼；第四位數是處於第三級的更細更具體的工作單元的編碼。編碼的每一位數字，由左到右表示不同的級別，即第一位代表一級，第二位代表二級，依次類推。

在工作分解結構編碼中，任何等級的工作單元，是其餘全部次一級工作單元的總和。如第二個數字代表子工作單元（或子專案）把原專案分解為更小的部分。整個專案就是子專案的總和。所有子專案的編碼的第一位數字相同，而代表子專案的數字不同，緊接著後面數字是零。再下一級的工作單元的編碼依次類推。如下圖 5-2 工作分解結構編碼設計圖所示：

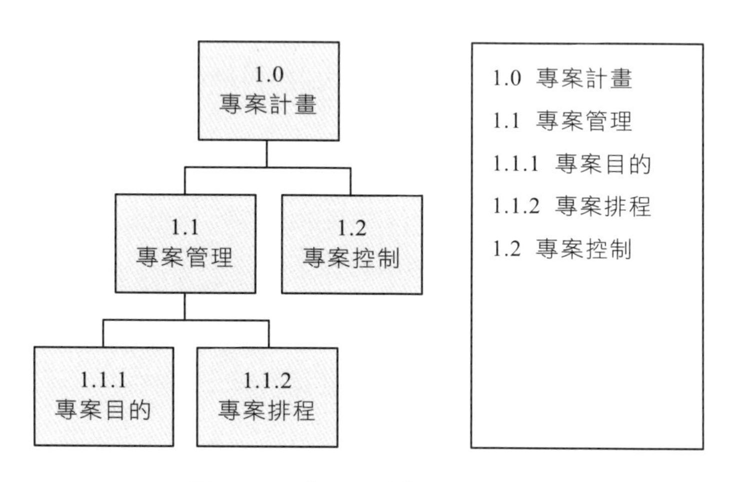

圖 5-2 工作分解結構的編碼設計

五、工作分解結構的建立方法

工作分解結構的建立方法，主要有二：

1. **由上而下法**：為建構工作分解結構的常規方法，由專案最大的單位開始，逐步將專案分解成下一級的子工作單元。這個過程就是要不斷增加級數，細化工作任務。
2. **由下而上法**：由底層成員開始往上發展。從一開始就盡可能的確定專案有關的各項具體任務，然後將各項具體任務進行整合，並歸總到工作分解結構的上一級內容當中。

工作分解結構的建構方法，如下圖 5-3 所示：

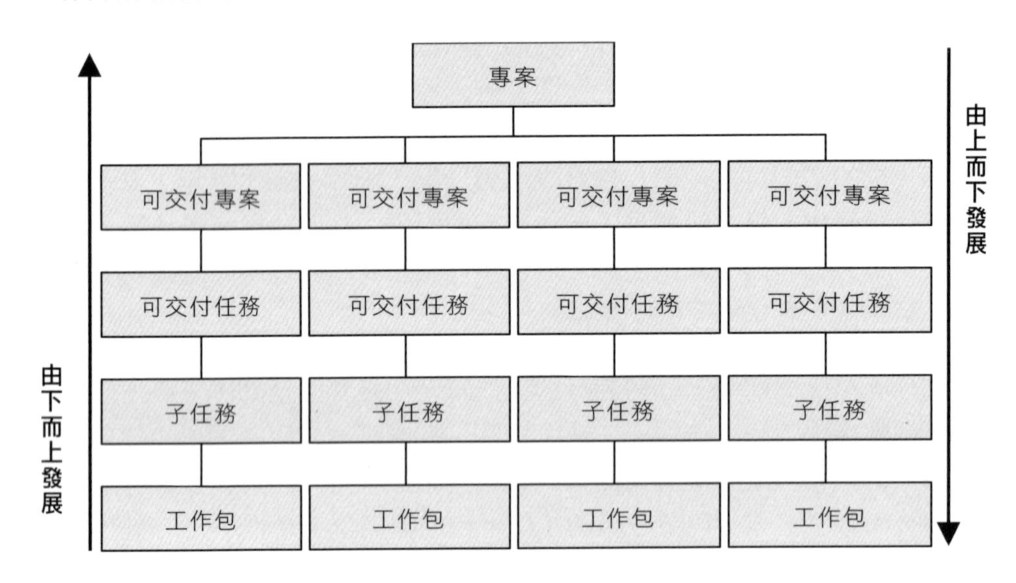

圖 5-3 工作分解結構的建構方法

工作分解結構應以最終使用為目的，其表達的目標如下：

(1) 工作如何被完成，花多少成本及多少時間。

(2) 重要的工作量風險。

(3) 需求、計畫、測試及交付任務相對照。

(4) 工作人員的權責。

(5) 提供資料評估專案績效及儲存在歷史資料庫。

(6) 合理分派工作人員。

六、工作分解結構的用途

基本上，工作分解結構要在排定進度之前完成。事實上，工作分解結構等於是把整個專案整合在一起的清單，可以由它來做資源分派，估算時間和成本，並以方塊圖呈現工作範疇等。查驗專案進度時，也能夠用它辨識出目前的進度落在哪一個方塊上。

表 5-3 責任職掌表範例

責任職掌表							
專案名稱：	分派日期：		檔案號：		頁數：		
專案經理：	修改日期：		修改次數：				
	專案負責人員						
作業說明							
代碼： 1=實際參與、2=支援作業、3=需被告知、空白=無相關人員							

因此，工作分解結構讓專案人員很容易就看出工作範疇，以及花費的時間和成本。此外，工作分解結構也有助於分派工作任務。每件工作任務都需要由特定的人員來進行，因此除了工作分解結構外，還要有一張特別的表單「責任職掌表」（如表 5-3 所示），用來列示出所有負責工作的項目和人員。做估計時的原則：

1. 將估計的容許誤差百分顯示出來。
2. 說明如何估計，也要說明假設基準為何。
3. 說明有哪些因素會影響估計值。例如時間因素：一個月後，估計值還有效嗎？

「WBS 詞典」是針對每個 WBS 組件，詳細描述可交付成果、活動和進度信息的文件。

七、責任分派矩陣（Responsibility Assignment Matrix）

責任分派矩陣（RAM），是根據工作分解結構（WBS）與組織分解結構（OBS）所產生的交集，說明組織成員對於工作的權責，會以 R（Primary Responsibility）、I（Keep Informed）、S（Support（active involvement））、C（Consult or provide advice）來示；亦可自訂如 P（Project Manager）、D（Decision）等；另外也有人使用團隊分工與責任（RACI Chart）來表示，以 R=Responsible（負責）、A=Accountable（承擔）、C=Consult（諮詢）、I=Inform（分享）。

說白一點，「責任分派矩陣」是一種工作分配表，如表 5-4 所示，將工作分解結構中，每個人所要完成的工作項目列表表示的一種方法。它是一種十分有用的工作，可以強調每項工作是誰所負責，也可以顯示每個人在專案中所扮演的角色。

表 5-4　責任分派矩陣範例

工作分解編號	工作項目	劉小良	吳小瑜	陳小春	黃小夢
1.	研習營	R			
1.1	宣傳		R		S
1.2	海報		R		S
2	與會者名單			R	
2.1	主持人	R			S
2.2	發表人			R	S
2.3	一般觀眾		R		S
3	餐點				R
3.1	訂餐		S		R
3.2	付款		R		S
3.3	用餐場地		R		S

註：R 表示主要責任；S 表示輔助責任。

當每項工作包的細節作業都被定義清楚了，下一步驟就是繪製網路圖（Network Diagram），以顯示要完成的每項工作之間的關係以及先後次序。

範疇基準是經過批准的範疇說明書、WBS 和相應的 WBS 詞典，只有通過正式的變更控制程序才能進行變更，範疇基準被用作績效比較的基礎。

5-6 範疇驗證（Scope Verification）

一、何謂範疇驗證

範疇驗證（Scope Verification）是取得利害關係人對已完成的工作項目範圍與相對應可交付成果正式驗收的過程。換句話說，範疇驗證是正式驗收專案已完成之可交付成果的流程。驗證專案範圍包括審查可交付成果，確保每一項結果都令利害關係人滿意。如果專案提前終止，則專案範疇驗證過程應當查明並記載完成的水準與程度。

二、範疇驗證 vs.品質控制

範疇驗證與品質控制的不同之處在於，此過程主要關心驗收可交付成果，而品質控制主要關心滿足為可交付成果規定的質量要求。品質控制一般先於範疇驗證進行，但兩者也可以同時進行。

範疇驗證會發生在專案每個階段（Phase）結束時，要將「可交付的成果」交到客戶手上，並得到客戶的簽收（acceptance, sign-off）所以是與客戶相關，當然交給客戶時也會確認交付的數量及品質是否經過「品質控制」（Quality Control）檢驗完成可出廠。

品質控制就是內部針對產品或服務所做的量測（measurement），看是否符合品質規劃（Quality Planning）時訂出的品質標準（Quality Standard）與客戶簽收無關。所以「範疇驗證」與「品質控制」可以同時發生，兩者都會驗證產品或服務的正確性（Correctness）。

總結來說，「範疇驗證」是驗證專案範疇是否達允收標準，是接受與否的問題；而「品質控制」是驗證正確與否問題。

三、範疇規劃與範疇定義

1. **範疇規劃（Scope Planning）**：制定書面的規模說明，探討如何定義專案規模、如何制定詳細規模說明、如何定義和建立工作分解結構、如何驗收和控制專案規模，這份紀錄就是「範疇規劃」。
2. **範疇定義（Scope Definition）**：細分成較小的部分，產生詳細的專案範疇說明（Project Scope Statement），專案利害關係人的需求和期望轉成專案的要求。

5-7 範疇控制（Scope Control）

「範疇控制」是指監督專案範疇與產品範疇的狀態，並管理「範疇基準」變更的過程。確保所有的變更申請、建議的矯正措施或預防措施都經由「進行整合變更管制」過程執行。範疇控制在確保只做範疇內的事。

範疇控制著重在影響造成專案範疇變更的因素，以及控制變更的衝擊。沒有控制好專案範疇的變更，可能導致專案範疇的陸續改變，或稱為潛變（Creep）。「範疇控制」流程主要工具與技巧是「變異分析」（差異分析）與「趨勢分析」，包括重新檢視專案績效衡量，以判定專案範疇是否有顯著差異，找出並記載差異原因，並且依據範疇基準檢視那些差異，必要時實施矯正行動。

範疇變更可能需要重新經歷「專案規劃」流程，並做任何需要的調整。這意謂著必須更新「專案範疇說明書」，使它能正確地反映變更後的專案工作。注意，要記得提供「利害關係人」有關專案所做的範疇變更，以及變更可能造成的影響。

學習評量

1. 有關責任分派矩陣的敘述，下列何者正確？

   (A) 是由 OBS 和 WBS 組成　(C) 是由 RBS 和 OBS 組成

   (B) 是由 OBS 和 SOW 組成　(D) 是由 WBS 和 RBS 組成

2. WBS 的最底層是？

   (A) WBS 字典　(C) 活動

   (B) 工作包　(D) 以上皆是

3. 有關工作分解結構（WBS）的敘述，下列何者正確？

   (A) 工作分解結構（WBS）只有 3 到 5 層

   (B) 工作分解結構（WBS）的最底層是「工作包」

   (C) 工作分解結構（WBS）的拆解方法有三種

   (D) 工作分解結構（WBS）的最底層是「活動」

4. 範疇驗證是驗證什麼？

   (A) 範疇的正確與否　(C) 範疇的接受與否

   (B) 範疇的好壞與否　(D) 以上皆非

5. 確定專案範疇圓滿達成的方法是？

(A) 客戶隊專案執行成果高度滿意 (C) 關係人對專案績效高度滿意

(B) 所有 WBS 項目全部允收通過 (D) 以上皆是

6. 專案範疇說明書只包括？

(A) 專案需要執行的工作 (C) 專案需要執行和不需要執行的工作

(B) 專案不需要執行的工作 (D) 以上皆是

7. 有關範疇說明書的說法，下列何者正確？[複選]

(A) 它不是職能經理在概念階段所制定的

(B) 它提供製作網路圖的基礎

(C) 它不是契約的基礎

(D) 它不是包含專案目標，例如成本、進度及品質等

8. WBS 字典是用來？

(A) 拆解 WBS (B) 查核 WBS (C) 說明 WBS (D) 執行 WBS

9. 下列何者不屬於「專案範疇管理」的流程？

(A) 範疇定義 (C) 範疇執行

(B) 範疇驗證 (D) 範疇控制

10. 下列何者是「規劃」流程領域的第二個流程？

(A) 範疇定義 (C) 範疇執行

(B) 範疇驗證 (D) 範疇規劃

11. 範疇規劃主要是由哪兩項工具所組成？[複選]

(A) 專案判斷 (C) 專案管理方法論

(B) 範本、表格與標準 (D) 專案管理資訊系統

12. 「範疇規劃」流程最主要的產出是？

(A) 專案說明書 (C) 專案範疇管理計畫

(B) 專案執行書 (D) 專案啟動計畫書

13. 下列何者屬於「範疇定義」流程常用的工具與技巧？[複選]

(A) 產品分析 (C) 專家判斷

(B) 替代方案辨識 (D) 利害關係人分析

14. 正式驗收專案已完成之可交付成果的流程，是指？

(A) 控制範疇
(B) 規劃範疇
(C) 驗證範疇
(D) 結束專案

15. 下列哪些會受「需求文件」的直接影響？[複選]

(A) 定義範疇
(B) 驗證範疇
(C) 控制範疇
(D) 規劃範疇

16. 下列哪一項「範疇定義」的產出，會直接影響到「工作分解結構」（WBS）的建立？

(A) 專案核准證明
(B) 需求文件
(C) 驗證範疇
(D) 專案範疇說明書

17. 下列哪一項不屬於「需求文件」的內容？

(A) 工作包
(B) 專案目標
(C) 驗收標準
(D) 品質要求

18. 「描述整個專案生命週期中，需求如何分析、記錄、管理」，是指？

(A) 需求包
(B) 需求日誌
(C) 需求文件
(D) 需求管理計畫書

19. 要發展「專案範疇說明書」，要先瞭解專案批核的要求，應先查閱下列哪一份文件？

(A) 專案核准證明
(B) 需求日誌
(C) 需求文件
(D) 需求管理計畫書

20. 「詳細描述專案的交付成果標的，以及為提交這些交付成果標的而必須展開的工作」，是指？

(A) 專案核准證明
(B) 專案範疇說明書
(C) 需求文件
(D) 需求管理計畫書

21. 「專案範疇說明書」的意義在於？

(A) 提供專案的簡要說明
(B) 為專案成本核算提供標準
(C) 開展更詳細規劃的基礎
(D) 為利害關係人核准專案

CHAPTER 6

時程(Schedule)管理

本章學習重點

- 作業定義
- 作業排序
- 活動排序
- 作業工時預估
- 工期預估
- 專案時程擬定
- 專案時程控制
- 關鍵鏈管理

PMBOK 第六版將「時間（Time）管理」改成「時程（Schedule）管理」。本章主要探討專案管理金三角第一要素－「時程」，「專案時程管理」主要內容有時程管理規劃、活動定義、活動排序、活動時程估算、時程發展與控制。教導如何利用時程管理程序來發展專案時程，及在限制條件、風險下的時程管理技巧。

表 6-1　專案管理五大流程群組與專案「時程」管理知識領域配適表

知識領域	五大流程群組				
	起始流程群組	規劃流程群組	執行流程群組	監督與控制流程群組	結束流程群組
專案時程管理（6 子流程）		1 規劃時程管理 2 定義活動 3 排序活動 4 估算活動時程 5 發展時程		6 控制時程	

表 6-2 專案時程管理 ITTO 概述(一)

1 時程規劃管理	**2 定義活動**	**3 排序活動**
投入 1.專案核准證明(專案章程) 2.專案管理計畫 • 範疇管理計畫 • 開發手法 3.企業環境因素 4.組織流程資產	**投入** 1.專案管理計畫 • 時程管理計畫 • 範疇基準 2.企業環境因素 3.組織流程資產	**投入** 1.專案管理計畫 • 時程管理計畫 • 範疇基準 2.專案文件 • 活動清單 • 活動屬性 • 假設日誌 • 里程碑清單 3.企業環境因素 4.組織流程資產
工具與技術 1.專家判斷 2.數據分析 3.會議	**工具與技術** 1.專家判斷 2.分解 3.滾動式規劃 4.會議	**工具與技術** 1.順序圖示法(PDM) 2.依存關係判定 3.利用提前量和延遲量 4.專案管理資訊系統
產出 1.時程管理計畫	**產出** 1.活動清單 2.活動屬性 3.里程碑清單 4.變更申請 5.專案管理計畫更新 • 時程基準 • 成本基準	**產出** 1.專案時程網路圖 2.專案文件更新 • 活動清單 • 活動屬性 • 假設日誌 • 里程碑清單

表 6-2 專案時程管理 ITTO 概述(二)

4 估算活動時程	**5 發展時程**	**6 控制時程**
投入 1.專案管理計畫 • 時程管理計畫 • 範疇基準 2.專案文件 • 活動清單 • 活動屬性 • 假設日誌 • 經驗教訓登錄冊 • 專案團隊派工單 • 資源分解結構	**投入** 1.專案管理計畫 • 時程管理計畫 • 範疇基準 2.專案文件 • 活動清單 • 活動屬性 • 假設日誌 • 估算基準 • 活動期程估算 • 經驗教訓登錄冊	**投入** 1.專案管理計畫 • 時程管理計畫 • 時程基準 • 範疇基準 • 績效衡量基準 2.專案文件 • 經驗教訓登錄冊 • 專案行事曆 • 專案時程 • 資源行事曆

4 估算活動時程	5 發展時程	6 控制時程
• 資源行事曆 • 資源需求 • 風險登記冊 3.企業環境因素 4.組織流程資產	• 里程碑清單 • 專案時程網路圖 • 專案團隊派工單 • 資源行事曆 • 資源需求 • 風險登錄冊 3.協議 4.企業環境因素 5.組織流程資產	• 時程數據 3.工作績效數據 4.組織流程資產
工具與技術 1.專家判斷 2.類比估算 3.參數估算 4.三點估算 5.由下而上估算 6.數據分析 • 備選方案分析 • 風險儲備分析 7.決策制定 8.會議	**工具與技術** 1.時程網路分析 2.要徑法(CPM) 3.資源最佳化 (Resource Optimization) 4.數據分析 • 假設情境分析 • 模擬 5.提前與延後(Leads and Lags) 6.時程壓縮(Schedule Compression) 7.專案管理資訊系統 8.敏捷發佈規劃	**工具與技術** 1.績效審查 2.專案管理軟體 3.資源最佳化技術(Resource Optimization Techniques) 4.建模技術(Modeling Techniques) 5.提前與延後(Leads and Lags) 6.時程壓縮(Schedule Compression) 7.排程工具 (Scheduling Tool)
產出 1.活動期程估算 2.估算基準 3.專案文件更新 • 活動屬性 • 假設日誌 • 經驗教訓登錄冊	**產出** 1.時程基準 2.專案時程 3.時程資料 4.專案行事曆 5.變更申請 6.專案管理計畫更新 7.專案文件更新 • 時程管理計畫 • 成本基準 8.專案文件更新 • 活動屬性 • 假設日誌 • 期程估算 • 經驗教訓登錄冊 • 資源需求 • 風險登錄冊	**產出** 1.工作績效資訊(Work Performance Information) 2.時程預測 3.變更請求 4.專案管理計畫更新 5.專案文件更新 6.組織流程資產更新

6-1 專案時程管理概述

一、先掌握專案範疇，再作時程管理

在專案管理中，「範疇」與「時程」的關係密不可分。將「範疇」與「時程」並列，可看出兩者的關係（如圖 6-1 所示），做好範疇管理是時程管理的基礎。先蒐集需求，定義範疇，建立工作分解結構（WBS），將「範疇管理」做好後，接下來就才能進行「時程管理」：定義活動，排序活動，估算活動時程，發展與控制時程。

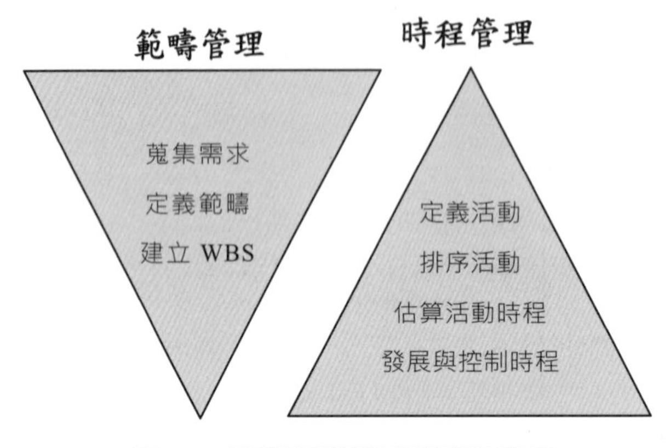

圖 6-1 範疇管理與時程管理的關係

「活動」是專案中，進行作業的管理單位。在專案執行過程，必須適當的分配活動或任務。透過範疇管理的「工作分解結構」（WBS），可再將「工作項目」進一步分解成「活動」，方便專案成員執行，共同完成專案。

二、對的時間管理方法

關於事情的輕重緩急，一般可用「時間的四個象限」來做為執行的原則。「時間的四個象限」就是把工作依照「重要性」與「緊急性」兩個特性，展開成四種狀況：

1. 重要且緊急：這是要最優先處理的。
2. 重要但不緊急：這是次優先處理的。
3. 不重要但緊急：這是第三順位處理。
4. 不重要也不緊急：這是最後才處理。

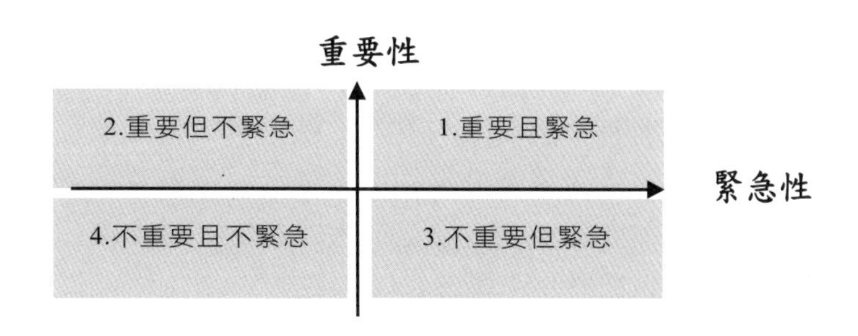

圖 6-2 時間的四個象限

在時程管理技巧方面，要有一個重要的觀念：盡可能在事情還沒有變緊急之前，就要妥善處理「重要但不緊急的事」，即是事先設法有效減少「重要且緊急的事」。

三、時程管理的主要工作程序

在判斷事情輕重緩急，擁有處理時程的基礎邏輯之後，就能進一步應用在專案中。首先，在專案範疇內，定義專案的各項「活動」，包含應要完成執行的工作；同時依照事情的先後邏輯，進行活動的排序。進而列出各項「活動」所需的資源內容與數量，包括人力、物力、設備、材料等，以及確認資源需求的時間。然後再根據「活動」的特性，估算活動所需的時間。最後，再根據各項活動的先後順序，彙整所需的時間與資源，訂出活動起始的時間點，發展出完整的時程規劃。並加入「里程碑」，做為專案執行過程中的階段性檢查點。

「里程碑」可能是專案執行過程中的重要事件或檢查點，又或是階段的分界點。在專案執行的過程中，透過里程碑的檢討，瞭解專案實際的執行狀況，若有延誤或突發狀況時，可以及早發現，及早補救，以確保專案最後能如期如質如效達成。

整理而言，專案時程管理的主要工作程序如下：

1. 定義與排序「活動」。
2. 列出各項活動所需的資源，以及確認資源需求的時間。
3. 估算每項活動所需的時間。
4. 發展時程。
5. 加入重要「里程碑」。

6-2 排定專案進度：網路圖

一般管理和專案管理有一個很大的不同，就是專案管理很注意排定進度。因此有學者認為「專案是為了解決問題所排定的進度表」。但不幸的是，有些人誤以為「專案管理充其量不過是排進度罷了」，這是很大的誤解。排進度只是其中一項工具，用來管理專案工作，不應該被視為主體。

一、進度簡史

在 1985 年以前，排定專案進度的工具只有長條圖（Bar Chart）而已。自從亨利・甘特（Henry Gantt）用長條圖說明一項全國性系統的進度後，從此人們就把長條圖稱為「甘特圖」（Gantt Chart）。

長條圖製作容易，也容易看懂，至今仍是專案小組間溝通的利器，可以讓專案成員一目了然期限內需要完成多少工作；相較之下，箭線圖（arrow diagram）就有點複雜。不過，若是為了使專案成員瞭解某些作業之間的關聯性，和及時完成的重要性，箭號圖就變得很有用。

長條圖有個很大的缺點，就是很難看出某項作業的延誤，會對其他作業造成多少衝擊。原因是原始的長條圖中，並沒有把作業間的關聯性表達出來。

為了克服這缺點，在 1950 年代晚期與 1960 年代初期，分別發展出兩種解決方法；兩種都是利用「箭號圖」，來描繪專案中各項作業的先後或平行關係。其中一項方法是由杜邦（Du Pont）開發的要徑法（Critical Path Method，CPM）；另一項方法是由美國海軍以及布艾漢顧問集團（Booze, Allen, and Hamilton Consulting Group）共同發展出來的計畫評核術（Program Evaluation and Review Technique，PERT）。

基本上，要徑法（CPM）與計畫評核術（PERT）的主要差異在於，真正的計畫評核術須使用機率計算，而要徑法卻沒有。換句話說，使用計畫評核術可以計算一項活動在某一段時間內，可以完成的機率有多少，而要徑法就做不到這一點。

二、網路圖的基本概念

專案因內容繁複且各項作業間存在著技術上必須滿足的先後關係，又必須明確地指出各項作業執行的時段。為便於掌握整個專案，在規劃時可利用「網路圖」來表示計畫中各項作業間的先後關係，並利用網路規劃技術對作業工期進行估算，以及對各項資源做更有效的配置與運用。

專案網路圖是將專案的各項作業與重要事件分別以聯結（Arcs）與節點（Nodes）表示，其中以聯結方向表示作業間的先後關係（Precedence relations）。網路所包含的節點與聯結個數越多即表示該問題越複雜。

使用網路圖進行專案規劃與控制的步驟如下：

1. 詳細描述整個專案計畫，尤其是各項作業之間的先後關係。
2. 繪製專案網路圖。
3. 估算整個專案之總完工時間，並找出專案的關鍵路徑（Critical Path，CP）。
4. 監督專案的工作進度，從關鍵路徑中找出可改善之處。

專案網路圖所用到之符號與其意義如表 6-3 所示。聯結是連接節點的線段，其箭頭表示專案各作業的方向，箭頭的尾端表示作業開始，箭頭尖端表示作業完成。圓圈表示事件，又稱為節點，是作業的開始或結束時的狀態。

表 6-3　專案網路圖中各種符號意義表

符號	名稱	意義
——→	聯結（作業）	箭頭表示作業的完成，箭尾表示作業的開始。
○	節點（活動）	表示活動。
- - - - - - - -→	虛聯結（虛作業）	用於表示作業間的先後關係，本身不需時間。

繪製網路圖之前必須先弄清楚整個專案各項作業間的先後關係。尤其對於大型專案而言，此項工作為最重要的任務之一。若作業的先後順序關係被忽略或錯誤，將會導致作業延誤，甚至造成專案無法完成。而專案中各項作業之先後順序關係有下列四種：

1. **先行作業（Predecessors）**：於給定作業開始之前，必須完成的作業。
2. **後續作業（Successors）**：在給定作業完成之後，才可以開始的作業。
3. **並行作業（Parallel activity）**：與給定作業可同時進行的作業，兩者之間並無任何先後關係的要求。
4. **虛作業（Dummy activity）**：僅用來表示作業間的先後關係，本身無實質工作內容，故不需要時間。

製作網路圖時，有兩個基本原則：

1. 盡可能先做合理的安排後，才來考量資源有限的問題。
2. 保持單一計時單位，絕對不要把小時和分鐘混合使用。若工作可細分到分鐘，應先把所有進度用分鐘做計時單位，排定後再把分鐘轉換成小時。注意，不要把計畫的計時單位做得太過詳細，但是也不能太過粗略。

此外，值得注意的是，網路圖的問題不見得只有一個答案。不同的人所繪製出來的網路圖，多多少少都有些不一樣的地方。繪製網路圖時，除了部分必須遵守的規則外，其餘都是非常彈性的。

表 6-4 網路圖常用的專有名詞

專有名詞	說明
活動／作業 （Activity）	活動是指會消耗資源或時間的作業。
關鍵活動 （Critical Activity）	所謂關鍵活動或關鍵作業，就是一定要在某一時間點內完成的活動或作業，沒有轉寰餘地。
要徑 （Critical Path）	要徑是指網路圖中，需時最長的路徑，也就是可以決定專案最快可以在什麼時候完成的路徑。
事件 （Events）	活動開始或完成的那一點稱為事件。一個事件是時間軸上的某一點，每個事件通常都會用一個圓圈來表示，圓圈中用數字或文字來命名。
里程碑 （Milestone）	專案中有某些特別重要的事件點，通常是一個階段工作的結束點稱為里程碑，也是專案檢討的焦點。
網路圖 （Network）	在專案中計畫各項活動間的關係，並以圖形方式表現出來，稱為網路圖。網路圖有時亦稱為「箭號圖」。

※資料來源：修改自 Lewis（2003）

有兩種方法可以用來排進度：第一種是由前向後法，第二種是由後向前法，通常最簡單的方法是由前向後法。

三、網路圖的繪製方式

專案的網路圖繪製方式，主要有兩種：一種是用聯結表示作業間之先後關係，以節點表示作業，稱為「節點圖示活動法」（Activity-On-Node，AON）；另一種是用聯結表示作業及先後關係，以節點表示作業的開始與結束，稱為「箭線圖示活動法」（Activity-On-Arrow，AOA）。

節點圖示活動法（AON）

「節點圖示活動法」（AON）以節點來表示一個「活動」（Activity），箭線表示與此一「活動」相關的事件與先行關係，並以「活動」發生的順序，依序劃出「節點」與「箭線」，這種方式是「以活動為導向」的網路。在此的先行關係要求一個活動，必須在其之前的活動均已完成後才開始，範例如圖 6-3 所示，節點表示專題演講（活動），而箭線分別代表起始與結束時間（事件）。

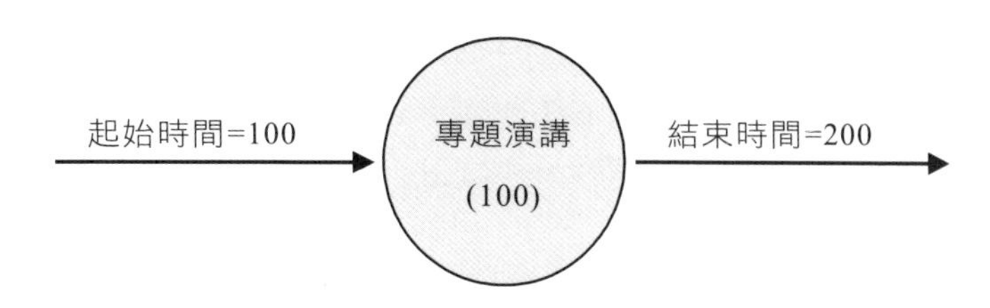

圖 6-3　節點圖示活動法（AON）範例

在「活動」（Activity）被繪製入網路圖之前，要先釐清：

1. 哪些活動是它的先行活動（Predecessors）？
2. 哪些活動是它的接續活動（Successors）？
3. 哪些活動可以同步進行或同步被完成？

基本上，除第一個活動之外，每個活動都會有「先行活動」，而所有「先行活動」必須在「現行活動」之前均以完成，而「接續活動」亦須等到「現行活動」完成之後才能開始進行。在繪製網路圖時，應清楚辨識哪些活動是序列活動？哪些活動是平行活動？若兩個活動之間有先行或接續關係，即為序列活動；而若兩個以上獨立的活動可以同時進行，則為平行活動。

箭線圖示活動法（AOA）

箭線圖示活動法（AOA）是以箭線代表活動，並以節點代表事件，事件本身並不會消耗時間與資源，一個事件是一個或多個活動開始或結束的時點。因此，箭線圖示活動法（AOA）是事件導向的網路，強調活動的連接。採用箭線圖示活動法（AOA）規劃網路圖的慣例是將事件由左至由依序安排，範例如圖 6-4 所示：

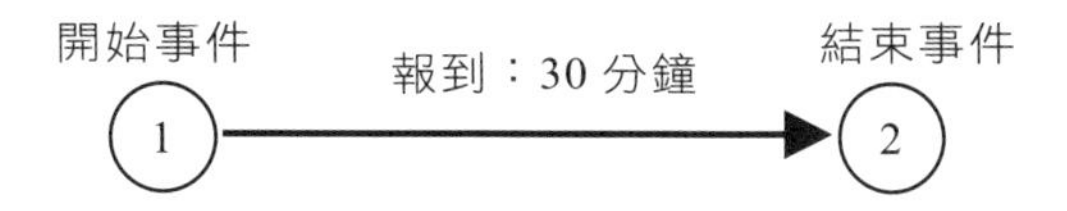

圖 6-4　箭線圖示活動法（AOA）範例

在繪製 AOA 網路圖時，必須遵守下列規則：

1. **節點編碼**：編號順序為由左到右，由上到下，由小到大。起點編號為最小，終點編號為最大。

2. **作業順序**：每個作業的起點編號都小於終點編號。要滿足此規則，可用圖形排序法（Topological sorting），對圖形進行節點排序。

3. 在一個節點開始之前，位於它之前的所有節點必須先完成其相關作業。如圖 6-5 所示，a 、b 、c 作業都完成了才能開始 d 作業。如圖 6-6 所示，a 、b 作業都完成了才能開始 c 、d 作業。如圖 6-7 所示，c 作業要等 b 作業完成才能開始，d 作業要等 a 、b 作業完成才能開始。

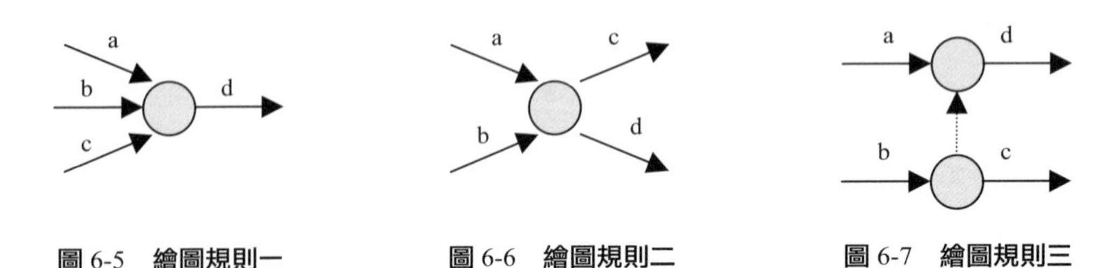

圖 6-5　繪圖規則一　　圖 6-6　繪圖規則二　　圖 6-7　繪圖規則三

4. **任何二個節點之間不可有二個以上的聯結直接連接**：這是為避免在以流量網路模式表示時產生符號的混淆。如圖 6-8 所示，a 、b 作業同時由節點 1 到節點 2，為了避免混淆不清，必須用到虛作業 c，並加入新節點 3，如圖 6-9 所示。

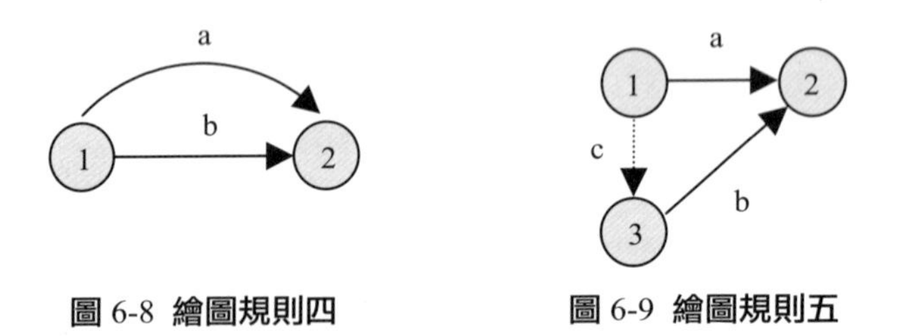

圖 6-8 繪圖規則四　　圖 6-9 繪圖規則五

5. **路線不可循環（Cycle）**：起點與終點相同，不斷重複的一系列作業，稱為循環。當專案網路圖有路線循環時，表示專案沒有完成的時候，這顯示作業的先後關係在邏輯上有錯誤，如圖 6-10。

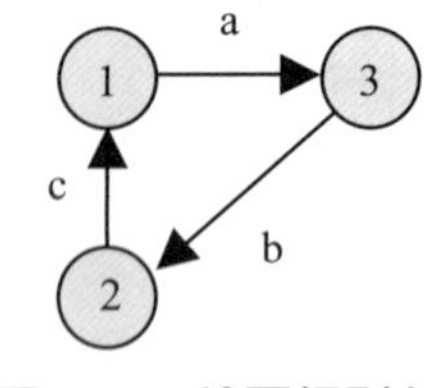

圖 6-10　繪圖規則六

有時 AOA 需有虛擬活動（Dummy Activities）

為澄清兩個活動間的優先關係，有時箭線圖示活動法（AOA）需要有一個虛擬活動（Dummy Activity）。虛擬活動用來表示先行關係，它即不是工作（work），也不是時間（time），只是當作一個連接點（connector），因此使用上應精簡以簡化網路圖。表 6-5 與圖 6-11 為 AOA 的範例。

表 6-5 活動與先行工作

活動	先行工作	期程（日）
	—	3
B	—	6
C	A	3
D	A,B	4
E	C,D	3

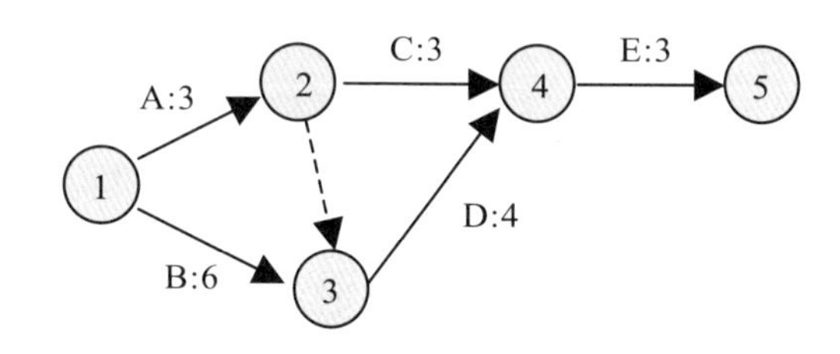

圖 6-11 具有虛擬活動的 AOA 網路圖

AON 與 AOA 之比較

Hillier and Lieberman（2001）認為，傳統的專案網路大都以 AOA 來表示，但 AON 網路圖比傳統 AOA 網路圖多了下列優點：

1. AON 網路圖比 AOA 網路圖容易建構。
2. AON 網路圖以圖形化表示，比較直覺易懂。
3. 當專案排程需調整或改變時，AON 網路圖較 AOA 網路圖容易修正。
4. AON 方式繪圖不須用到虛作業，網路圖的繪製較為容易。使用 AOA 方式繪圖，常須用到虛作業，以充分指出作業之間的先後關係；而用 AON 方式繪圖，不會用到虛作業。大多數專案規劃電腦軟體都採用 AON 的方法繪製網路圖及進行專案的規劃與控制，原因也是以 AON 方式繪製專案網路圖不需用到虛作業。

因以上的優點，AON 專案網路圖逐漸為使用者接受，是現在較普遍用來表示專案排程的網路圖。但採用 AOA 方式繪製專案網路圖，所需的節點通常比以 AON 方式繪製所需的節點數少，而且採用 AOA 繪圖法是以流量網路方式表示專案網路。因此，採用 AOA 方式可便利採用流量網路分析方法進行專案的規劃。

6-3 傳統專案時程控制的技術

對專案管理來說，時程控制一直是個不易掌握的問題，依據麥肯錫研究指出，在一個新產品的專案，若是準時完成但預算超支 50%，其所貢獻的營業額，將少於符合預算專案的 4%；但該研究亦預測，一個符合預算卻延宕時程六個月的專案，其貢獻的營業額，將少於準時完成專案的 33%，可見專案時程的控制是個無法忽視的策略項目。傳統時程控制的方法有甘特圖（Gantt Chart）、要徑法（CPM）、計畫評核術（PERT）等技術。

一、甘特圖（Gantt Chart）

甘特圖（Gantt Chart）基本上呈現條狀，故又稱為「條狀圖」，橫軸表示「時間」，縱軸表示「活動項目」或「工作項目」，線條表示在整個期間裡，計劃和實際活動完完成的情況。甘特圖是專案計畫與日程安排最常使用的工具之一，它使管理者能以簡單的方式，將專案中的作業活動與時間關係建立起來，以利管理者管理專案進度。

管理者可藉由甘特圖，看出專案進度的全貌；當專案開始執行後，也可進一步看出還有哪些工作項目未完成，並可評估工作提前或延後，是一種簡單的專案時間管理工具。基本上，依據「工作分解結構」（WBS）的活動，進行排序後，接下來就能用甘特圖的方式來呈現專案進度。一般而言，甘特圖較適用於包含三十個以下作業活動的專案，三十個以上之專案則採用計畫評核術（PERT）或要徑法（CPM）方式較佳。

甘特圖是一個展示簡單活動或事件隨時間或費用變化的方法。一個活動代表從一個時間點到另一個時間點所需的工作量。事件被表示為一個或數個活動的起點或終點。

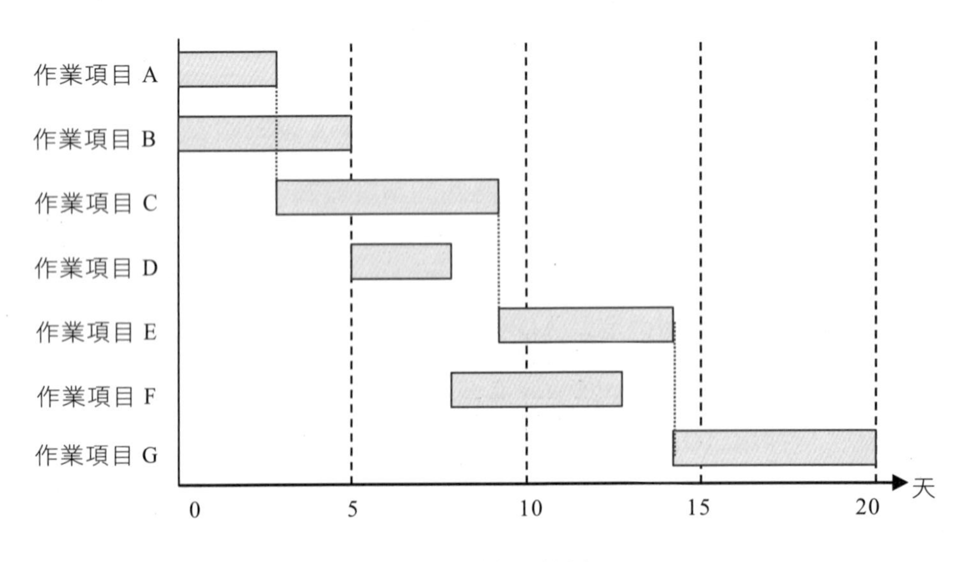

圖 6-12 甘特圖範例

甘特圖常被用來展現專案現行進度，其提供的資訊包含有活動項目、預估開始時間、預估完成時間、現行作業進度等，優點為簡單易懂，且易於變更；但亦存有無法顯示各類活動相關程度（例如作業完成後，何者後續作業始可開始）、無法評估活動提早或延後開工(完工)，以及不確定性風險因素對專案的影響等問題。Nicholas(2001)指出，甘特圖無法清楚顯示工作元素間的相互關係，以及具有不適用大型專案等缺點。

基本上，甘特圖的優點在於它很容易理解和改變，但是應用甘特圖有三個限制：

1. 甘特圖沒有表明活動間的相互關係，因此，也無法表示活動的網路關係，沒有這個關係，長條圖就沒有預測價值。說白一點，傳統的甘特圖無法顯示作業間的關聯性，因此如果有一項作業延遲了，無法明顯地看出對其他作業的影響。
2. 甘特圖無法表示較早或較晚開始的結果。
3. 甘特圖無法表示在執行活動中的不確定性，因此，也沒有敏感度分析。
4. 繪製甘特圖時，計畫與時程是同時被繪製，因此，要調整是件麻煩的事，尤其是在專案一剛開始就延誤，許多線條就必須要重新繪製。

甘特圖加上里程碑時點，就成為里程碑圖（Milestone），如圖 6-13 所示。

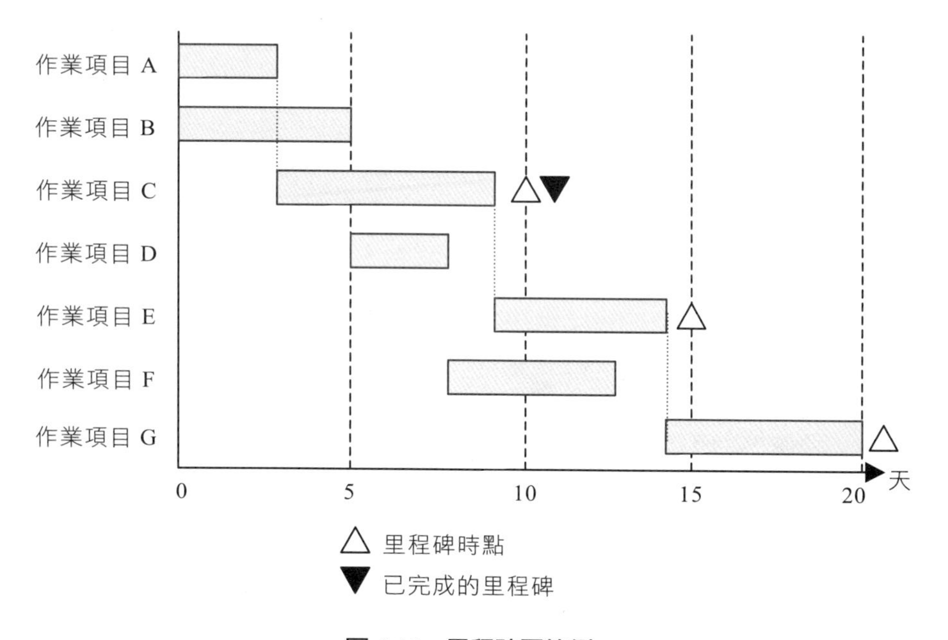

圖 6-13 里程碑圖範例

在以前排定專案進度的工具只有長條圖（Bar Chart）而已，但自從 Gantt 用長條圖說明一項全國性系統的進度後，從此人們也把長條圖稱為甘特圖。不過長條圖有個很大的缺點，就是很難看出某項作業的延誤，會對其他作業造成多大的衝擊。原因在於原始的長條圖中，並沒有把作業間的關聯性表達出來。為了克服這項缺點，分別發展出兩種解決方法；這兩種都是利用箭號圖，來描繪專案中各項作業的先後或平行的關係。其中一項方法，是否杜邦（Du Pont）開發的要徑法（CPM）；另一項方法是美國海軍特殊專案室以及 Allen & Hamition co. 共同發展的計畫評核術（PERT）。

二、要徑法（CPM）

要徑法（Critical Path Method，縮寫成 CPM）是於 1957 年由美國杜邦公司所發展，目的在於運用網圖管理技術，對專案做充分的籌畫，期以最少的資源於最短的時間內達成專案目標。其運用是以單一估計時間建構專案的時間網路圖，網路圖中「總浮時」（Total Float Time）或「總寬裕」（Total Slack）為零的作業即為「要徑」，此乃決定專案是否能於預定期間內準時完成之關鍵路徑；並以要徑作為權衡基礎，逐步尋求專案最適的成本及時程。要徑法在每個活動中僅用一個時間值，並且沒有統計分配，而可能的變異於規劃之初，均已納入詳盡的考量中；且要徑法是一種決策方法，是權衡成本及時間的程序，用以獲得兩者間最適的組合。

要徑法有下列幾點重要概念：

1. 「要徑」是計畫最長的路徑。
2. 關鍵路徑上任何活動的延遲，都會造成整個專案的延遲。
3. 需要有效管理「要徑」上的所有活動。

專案的期望時間是由網路圖上耗時最長的路徑所決定，從專案的開始到結束，所耗時最長活動順序之路徑就稱為「要徑」（Critical Path），如圖 6-14 所示，組成要徑的活動就稱為「關鍵活動」（Critical Activities）。

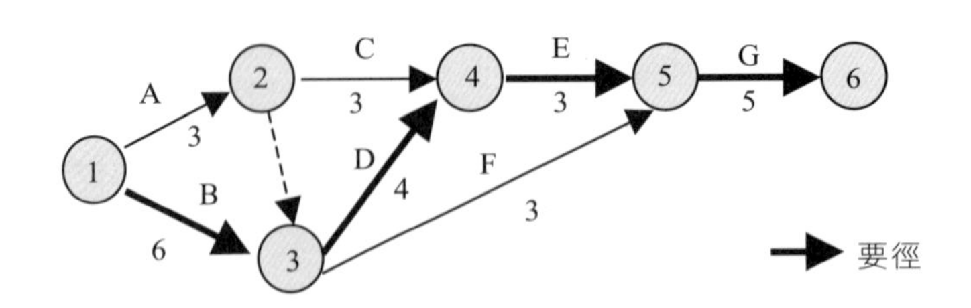

圖 6-14 加粗的箭線所形成的要徑圖

CPM 的主要目的是運用網路圖技術，對專案作充分的籌劃，對工作執行做周密的動態控管，期許以最少的資源於最短時間內完成該專案目標，其重點在於如何有效的分配與應用專案有限之資源。CPM 採用單一時間來排程與估時，將相關之各項活動，直接用網路圖表示其作業之間的先後順序關係，常忽略其作業的各項不確定因素及機率性，而在時間和成本的運算方面有無可取代的簡易性及方便性。CPM 主要是針對工程計畫而設計，該類計畫可累積過去工作經驗，根據實務工作經驗較易預測總工期。

在要徑法中，網路圖繪製方式有兩種：

1. **節點圖（Precedence Diagramming Method，PDM）**：作業項目以「節點」表示。有 FS、FF、SF、SS 四種關係型式，無虛作業。
2. **箭線圖（Arrow Diagramming Method，ADM）**：作業項目以「箭線」表示。只有 FS 關係型式，有虛作業。

表 6-6 節點圖與箭線圖之差異比較

節點圖（PDM）	箭線圖（ADM）
以「節點」為作業項目	以「箭線」為作業項目
有 FS、FF、SF、SS 四種關係型式	僅有 FS 關係型式
無虛作業	有虛作業

表 6-7 相關的專有名詞

專有名詞	說明
作業項目（activity）	• 表示工程計畫工作量，是整個工程計畫之基本單元 • 一個作業常有一個明確之開始與終止，且其間涉及工程中任何耗費時間或資源的要素 • 作業在圖形上一般以箭頭表示之，通常沿箭頭上方及下方分別標註名稱及所需時間
虛作業（dummy activity）	• 一箭頭表示一個作業與另一個作業之相關依賴性 • 一個虛作業之時間估計為零，本身無時間、金錢、或其他資源之消耗 • 即有限制前置作業未完成時，後續作業不得開始之效用 • 虛作業一般以虛線箭頭表示之
結點（node）或稱為事件（events）	• 作業之起點與終點，結點內應填適當之號碼 • 號碼由小至大，且不得重複編號 • 一個結點（事件），通常以一個加有號碼之圓圈表示 • 匯點（merge event）：倘若一個結合點代表一個以上作業滙合成一點 • 裂點（burst event）：倘若一個結點代表一個以上作業之聯合起點
作業所需時間（duration）	• 表示作業項目完成所需之時間，以 Dij 表示
最早開始時間（early start time，ES）	• 表某一作業項目可以開始之最早開始時間
最早完成時間（early finish time，EF）	• 表一作業項目在最早開始時間下最早完成之時間 （EF）i-j＝（ES）i-j＋Dij
最晚開始時間（late start time，LS）	• 表一作業項目在最晚完成時間條件下，其最晚必須開工之時間 LS＝LF－Dij

專有名詞	說明
最晚完工時間 （late finish start time，LF）	• 表示在不影響預定工期下，一項作業最晚必須完工之時間 LF＝LS＋Dij
總浮時 （total float time，TF）	• 一作業項目，在不影響整個工程之完工期限下，其所能允許延誤之最長時間 TF＝LFj－（ESj＋Dij）＝LFj－EFj ＝（LFj－Dij）－ESj＝LSj－ESj
自由浮時 （free float time，FF）	• 一作業項目，在不致影響下一作業之最早開工時間，其所能允許延誤之時間 FF＝ESj－（ESi＋Dij）＝ ESj－LSi
干擾浮時 （interfering float time，IF）	• 一作業項目所能延遲時間，雖不致影響整個作業之完成時間，但卻影響後續作業之寬裕時間，IF＝TF－FF
要徑或關鍵路徑 （critical path）	• 為施工網圖上一連續作業串連而成之最長時間路徑 • 要徑上之各作業均無寬裕時間，即 TF、FF、IF 均為 0

案例一

某一專案之作業時間及前置作業關係如表所示，請以「箭線圖」繪製網圖。

作業名稱	作業時間（星期）	前置作業
A	3	--
B	4	A
C	5	A
D	6	C
E	6	B,D
F	8	C
G	4	F
H	3	E,G

解答：箭線圖結果

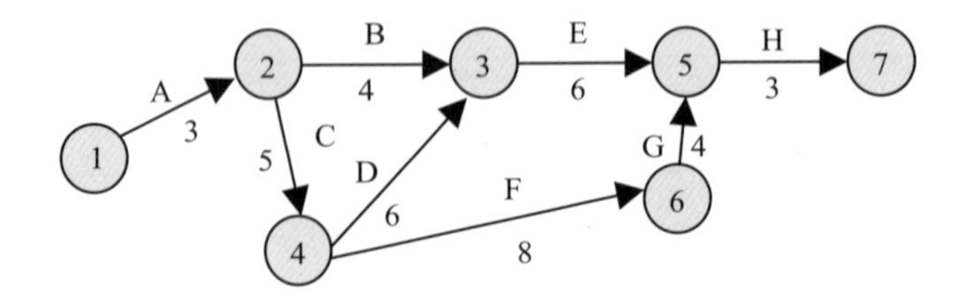

案例二

某一專案之作業時間及後續作業關係如表所示，請以「箭線圖」繪製網圖。

作業名稱	作業時間（星期）	後續作業
A	3	D
B	7	E,F
C	3	G
D	4	--
E	5	H,I
F	2	J
G	2	J
H	2	J
I	4	--
J	5	--

解答：箭線圖結果

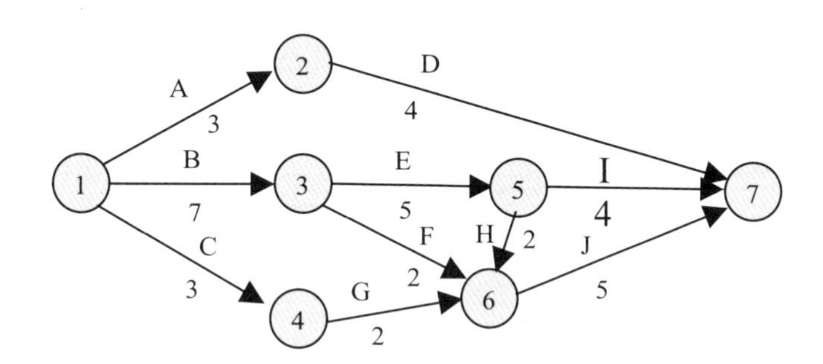

壓縮時程的前提，就是要有效管理「要徑」上的活動，並審慎思考哪些活動是有機會被壓縮時程的，最後針對要壓縮的活動進行處理，就有機會縮短需求時間，來達到專案的目標。

當規劃好專案的時間後，常會遇到無法在原訂期限內完成的問題。這時就必須要設法加速完成作業，就是所謂「壓縮時程」，常用的方法有二：

1. **縮程法（crashing）**：在「要徑」上，增加相關資源，幫助活動進行，來縮短活動時間。
2. **快速跟進法（fast tracking）**：活動重疊進行，前一個活動未完全結束，就開始下一個活動，來縮短時間。

但是，縮程法與快速跟進法，並不是每次都能達到縮短專案時間的效果，有時候反而會因為這些方法，而導致增加成本、增加資源或者重工的負效果。因此，在壓縮專案時間時，必須要審慎思考與執行。

三、計畫評核術（PERT）

計畫評核術（Program Evaluation Review Technique，PERT）源於美國海軍特殊專案室以及布艾漢顧問集團（Booze, Allen, and Hamilton Consulting Group）共同發展而成，1958 年應用於美軍北極星火箭系統計畫。該技術主要是針對不確定性較高之工作項目，以網圖分析來規劃整個專案，目的在於估算專案全期程（durations）以有效控制資源。PERT 以樂觀、悲觀及最可能時間的三時法為基礎，代入 β 機率分配求算每一作業完成符合排程之機率，及作業完成之期望時間與標準差，以利專案之時程規劃與管制。

PERT 以網路圖顯示整個專案之各項作業、重要事件及時間的相互關係，利用網路分析技術來規劃整個專案，特別是指出各項作業與各重要事件預估發生的時間：最早開始時間（Earliest start time，ES）、最早完成時間（Earliest finish time，EF）、最晚開始時間（Latest start time，LS）與最晚完成時間（Latest finish time，LF），並找出整個專案的瓶頸，即關鍵路徑。當初，美國海軍部專家設計 PERT 之目的在於規劃及控制北極星飛彈計畫的執行，該計畫為創新的活動，具高度不確定性，缺乏實際工作經驗。因此，無法得知各項作業真正的工期，而必須採用三時估計法（Three times estimate）推估合理的工期。

所謂「三時估計法」，即是對各項作業所需要的時間分別按照悲觀時間、最可能時間、樂觀時間等三種不同情況予以估計，並在貝氏分配（Bata distribution）的假設下，採用傳統機率論來估算工期的期望值（Expected value）與變異數（Variance）。

1. **悲觀時間（Pessimistic time）**：完成一個作業所需的最多可能時間，亦即作業遭遇到逆境時所需要的時間。
2. **最可能時間（Most likely time）**：作業可以完成的最可能時間，亦即專案人員最初所要求而提出的時間。
3. **樂觀時間（Optimistic time）**：作業可以順利完成所需要的最少時間，也就是說每一工作均可較通常預期的時間予以達成。

依據 PERT 各項活動的三個時間估計值，算出完成各項活動的「預期時間」（Expected time）與變異數，計算公式如下：

$$預期時間\ t_e = \frac{t_o + 4t_m + t_p}{6}，變異數 V = \left[\frac{t_p - t_o}{6}\right]^2$$

t_e = 預期時間
t_o = 樂觀時間
t_m = 最可能時間
t_p = 悲觀時間

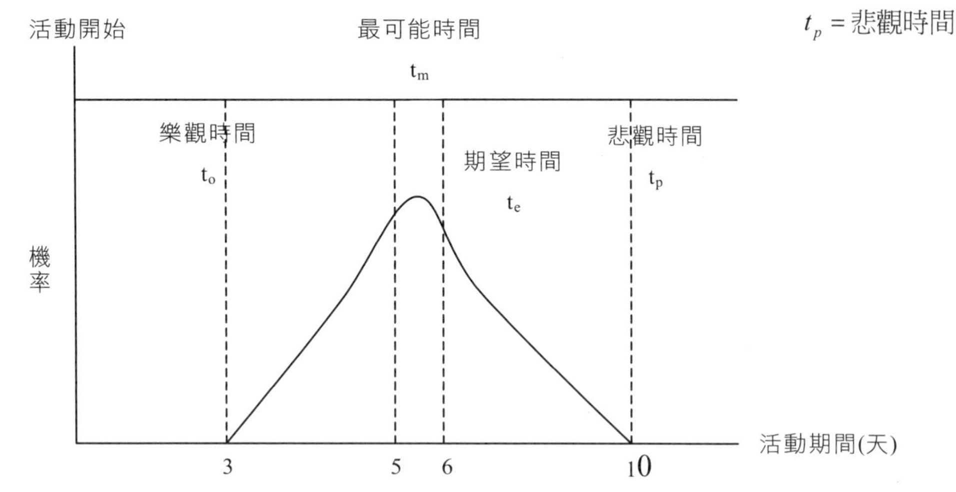

圖 6-15　**專案期望時間、樂觀時間、悲觀時間與最可能時間範例**

在 PERT 的時程估算中，必須進行順時計算與逆時計算。所謂順時計算主要是估算整個專案從最先之作業（起始作業）開始，逐步向最後一個作業（結束作業）完成所需的時間，以求出各作業與各事件的最早開始時間（ES）與最早完成時間（EF）。逆時計算則用於已知專案總工期時，對各作業與各事件的最晚開始時間（LS）和最晚完成時間（LF）進行時間的逆推。

PERT 計算的最後階段為計算作業浮時（Float time）或稱作業寬裕時間（Slack time）。浮時可解釋為作業的延遲，它是個不影響整個專案總工期的時間量。其延遲時間與工期之關係可分為總浮時（Total float）、自由浮時（Free float）、安全浮時（Safety float）與干擾浮時（Interference float time）四種，詳細說明如下：

1. **總浮時（Total Float，TF）**：在給定之作業的所有前置作業都盡可能儘早完成，而所有後續作業都盡可能延後開始的情況下，該作業的寬裕時間。它是不影響整個專案總工期之下，給定之作業可延遲開始的最大寬裕時間。

2. **自由浮時（Free Float，FF）**：在給定之作業的所有前置作業都盡可能儘早完成，而所有後續作業也都盡可能儘早開始的情況下，該作業的寬裕時間。**自由浮時**是某作業可以延遲的天數，而且此延遲並不會造成整個工程延誤，同也不會影響到後續作業的最早開始時間；因此，自由浮時只受同一連鎖關係的先前作業所影響。

3. **安全浮時（Safety Float，SF）**：在給定之作業的所有前置作業都盡可能延後完成，而所有後續作業也都盡可能延後開始的情況下，該作業的寬裕時間。

4. **干擾浮時（Interference Float，IF）**：在給定之作業的所有前置作業都盡可能延後完成，而所有後續作業都盡可能儘早開始的情況下，該作業的寬裕時間。是由結點間除了作業所需的時間外之部分空閒時間所構成，但若與自由浮時作比較，則如果將這段時間使用了，則雖然不會影響工期，但卻會影響其後續作業的最早開始時間。

從專案計畫的開始到整個專案的完成，其作業將不限於單一的順序，這些不同順序的作業稱為網路的路徑，每條路徑所需的時間總長度為所有作業工期的總和，其中最長之路徑稱為該專案網路圖的關鍵路徑。關鍵路徑上各作業所需時間之總和即為整個專案的總工期。若有不同路徑的時間總長度相同，那麼該專案之關鍵路徑就不只一條。關鍵路徑的重要性是在於路徑上的任何活動，若有延誤就會影響到整個專案的進度，而其他非關鍵路徑工作進度的遲延，不一定會影響到整個專案的進度。反之，若要縮短該專案的總工期，則應在關鍵路徑上設法縮短其作業工期。因此，專案計畫之關鍵路徑有下列三項特性：

1. 專案網路圖一定有關鍵路徑，而且可能不只一條。
2. 關鍵路徑上所有作業與事件之寬裕時間（TF、FF、SF 與 IF）均為 0。
3. 作業浮時的耗用，亦可能產生新的關鍵路徑，同時原作業寬裕時間為零者，將可能會產生負浮時。

綜合而言，要徑上的作業為專案規劃與控制之重點。要做好專案的規劃與排程，就必須掌握要徑作業，適當地配置可用的人力、物力以縮短要徑的工期。在這過程中也必須同時掌握要徑的改變，以免錯置資源。在專案時程的控制上，要徑作業的提早或延後完成意味著專案進度的提前或延後。當這差異為顯著時，意味著必須對後續的作業進行重新規劃與排程工作。這也就是專案管理循環精神之所在。

四、圖解評核術（GERT）

圖解評核術（Graphical Evaluation and Review Technique，GERT）類似於計畫評核術（PERT），但又優於計畫評核術。不論是節點式網路圖還是箭頭式網路圖，專案都只能由網路圖的左邊逐漸進行到右邊，直到專案結束。但是 GERT 允許機率性的分支和反覆進行的迴圈，也就是說 GERT 允許出現循環、分支、以及多個專案結果。

在過去，如果測試失敗，使用 PERT 技術，無法根據測試結果，從不同的分支中選擇一種以繼續專案的執行，可能需要重複做多次測試。如果使用 GERT 就沒有這樣的問題。

五、PERT 與 CPM 的比較

基本上，PERT 與 CPM 都是時間導向的方法，兩者主要都在決定專案工作時間的排程，並利用網路圖的技術，求出專案中的要徑，再進一步調配各項的資源，以達有效之運用，最後則於作業進行中追查，控制進度與成本，並配合品質管制使專案能順利達成目標。

PERT 與 CPM 間最主要的差異為：

1. PERT 運用三時估計法，而 CPM 則使用單時估計法。
2. PERT 較偏重於機率性的時間估計，而 CPM 則較偏重於固定的時間估計。
3. PERT 用箭頭代表活動，而 CPM 則使用節點代表活動。

表 6-8 PERT 與 CPM 的比較

	計畫評核術（PERT）	要徑法（CPM）
相異點	1. 美國海軍發展北極星飛彈計畫時所創用之規劃與控制技術	1. 美國杜邦公司因應營建工程所需而發展出之控制技術
	2. 時間模型是機率性：三時估計法	2. 時間模型是確定性：單時估計法
	3. 針對作業時間不確定性較高之專案	3. 針對作業時間確定性較高之專案
	4. 除了著重時間分析外，並考量成本因素	4. 著重時間分析
	5. 較偏重於機率性的時間估計	5. 較偏重於固定的時間估計
	6. 用箭頭代表活動	6. 用節點代表活動
相同點	1. 皆以網路圖作為分析工具 2. 適用於大型專案的規劃、執行、協調及控制	

※資料來源：修改自陳雅萍彙整（2004）

PERT 與 CPM 都是 1950 年代發展出來的專案技巧，兩者具有許多相似之處，但兩者之間本來並無關聯。經過長時間的發展後，PERT 與 CPM 原先兩者之間的差異在於，真正的計畫評核術必須使用到機率計算，而要徑法卻沒有。但因使用者的相互借用，時至今日，其個別的特色已不復存在，取而代之的是混合兩種技術優點的新作法，一般合稱為 PERT/CPM。

6-4 計算進度

有了一份適合的網路圖之後，再訂出每項活動所需的時間，就可以看出圖中哪一條路徑需時最久，也可看出目標是否能夠如期完成。由於整個專案中最長的那條路徑，決定了專案最快能在什麼時候完成，若是這條路徑上的任何一項活動發生了延遲，相對地就會造成專案無法如期完成，所以這條路徑就稱為「要徑」。

一、計算進度

通常在網路圖上計算進度，最簡單的假設狀況，是所有活動所需的時間都已經清楚地確定了。然而，實際上活動所需的時間，是受到可用資源供應程度所限制，一旦工作得不到充分資源供應，作業進度必然無法如期完成。這也就是為何在做網路流程計算時，一定要把資源限制當作重要考慮因素的原因。換句話說，資源分配是決定真正能夠達到何種進度的必要條件，沒有把資源因素考慮進來的進度，一定無法如期完成。

進行網路流程計算的第一步，是要先決定要徑在哪裡，同時找出在理想狀況下的非要徑中，有哪裡可以擠出餘裕的時間。當然，理想情況是指所需的資源供應都沒有問題，所以開始做網路流程計算時，暫不考慮資源問題。

二、網路流程規則

只有兩項網路流程規則，可以適用於所有的網路流程，計算出開始與結束的時間。

1. **規則一**：開始一項作業之前，排在前面的其他所有作業必須先全部完成才行。
2. **規則二**：箭號指示需具備邏輯次序性。

三、基本的進度計算

有兩種基本的進度計算法：

1. **前推移計算法**（Forward-pass computations）是透過網路圖，來計算每項活動最快開始時間與最快完成時間。
2. **後推移計算法**（Backward-pass computations）是透過網路圖，來計算每項活動最遲開始時間與最遲完成時間。

在前推移計算法中，在每個活動會計算出最早開始時間（Early Start，ES）及最早完成時間（Early Finish，EF）；在後推移計算法中，在每個活動會計算出最晚開始時間（Late Start，LS）及最晚完成時間（Late Finish，LF）。所以每個活動在做完這兩種推移計算後，會有兩個開始時間及兩個完成時間。當這個活動的 LS（最晚開始時間）

-ES（最早開始時間）>0（or LF-EF），代表該活動可以晚點開始做而不會影響下一個活動的進度，這個餘裕時間就叫「浮時」。

活動有了餘裕時間（浮時），就可彈性調整活動起迄時間，避免讓使用相同資源的活動同時並行，造成資源過度集中。對於沒有浮動（float）餘裕時間的活動，就稱為「關鍵」（Critical）。對於整條路徑上，都沒有浮時的活動，就稱為「要徑」。

任何活動中，只要「最快開始時間」和「最遲開始時間」不相同，或者是「最快完成時間」和「最遲完成時間」不相同的話，就會出現「浮時」。相反地，若「最快開始時間」和「最遲開始時間」相同，或者是「最快完成時間」和「最遲完成時間」相同的話，就表示該路徑沒有「浮時」，這條路徑也就是所謂的「要徑」。意思是如果要徑上的任何一項作業進度落後，將使得整體專案的結束日期必會相對延後。當專案經理知道要徑之後，就更能把注意力集中在這裡。簡單來說，一旦作業沒有了「浮時」，它也就變成是「要徑」了。事實上，「要徑」的意思就是沒有「浮時」；沒有「浮時」的作業，只能準時完成。

另一個重點是，專案小組成員要有共識：盡量保留「浮時」，以防估計錯誤，或是意外產生時，還有緩衝的餘地。

四、利用網路流程來管理專案

製作要徑圖的目的，是要用它來管理專案。若要徑沒有做好，排進度根本只是紙上談兵。利用網路流程來管理專案，應把握幾個原則：

1. 盡可能保持進度：追趕進度遠比保持進度困難許多。
2. 永遠要保留一些浮動時間，才能緩衝突如其來的問題或意外，或是對工時估計的錯誤。
3. 無論如何，一定要確保要徑中的所有作業進度不致落後。若有作業可以比進度提早完成，就盡可能提早完成，緊接著再繼續下個作業。
4. 避免過度凡事要求完美的陷阱。
5. 新手與老手從事同一件作業的話，應有不同的時間估計值。

6-5 實獲值管理系統（EVMS）

一、實獲值

實獲值是專案已經執行工作的實際費用。在專案管理中，可以透過實獲值的觀念，利用費用的數字，來簡單表達「成本」與「時間」。並且，透過實獲值的觀念，可以讓我們更清楚掌握並改善進度。

二、實獲值分析

專案成本控制指在確保專案在預算內，工作能夠如期完成，而且能保有應有的品質。能夠達到這種目的的系統，稱為「實獲值分析法」（Earned Value Analysis），是1960 年代發展出來的方法，本來是美國政府用來決定外包專案進行時，對於已完工的部分，應該付多少錢給承包商的一套系統。由於被公認為，它幾乎可以正確監控所有類型的專案，最後被美國政府以外的專案也都紛紛加以採用。這種方法又稱為「變異數分析法」（Variance Analysis）。

三、實獲值管理的發展

1960 年美軍首創 PERT/COST，以改進北極星計畫之成本管制；1963 年美國空軍以 PERT/COST 為基礎，在義勇兵計畫首度使用實獲值管理；1966 年美國空軍依據使用的經驗，訂定了 C/SPEC（Air Force Cost/Schedule Planning and Control Specification）；1967 年，美國國防部將實獲值管理，定義於成本/時程控制系統標準（Cost/Schedule Control System Criteria）中，並以 DoDI7000.2 頒佈，C/SCSC 導入了 EV 的觀念並以條款為基礎的管理方式，規範契約商之成本與進度管控系統必須符合標準。在 1970 年代，許多契約商因採用 C/SCSC，使得他們的成本及時程管理系統有了長足的進步；1984 年美國國防部的研究指出「C/SCSC 是管制契約績效的最佳工具」。

1996 年美國國家安全工業協會出版「EVMS 工業標準指引」，並於同年正式定名為「實獲值管理系統」；至 1998 年，實獲值管理系統演變為美國國家標準協會（ANSI/EIA）的標準之一。2000 年 8 月美國國防契約管理局出版「EVMS 手冊」，其中有非常完整的 EVMS 稽核程序；美國國防部自 1977 年迄今，已經有八百個以上的專案運用實獲值管理。

有關於實獲值管理系統（EVMS）的應用，已由政府機構擴散至民間，1993 年由美、加、澳及瑞典等國家共同創建 International Performance Management Council（IPMC），致力於推廣 EVM 知識及應用；英國國防部認知 EVM 為有效之計畫管理工具，鼓勵契約商採用 EVM；日本亦於 1999 年申請加入 IMPC。

四、實獲值管理的內涵

實獲值管理是一種整合範疇、時程、資源以衡量專案成效的作法。它將計畫要執行的工作量、實際已施行工作量及已花費的成本作一比較，以決定成本與時程是否按計畫目標達成。以實獲值管理的專案，從工作包（Work Packages）到整體專案的各層級，都有共通的監控系統，也因此能將專案時程、成本等各功能性管理予以整合，易於專注執行偏差或資源效率運用不彰之處。

實獲值管理的專案，是在「工作分解結構」（Work Breakdown Structure，WBS）的架構下，以最底層的 WBS 元素做為基本的績效衡量單位，即成本帳戶，而整個專案的實獲值，就是所有成本帳戶（Cost Accounts）的總和。實獲值管理提供所有專案單一、整合的管理控制系統，並針對偏差的部分做例外管理。

在實獲值管理中的兩項重要績效指標：成本績效指標（Cost Performance Index，CPI）以及時程績效指標（Schedule Performance Index，SPI），可用於評估專案實際的情況，及確實地衡量成本及時程的績效。

Brown（1985）認為，同時運用成本績效指標（CPI）及時程績效指標（SPI）兩項指標可以預測專案完成的成本範疇，並能提早預警，避免直到專案末期才發現危機。

Fleming & Koppelman（2003）則指出，實獲值管理可以在專案完成前準確地預測專案最終年度成本。其績效指標衡量要項彙整如圖 6-16 及表 6-9。

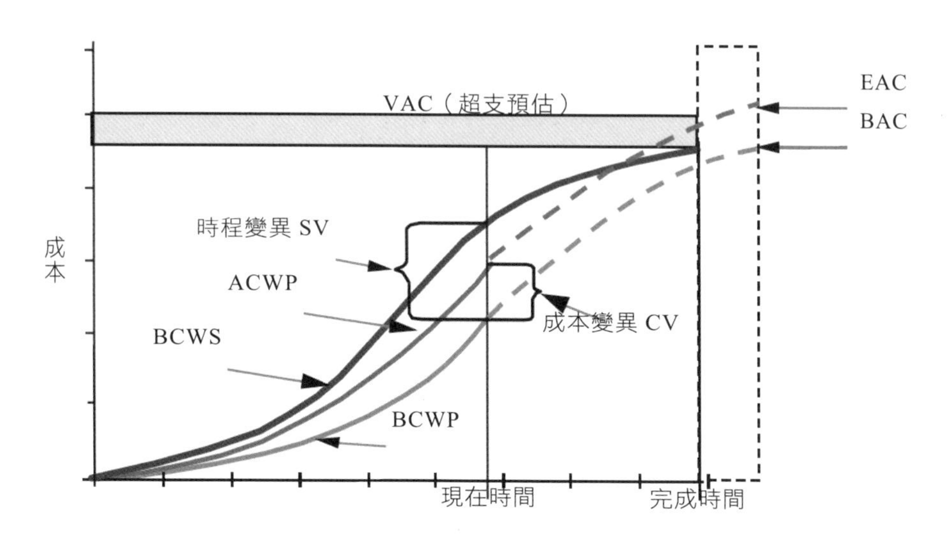

圖 6-16　實獲值管理基本要項圖。資料來源：http://www.acq.osd.mil/pm/

表 6-9 實獲值管理績效指標衡量要項

	Acronym		英文名稱	中文名稱	公式	摘要	代表意義
1	PV	BCWS	Budgeted Cost of Work Scheduled	預定成本（每期累計預定成本）		預定要做的預算值（預定完成成本）	依原計畫到某一特定日為止該計畫或作業應完成的預算
2	EV	BCWP	Budgeted Cost of Work Performed	實獲值（每期累計完成實值）	每期累計實際進度 × BAC	已獲得價值	依原計畫到某特定日為止該計畫或作業實際完成的價值
3	AC	ACWP	Actual Cost of Work Performed	已發生實際成本（每期累計實際成本）			指到某特定日期為止執行該計畫或作業實際支出金額
4	BAC		Budget at Completion	核定預算		可動支預算上限	未來可動支的金額
5	EAC		Estimate at Completion	預估完工時成本	AC+ETC=AC+(BAC-EV)/CPI		某特定日至已發生的時際成本加上當時預估未完所需成本
6	ETC		Estimate to Completion	尚未完成的作業預估成本	BAC-EV/CPI	尚未完成計畫經費預估	某特定日至當時預估未完所需成本
7	SV		Schedule Variance	時程差異	EV-PV	實獲值與預定成本的差異	某特定日計畫或作業之實際進度與預定進度之差異
8	CV		Cost Variance	成本差異	EV-AC	實獲值與實際成本的差異	某特定日計畫或作業之實獲值與實際成本的差異
9	CPI		Cost Performance Index	成本績效指標	EV/AC		績效成本比完成績效與所支出的成本比（值>1 為佳）
10	SPI		Schedule Performance Index	時程績效指標	EV/PV		已完成與應完成的時程比（值>1 為佳）
11	VAC		Variance at Completion	預估完成時之成本差異	BAC-EAC	總預算與預測費用之差	
12	%Done		Percent Complete	完成百分比	EV/BAC	整個作業的完成百分比	

※資料來源：Nicholas（2001）

五、實獲值與要徑法

「要徑」是指專案網路圖中具邏輯順序、有先後關係且總浮時（Total Float Time）為零的作業活動即為要徑，其為決定專案能否於預定期間內準時完成之關鍵路徑；Shtub（1992）評估二種控制時程的技術，指出以模擬比較 EVM 與 CPM 在專案工作內容、重做的需求、學習效果等變數下，EVM 的績效是較佳於 CPM 的；Kim et al.（2003）在探討不同的專案組織及規模，導入實獲值管理系統的效能時，經實證研究推論，使用要徑法為 EVM 的互補工具，可使 EVM 具有更加的運用途徑。

路徑價值（該路徑各活動期程與活動成本相乘的總和）是影響 EVM 績效衡量的因素之一，要徑價值比（要徑路徑價值/專案總路徑價值）是影響實獲值衡量的主要因素，且專案時程績效指標受實獲值累加的特性而有所偏差，實獲值管理仍需要要徑法的輔助。

六、實獲值管理的運用程序

專案及各活動應如何導入實獲值管理的績效衡量及時程、成本的預測？Wilkens（1999）、Longworth（2002）將運用的途徑大致區分為下列步驟，前五個步驟是在專案中設立實獲值系統，後四個步驟是運用方式，摘述如下：

1. **建立工作分解結構**：WBS 是分析專案程序及績效的指南，它提供一個非常詳細且多層次的專案分析架構，正確的 WBS 層級架構元素的細分責任，更進一步的說，WBS 必須包括專案整個範疇，它是個等級架構，其底部層級就專案的活動。工作分解結構的方法將所有的工作，分割成最小的管理單元，建構出資料分析與績效評估中「地圖」的角色，以利專案經理報告及控制專案的範疇（Scope）、時程及預算。基本的運用是將計畫先做一整理與規劃，並將整體計畫的相關因素逐一辨識，依其性質的不同加以分門別類並予以控制與處置。但這些被區分出來的工作亦需由相關的部門及人員來負責，故在組織中除所謂 WBS 外，人員分類與運用也十分重要，這就是組織分解結構（OBS）。事實上 OBS 與 WBS 就像地圖的經與緯，一旦確立了這兩大構面，就可將計畫區分成各獨立的成本帳戶，而實獲值管理就有脈絡可尋。
2. **辨識 WBS 各活動內容**：在進行實獲值分析前，管理者需先確定是否已將 WBS 與 OBS 區分得宜，及所有的活動是否均指派於各工作包（Work Packages）中，此步驟將使專案活動時程程序化，一般來說，是以要徑法（CPM）網圖方式表現。
3. **分配每個活動所須花費的成本（資源）**：依專案總預算由上而下對各活動所須花費的成本，作最佳的評估及分配;在分配各活動的預算前，可暫時依循類似的經驗數據參考，或許仍有一定的誤差，但因衡量及預測是處於開放變動並可修正，所以可以控制誤差予以修正；但實獲值的分析，是由下而上的逐層累加。

4. **安排每個活動所需的時間**：計算活動的時程，實獲值分析中，其預定成本（BCWS）、實獲值（BCWP）及已發生實際成本（ACWP）均是依循 β 分配的「S」曲線，所以依此估算的各項實獲值的參數，更能趨近專案實際的情境。
5. **列表、圖示及分析資料以確定計畫的可行性**：獲取前述的相關資訊並彙整，以表列、圖示等方式加以呈現，目的在確定資源分配的正確性。其中包括：細部的資源分析、財務計畫是否能支援專案、並審查所有投入專案的資源及成本是否符合預算。
6. **依活動進度的報告更新時程**：週期性的更新以反映專案的進度，進度需避免主觀的認定，實務工作易於測量，應配合實獲值（EV）的獲得法則，開始對後續的各階段實施評估與調整，並透過專案及活動的進度告報告，安排所需的時程以因應專案活動間的變異。
7. **記錄活動所花費的實際成本**：經調整時程後，付出的成本是否有顯著變動；並適當的整合財務系統與專案會計系統，以確實記錄活動已發生的實際成本。
8. **計算及繪圖**：依 EV 的各種公式，計算各衡量值及績效指標值並記錄、繪圖表，並觀察彼此影響的程度。
9. **分析資料及報告**：最後的步驟是分析資料並報告分析的結果，報告的範疇不只是討論分析的程序，必須充分說明變異計算的結果，讓管理者能掌握資訊。

此外，周祥東（2001）提出實獲值管理（EVM）的十四項運用程序，並詳細說明實獲值的運用程序：

1. 建立完整的工作分解結構（WBS）
2. 建立組織分解架構（OBS）
3. 建立責任指派矩陣
4. 指派管理帳戶經理
5. 細分、排程工作及配賦資源
6. 撰寫工作分解結構字典
7. 計算契約成本
8. 執行整合基準審查
9. 計算 EV 及 ACWP
10. 計算變異及 EVM 性能指標

11. 繪製 EVM 圖
12. 分析資料及研判
13. 撰寫 EVM 報告
14. 變更績效評量基準

七、進度賦予的方法

進度衡量為專案管理的核心部分，透過適合的進度賦予方式，才可正確的反映專案計畫的真實進度及預算動支所完成的實際價值，可將常用的進度賦予方法區方分為下列：

0/100 法則

當作業尚未開始時，實際進度視為 0%，當作業完成時，實際進度則視為 100%。

X/Y 比例法

X/Y 之比例一般可區分為 25/75、40/60、50/50 等幾種，在衡量進度時，依據下列分配規則：當作業未開始時，實際進度 0%；開始執行後，實際進度為 X；超過作業工期一半後，實際進度為 Y；當作業完成時，實際進度 100%。

完成百分比法（% Complete）

分配規則是以完成程度作為衡量實際進度的規範，可細分為二類：

1. **主觀估計法（Subjective Estimate）**：由於專案的實際進度無法取決客觀的分配法則，其進度的衡量依賴專業人員過去的經驗進行評估，此類方式通常發生於無法量化、計畫內容十分新穎的工作，沒有類似的專案可供參考比較。
2. **客觀指標法（Oubjective Indicators）**：分派規則是以計畫的完成量作為計畫進度的衡量基準，實際完成的數量就是實值完成量。在專案中很多內容都是可以量化的，比較實際完成的數量與實際要做的數量及可以得到「進度」（完成百分比），基本上較公正客觀、爭議較少。

里程碑權重法（Milestone Weights）

在衡量進度時，依據下列分派規則：將計畫或分項計畫再細分成數個里程碑，每個里程碑依據經驗賦予一權重數值，未完成時，一律視為沒有任何進度，完成時，則實際進度則為該權重值。

完成百分比里程碑權重法（Milestone Weights With Percent Complete）

分派規則與里程碑權重法大致相同，不同之處是將權重值轉換成百分比。典型的例子像是製作設計圖，完成初步研究為 10%，草圖完成為 20%，初稿完成為 40%，初審完成為 50%，第二次稿完成為 60%，業主審稿完成為 75%，完稿是 90%，完成施工圖為 100%。

尚需工期法（Remaining Duration）

分派規則係要求衡量該作業還需要多少時間才能做完，再將這個尚需工期與全部工期作比較，作為實際進度的衡量結果。其衡量的方法，一般需依賴執行人員的經驗作為估計的參考，主觀成分較高。

實獲值管理系統的論點，是透過規劃的功能，在專案進度上，整合成本、時程、性能之考量後，建立一個風險預警系統，可提早偵測到專案因不確定性因素而造成之延宕；但 EVM 不足之處，除了需注意專案要徑的變化外，對於後續的風險處置仍無妥善的解決因應之道，如能加強風險的回應機制，將使實獲值的各項衡量指標，能更正確的反應專案的控制狀況。

6-6 關鍵鏈管理

一、關鍵鏈的發展

Goldratt(1997)運用制約論（TOC）發展出一套稱為關鍵鏈（Critical Chain）的技術，以找出專案管理核心問題，並提供有效的解決之道，快速提升專案管理之績效表現。Goldratt(1997)認為，衡量一系統之表現或產出，於專案管理上為時程與成本，而系統內往往存有重要之關鍵因素影響其表現，此即所謂「制約因素」，對專案管理而言即為「要徑」，因要徑係指專案內有邏輯先後相依關係之最長作業程序，藉由辨識系統之制約因素，可協助管理者尋求著力點以改善系統或專案效能。

關鍵鏈主要的作用是讓專案管理人員專注於資源分配的問題，其施行之五項主要步驟分述如下（流程詳如圖 6-17 所示）：

1. 辨識（Identify）系統的制約（Constraint）因素。
2. 剝削（Exploit）系統的制約因素。
3. 將非制約因素遷就（Subordinate）制約因素。
4. 尋求方法鬆綁（Elevate）或突破制約因素。

5. 回復至步驟 1，尋求系統新的制約因素；並防止原系統所存有之慣性（Inertia）再形成制約因素。

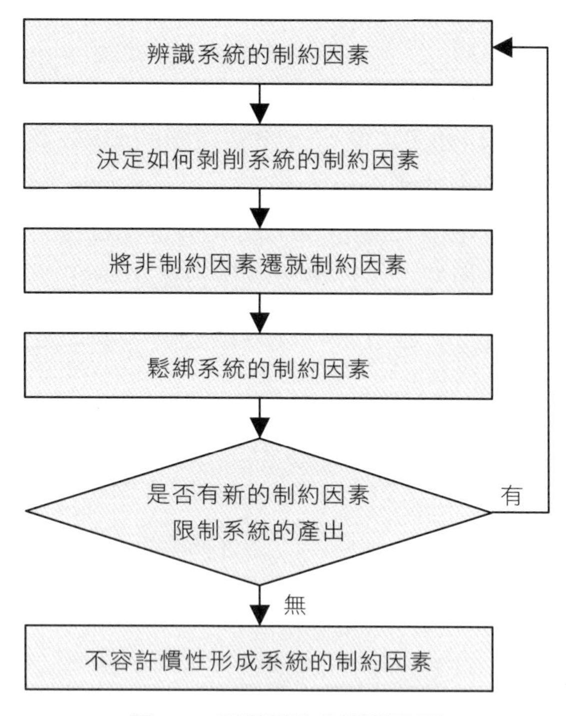

圖 6-17 **關鍵鏈的步驟程序圖**

二、關鍵鏈的緩衝管理

關鍵鏈緩衝的建立，即是一種專案風險處置的概念，在專案流程的不同位置設置不同大小的緩衝，便有不同的效能，但均是一種風險處置的作為。關鍵鏈在專案最後設置專案緩衝（Project Buffer），及非要徑進入要徑時設置接駁緩衝（Feeding Buffer），以吸收因專案的不確定性所造成的時間延宕風險，利用緩衝控制專案的進度。而緩衝管理的機制，對於關鍵鏈緩衝區大小之決定，及專案完工期程有很大的影響。

關鍵鏈在規則上是決定緩衝的位置及數量，在控制上則是監控緩衝（buffer）之剩餘達到控制進度之目的，但緩衝消耗的本身是事後才知道，因此沒有預警功能，有緩衝（buffer）只代表有應變適應的能力，係作風險事件發生後的處理，但無法經由解讀進度採取更積極的事前預防措施，就專案管理宏觀的立場而言，如能運用 EVM 的預警機制，結合 CCPM 產生互補的效果，將能提供專案更多的處置因應時間及資源。

6-7 專案時程管理實務

一、及時專案

我們可以把及時生產（just in time）的概念，應用在專案管理上。要完成專案，最快的方法就是第一次就做對。如果專案可以達到這樣的境界，就可稱之為「及時專案」。事實上，把事情第一次就做對的額外成本是零！只有重做某個工作時，才會耗費額外的成本。研究顯示，每個專案都有將近 30%的成本是花費在「重做」上。很明顯地，許多專案團隊在「第一次就做好」這件事上，做得還不夠好！

「及時專案」的基本精神有兩點：

1. 減少造成遲緩的原因。
2. 導入加速專案進行的流程，並且確認成功可以不斷地重複。

為有效減緩影響專案速度的根本原因，專案團隊必須從一個全面的觀點來處理。高階管理者必須要帶頭解決這些問題。依據過去的經驗，最常造成專案推動遲緩的原因如下：

1. 專案規模太大。較小型、期間較短的專案會比大型專案更具彈性，變動的機會較小，也比較容易讓專案團隊掌握與執行，因此專案團隊也比較可能完成專案。
2. 專案期間過長。依據經驗法則，小型專案的時間不宜超過九個月。
3. 專案的優先順序不斷地改變。
4. 資源不足。
5. 因品質不良而不斷重做。
6. 不完善的專案規劃，尤其是不充分的專案定義。
7. 完美主義。

二、專案時程管理的實務議題

良好的時程管理對於專案團隊而言，是不可或缺的。下列建議有助於專案團隊有效做好專案時程管理：

1. 在每週結束時，確認未來您想要完成的幾個目標（建議 2~5 個）
2. 在每天結束時，將次日要做的事列一個清單。
3. 在每天早晨，唸一次所要做的工作清單中之第一項工作，並檢視它。

4. 控制干擾事項：不要讓電話、電子郵件或是未預約而來的訪客打斷您所想完成的清單項目。
5. 學習說「不」：不要讓自己陷入太多的活動當中，那將會耗去您許多時間，而不能完成您應完成的目標，應試著拒絕一些無關的會議、行程、重複事件....等。
6. 有效運用等候時間。
7. 試著一次就處理完成大部分的文件。

三、趕工縮程（Crashing）

專案經理在安排時程上，常會面臨的問題不外是安排好專案的時程後，面臨初步的專案時程比當初預期的時程來得長，或是契約規定的時間不合理，只好將專案的時程重新安排或重新的估算（壓縮）來符合專案時程上的限制。

趕工縮程（Crashing）實際上，是在時間與成本之間取得權衡。為了合理的決定哪些作業要趕工縮程，專案經理必須獲得下列資訊：

1. 每項作業的正常時間與趕工時間的估計值。
2. 每項作業的正常成本與趕工成本的估計值。
3. 列出要徑上的作業。

趕工縮程（Crashing）的方法主要包括四個步驟：

1. 找出專案的要徑。要徑上的作業最有趕工的可能，因為縮短要徑上的作業才能縮短專案期程。可藉用專案管理資訊系統（Project Management Information System，PMIS）協助。
2. 判別要徑上活動的關係（強制依存關係、刻意依存關係、外部依存關係或資源依存關係）。
   (1) 強制依存關係：可用提前（Lead）後續活動的方法達到類似快速跟進法（Fast Tracking；平行作業）的效果。
   (2) 刻意依存關係：可用縮程法（Crashing）增加該活動的資源來趕工、要求該資源加快工作或增加工作時間，以達到縮短活動時程的效果。還有一個方法可以用來節省專案的時程，那就是使用快速跟進法來將這些活動以平行作業的方式來安排。解決方式就是將這一類的工作分配給不同的資源來平行（同步）的分別執行。
   (3) 外部依存關係：這一類的活動因為是專案可以掌控範圍外的必要活動所以通常沒法加速該活動，如：申請施工許可證、申請產品符合某規範的證明。但是如果該活動的執行單位具快速服務的流程，則有時可以多一些花費，走快速辦理的流程，請該單位以最速件辦理。

(4) 資源依存關係：如果活動受限於某資源而造成時程過長、延誤或無法如預期時間（準時）開始，可以更換更適當的資源來從事該活動，除非該資是唯一可以選擇的資源。

3. 利用資源撫平（Resource Leveling）的技術找出過度使用或閒置的資源

(1) 過度工作的資源：將其工作合理化，如：使用延後（Lag）的技巧來錯開某資源同一時期的重疊工作。

(2) 閒置的資源：將其未達使用率時段的工作增加；如：調度該資源去支援過度工作的資源。

(3) 將非要徑活動上的資源調度部分的使用率來支援要徑上的活動，如此可以協助要徑活動趕工並縮短時程，雖然該非要徑活動的時程因為資源的使用率不足而造成落後，但只要是浮時（Float）未被耗盡，仍然是不得已而可行的方法。

4. 檢查專案的時程：經以上步驟調整後的時程應該可以符合專案的時程限制了，如果仍然太長則回到步驟 1 重新來過。因為有時專案的要徑在此時會改變或要徑本來就不只一條，所以要再針對要徑上的活動來努力。

值得注意的是：

1. 因為要徑是專案從開始到結束最長的路徑，該路徑上的活動如果變短，專案必然受益（提前完成），反之，該活動時程耽誤或延長，專案就會受害（延遲完成），所以專案經理/人員一定要能夠判斷專案的要徑。

2. 要能夠判斷專案活動間的關係及其必要性，除非專案經理/人員非常有經驗，否則應該與該活動的負責人一起來安排/判斷活動間的關係及估算適當的時程。

3. 當調整非要徑活動的使用率；調度該活動的資源來支援要徑的活動，可以縮短專案的時程，而且成本也不一定會增加，因為是自己專案的資源，比較不會有資源的限制（要用該資源時，該資源沒有空），但需要專案經理/人員有足夠的經驗及使用專案管理資訊系統（PMIS）來協助才比較可以面面俱到。

四、資源分派（Resource Allocation）與資源撫平（Resource Leveling）

「資源負荷」（Resource Loading）是描述專案在某特定期間內，所需要的各種資源數量之情形。任何企業都資源有限，專案管理如同其他管理工作一樣，必須在有限的資源下完成專案任務。專案時程規劃方面，透過資源分派（Resource Allocation）與資源撫平（Resource Leveling）的方式，企業在有限資源情況下進行專案時程規劃，以使專案能在有限資源情況下得到可行的時程規劃，並進一步調整使企業資源能做更有效的分配。

資源撫平又稱為資源平整（Resource Smoothing）。所謂資源撫平是將專案中各活動所必須的資源，予以平衡成更加平順的（smoothed）程序。資源撫平的目的在於使專案全程的資源需求都能維持在平穩的基礎上，其排程係以資源的可用度及可管理程度來決定。

資源撫平法是一種網路分析的方法，其排程係以資源的可用度及可管理程度來決定：當資源過度分派（Over Authorization）或是不平衡時，便可考慮進行調配、資源限制等因素，再利用寬延時間的彈性進行資源撫平。資源撫平方法有：「浮動時間法」與「任務分割法」。此外，通常經過資源撫平後之時程會比原時程為長。

在有限資源下，工作分派可適度地作以下的調整：

1. 將一個人的時間分割以支援一個以上的工作。
2. 將活動細分以增加分配的彈性。
3. 指派能力強或有經驗的人負責要徑上或人力分配不足的工作。
4. 以加班、外包、購買等方式尋求內部或外部的額外資源。
5. 與客戶協商，請求配合。

五、資源限定（Resource-limited Scheduling）

資源限定（Resource-limited Scheduling）是指當可利用的資源是固定時，發展出最短時程的方法。「資源限定」是一種反覆進行的方法，在最小寬裕時間下，將作業資源不斷重分配，直至所有資源皆應用。為了不超出資源限定範圍，資源固定會拉長專案完成時間。

對大型專案來說，其需要運用許多不同資源，每項資源都有不同限制，「資源限定」就變得十分複雜。藉由各種各樣不同專案管理軟體的運用，可協助將「資源限定」發揮得淋漓盡致。

基本上，要想解決資源衝突或想要做資源撫平或資源限定，專案管理軟體大都可以提供兩種選擇：

1. **選擇由人工方式校正**：這種方式是使用者修正任務資訊、任務需求或資源清單，然後再核對看看資源問題是否解決。

2. **選擇由軟體自動校正**：如果選擇由軟體自動校正，軟體會自動顯示訊息詢問是否同意延長期限。

總結來說，資源撫平是試圖在需求情況下，將資源做最小幅度的調整，以利時程發展。資源撫平的目的是期望在需求完成時間下，盡可能地平衡資源，使專案不致延長時間。在資源撫平下，專案需求完成的時間被固定，資源在假設下呈現變動。而「資源限定」則是固定可利用的資源，追求與發展最短的專案時程。兩者關係如下圖所示：

	固定	變動
資源撫平	專案需求完成時間	資源
資源限定	資源	專案需求完成時間

圖 6-18 資源撫平與資源限定

學習評量

1. 下列何者正確？

(A) AON 是以箭頭表示活動
(B) AOA 是以節點表示活動
(C) AOA 可能不只一條要徑
(D) AON 只有一條要徑

2. 下表是某一專案的實獲值數據。請分析資料後回答下列問題。

(1) 本項作業的進度是超前還是落後？又超前或落後多少？
(2) 本項作業的花費是過度還是節省？又超過或節省多少？
(3) 整個作業完成後，會是花費過度還是花費節省？

	累計花費			變異數		完成後		
工作預算編號	BCWS	BCWP	ACWP	進度	成本	預算	估計	變異數
101	800	640	880	-150	-120	2,500	2,850	-350

3. 實獲值（Earned Value）是指？

(A) 實際的預算
(B) 計畫的預算
(C) 計畫的花費
(D) 實際的花費

4. 專案經理若使用加權平均法估計活動工時，使用的工具是？
   (A) GERT　(C) PERT
   (B) Monte Carlo　(D) CPM

5. 要徑（Critical Path）是？
   (A) 自由浮時（float）為零的一條路徑　(C) 資源優先投入的一條路徑
   (B) 網路圖上最短的一條路徑　(D) 以上皆是

6. 里程碑（Milestone）是？
   (A) 專案活動項目之一　(C) 專案的重要完成點
   (B) 工作包之一　(D) 以上皆是

7. 重新調整資源分配，使得每段時間的使用量相同或接近，稱為？
   (A) 資源撫平　(C) 快速跟進
   (B) 資源平衡　(D) 趕工

8. 關於「里程碑」的描述，下列何者正確？
   (A) 是案的重要完成點　(C) 是專案的技術突破點
   (B) 是階段目標的達成點　(D) 以上皆是

9. 「里程碑圖」的主要用途是？
   (A) 提供專案經理審查進度　(C) 提供上層主管審查進度
   (B) 提供客戶主管審查進度　(D) 以上皆非

10. 若要對高階主管簡報專案進度的最好呈現方式是？
   (A) 里程碑圖　(C) 甘特圖
   (B) 網路圖　(D) 風水圖

11. PDM 和 ADM 的差別？
   (A) ADM 可表示四種順序關係　(C) PDM 有虛活動
   (B) PDM 可表示四種順序關係　(D) ADM 沒有滯後關係(Lag Relationship）

12. 關於 GERT 的描述，下列何者正確？
   (A) GERT 可以有迴圈，不能有分支　(C) GERT 不能有迴圈和分支
   (B) GERT 可以有分支，不能有迴圈　(D) GERT 可以有迴圈和分支

13. 下列敘述何者正確？

(A) PERT 採用一個工時
(B) PERT 只有一條要徑
(C) CPM 採用一個工時
(D) CPM 只有一條要徑

14. 下列敘述何者正確？

(A) AOA 是以節點表示活動
(B) AOA 可能不只一條要徑
(C) AON 是以箭頭表示活動
(D) AON 只有一條要徑

15. 所謂「EV」是指？

(A) 實際的花費額
(B) 實際的完成量
(C) 實際的預算額
(D) 以上皆非

16. 實獲值（Earned Value）是用以？

(A) 衡量專案的進度
(B) 衡量專案的成本
(C) 衡量專案的品質
(D) 以上皆是

17. 快速跟進是為了什麼？

(A) 為了降低風險
(B) 為了提早完成
(C) 為了降低成本
(D) 以上皆是

18. 所謂「滯後」（Lag）是指？

(A) 活動的延後時間
(B) 活動完成後的消逝時間
(C) 活動之間的等待時間
(D) 以上皆非

19. PERT 的計算是以什麼統計分配進行？

(A) 常態分配
(B) α 分配
(C) λ 分配
(D) β 分配

20. 專案有多餘的人力時，可以進行？

(A) 趕工
(B) 快速跟進
(C) 資源撫平
(D) 以上皆是

21. 進行實獲值管理時，完成的工作和排定的工作之間的差，稱為？

(A) 預算偏差
(B) 成本偏差
(C) 進度偏差
(D) 人力偏差

CHAPTER 7

成本(Cost)管理

本章學習重點

- 資源規劃
- 成本預估
- 預算編列
- 成本控制

大部分專案的基本目的不是為了賺錢，就是為了省錢，這也是為什麼專案必須財務標準來衡量成效的原因。

所有專案的四大限制：績效、成本、時間、範疇。為瞭解專案實際進行的狀況，企業必須知道這四大限制各有何價值。其中最容易瞭解的是「成本」，它包括人力、材料與資本設備。在工作進度方面，只有人力成本被追蹤記錄。人力成本為花在某一專案上的實際人工時數、再乘以從事這項工作的所得薪資。

不過，人力成本一定要以「加重費率」的方式表示，而不是標示您付給員工多少時薪金額。「加重費率」等於直接人力薪資加上經常費用，其中包括專案進行時所提撥的退休金與員工福利等。這才是專案執行時的真正每小時人工成本。但要這樣作，企業必須有一套完善的人力資源系統來精確追蹤。

本章主要介紹專案管理金三角第二要素—「成本」。專案成本管理的主要內容有「成本規劃管理」、「成本估算」、「預算編列」與「成本控制」的觀念與技巧。教導如何規劃及發展專案成本預算，並針對如何導入成本控制的技巧，進行專案管理修正，達成專案績效。

表 7-1 專案管理五大流程群組與專案「成本」管理知識領域配適表

知識領域	專案管理五大流程群組				
	起始 流程群組	規劃 流程群組	執行 流程群組	監督與控制 流程群組	結束 流程群組
專案成本管理 （4 子流程）		1 成本規劃管理 2 估算成本 3 發展預算		4 控制成本	

表 7-2 專案成本管理 ITTO 概述

1 成本規劃管理	2 估算成本	3 發展預算	4 控制成本
投入 1.專案核准證明 2.專案管理計畫 • 時程管理計畫 • 風險管理計畫 3.企業環境因素 4.組織流程資產	**投入** 1.專案管理計畫 • 成本管理計畫 • 品質管理計畫 • 範疇基準 2.專案文件 • 經驗教訓登錄冊 • 專案時程 • 資源需求 • 風險登錄冊 3.企業環境因素 4.組織流程資產	**投入** 1.專案管理計畫 • 成本管理計畫 • 資源管理計畫 • 範疇基準 2.專案文件 • 估算基礎 • 成本估算 • 專案時程 • 風險登錄冊 3.商業文件 4.契約 5.企業環境因素 6.組織流程資產	**投入** 1.專案管理計畫 • 成本管理計畫 • 成本基準 • 績效衡量基準 2.專案文件 • 經驗教訓登錄冊 3.專案資金需求 4.企業環境因素 5.組織流程資產
工具與技術 1.專家判斷 2.數據分析 3.會議	**工具與技術** 1.專家判斷 2.類比估算 3.參數估算 4.由下而上估算 5.三點估算 6.數據分析 • 備選方案分析 • 風險儲備分析 • 品質成本 7.專案管理資訊系統 8.決策制定 • 投票	**工具與技術** 1.專家判斷 2.成本彙總 3.數據分析 • 風險儲備分析 4.歷史資訊審查 5.資金限制平衡 6.融資	**工具與技術** 1.專家判斷 2.數據分析 • 實獲值分析 • 變異分析 • 趨勢分析 • 風險儲備分析 3.剩餘工作績效指標 4.專案管理資訊系統

產出 1.成本管理計畫	產出 1.成本估算 2.估算基礎 3.專案文件更新 • 假設日誌 • 經驗學習登錄冊 • 風險登錄冊	產出 1.成本基準 2.專案資金需求 3.專案文件更新	產出 1.工作績效資訊 2.成本預測(預算預測) 3.變更申請 4.專案管理計畫更新 • 成本管理計畫 • 成本基準 • 績效衡量基準 5.專案文件更新 • 假設日誌 • 估算基礎 • 成本估算 • 經驗教訓登錄冊 • 風險登錄冊

07 chapter

7-1 成本估算與成本基準

一、估算專案成本（Estimate Project Costs）

專案預算是影響整個專案能否順利執行完成的關鍵因素之一，而專案要花多少成本？「成本估算」的目的，就是要回答這個問題。任何專案執行理應受限於某一預算成本。

不論哪一種專案都有預算，而且專案是否成功的認定，有一部分是來自於是否在核准的預算內完成專案。「成本估計」與「編列預算」都是由「成本管理計畫」所監控，而「成本管理計畫」是在執行「發展專案管理計畫」流程時所產生。依據「PMBOK 指南」，「成本管理計畫」應包括下列內容要件：

1. 精確程度（小數點以下一位，還是兩位等）。
2. 資源衡量單位，例如人工小時薪資、日薪等。
3. 使工作分解結構（WBS）要件的成本估計能直接連結到會計帳。因此，工作分解結構（WBS）是決定正確成本估計的關鍵。
4. 實獲值。
5. 報告格式。
6. 流程描述。

請留意，當決定總成本估計值時，應先確定已包括整個專案生命週期內的所有可能成本。專案生命週期成本估算應考慮概念、規劃、設置及結束成本。

二、成本基準（Cost Baseline）

成本基準（Cost Baseline）是「編列成本預算」流程的主要產出，只有與專案有關的成本，才會變成專案預算的一部分。成本基準是指專案的期望成本。

成本基準是預算的累加曲線，又稱為 S 曲線（S-Curve）。專案的成本基準（Cost Baseline）常以「S 曲線」（時間 v.s.成本）的形式表現，連同實際現金流量（Cash Flow）與資金挹注計畫（Funding Plan）之比對，可預估出專案未來的財務情況。

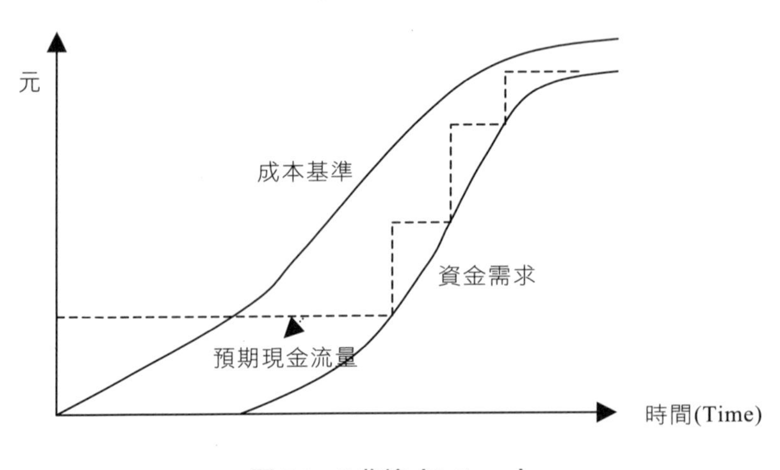

圖 7-1 S **曲線**（S-Curve）

如圖 7-1 所示，稱為 S curve 是取 Spending 的 S 之意，因為「計畫值」（Plan Value）是活動費用的累積，代表花費。另一層意義是 S 曲線的樣子，就如同 S 一樣，在起始（Inintiation）及結束（Closing）活動量較少，花費較少所以曲線較平滑，中間因進入執行階段，會有大量的資源投入，支出多所以曲線會陡峭。

7-2 成本估算的方法

常見的成本估算方法如下：

1. **類比估算法（Analogous Estimating）**：參考過去類似的專案預算進行估算。
2. **參數模型法（Parametric Modeling）**：依據過去類似的專案預算，找出預算與影響預算變數之間的關係，再用模型進行估算。
3. **由下而上估算法（Bottom-up Estimating）**：先估算各項活動的預算，再加總所有活動的預算總金額。

4. **三點估算法**：列出「最可能的預算」、「可容許的最大預算」、「可容許的最小預算」，然後再取三者的平均。
5. **電腦工具（Computerized Tools）**：使用相關電腦軟體協助成本估算。
6. **供應商投標分析（Vendor bid analysis）**：可透過要求供應商報價或投標，自供應商處蒐集資訊，以協助建立成本估計，並且應比較不同供應商的報價，而不是只仰賴一位供應商提供的報價而已。

一、類比估算法（Analogous Estimating）

類比估算法又稱為「由上而下估算法」（Top-down Estimating），是把過去類似專案的實際成本作為現在專案成本預估的基礎。簡單來說，類比估算法是參考過去相似案件所作的成本估算方法，其可用於不同層級的範疇，例如整個專案、某工作包或某任務的成本估算，不過要注意不同的完成期程、專案規模、地點、專案複雜性以及通貨膨脹因素之影響。

二、參數模型法（Parametric Modeling）

參數模型法是按專案特性將其參數應用在數學模型中以預測專案成本。也就是說，參數模型法是一種源自於實證或數理關係之估計方法，通常用於專案初步階段。

三、由下而上估算法（Bottom-up Estimating）

由下而上估算法係先估算出每一個別工作項目的成本，再將其彙整出專案的總成本。換句話說，由下而上估算法是將工作細分後，估算其達到最細微工作要求所需之資源，而後，再將細部的估算整合成為工作要素之總數。此方法的精確性決定於工作底層的大小與複雜程度。一般而言，工作範疇愈小，估算的精確性就愈高。

四、三點估算法（Three-point Estimating）

三點估計法比單點估計法提供更精確的成本估計。其運算方式是，列出「最可能的預算」（m）、「可容許的最大預算」（a）、「可容許的最小預算」（b），然後再取三者的平均（CE）。

簡單平均法公式為 $CE=(a+m+b)/3$

加權平均法公式為 $CE=(a+4m+b)/6$

五、電腦工具（Computerized Tools）

使用各種協助預估成本的專案管理軟體和電子試算表。電腦工具可協助專案人員在不同變數或替代方案下，快速估算成本。

六、供應商投標分析（Vendor Bid Analysis）

供應商投標分析主要是從供應商處蒐集資訊以協助建立成本估計。例如，可透過請供應商出價或報價，甚至與供應商一起估計，以達「成本估計」的目的。使用此類技巧時，應多比較不同供應商的報價，而不要過度依賴單一供應商的報價，以做為成本估計的基準值。

7-3 專案的預算編列

專案在編列預算時，必須注意事項：

1. 專案預算必須能夠被清楚的檢查，因此要包括預算項目、預算金額、預算需求的時間、負責執行該預算的單位等。
2. 重要預算項目不可漏列。
3. 必須掌握可能有大筆變動的預算項目與金額。
4. 要編列預備金。預備金多寡，會因專案種類而有所不同，但無論如何要備足預備金，以防萬一。通常專案預算只會增加，不太會減少。雖然會編有預備金，但應本著沒有預備金的精神來運作，除非不得已，才能動用預備金。

7-4 專案計畫的財務分析

專案計畫需進行財務分析之目的，在於從計畫本身之未來資金流動及投資利潤之觀點，分析該計畫於計畫期間之財務狀況是否穩當；其分析內容應包括財務規劃（含融資規劃及營運規劃）、財務報酬率預測及財務模型建立，並據以研判該專案計畫的財務計畫是否可行。

一、專案經理必備的財務知識

在財務分析中，常見的分析手法有四：淨現值（Net Present Value，NPV）、內部投資報酬率（Internal Rate of Return，IRR）、還本期間（Payback Period）與單筆資金極限（Cash Hole）。

淨現值（NPV）可以回答下列問題：「此專案可能為公司賺多少錢或省多少錢？」淨現值可以算出此專案目前與未來所有現金流量的現在價值，也就是說，淨現值可以用來衡量此專案的長期結果在現今值多少錢。內部投資報酬率（IRR）可用來推斷投資的平均報酬率。還本期間可估算出多久能達到損益平衡點。單筆資金極限（Cash Hole）代表任一時間所能投資的最大金額，又稱為最大曝露限制（Maximum Exposure）。

這四種財務分析手法，都是完整財務的一部分，在進行專案之前，專案經理應作好各項估算，以協助高階管理者決定哪些專案值得投資，以及這些專案投資對企業財務的長短期影響。

在進行專案時，專案經理會參與的財務分析工作主要有：

1. **計算現金流入**：專案經理應找出所有能協助企業賺錢或省錢的方式。
2. **計算現金流出**：找出專案的所有支出，包括人員薪資、材料、設備、資訊科技、外部顧問等，以及專案結束後，是否需要持續的支出。
3. **繪製現金流量表**：整理出年或季或月的資金流出與流入。若需經長期累積，就應將通貨膨脹因素列入考量，找出折現值。

二、財務規劃之原則—保守與穩健

財務規劃是指依專案計畫所在國的會計與稅法的精神及規範，事前預估未來可能發生的資金需求來源，並模擬可能的各種資金調度方案，以減少投資風險，完成最佳投資方案評比，以判斷投資計畫的可能性。然執行財務規劃時其原則應採取保守與謹慎的態度，避免用未經適法性的方式及數字來設算投資方案的可能報酬，以誇大投資方案的可行性。

研究階段的財務規劃原則

就專案計畫進行之階段而言，先期可行性研究階段，財務規劃應採取偏誤分析，易言之，應低估可能發生的效益、高估可能所發生的成本，若再此嚴格條件下，仍可通過財務分析檢核，則表示該計畫未來可執行的機率會較高。

於專案規劃階段，雖已取得計畫的初級資料，財務分析可做的更精確，但仍宜採保守態度，過於樂觀的財務規劃，將讓投資參與者，尤其是民間業者迷失而忽略追求經營效率，而產生道德危機或陷入白象效應，即從事大而無當的計畫，無法發揮經營的意義，故不當的財務規劃可能造成錯誤的投資決策。

經營期間的財務規劃原則

就經營期間而言可分短期與長期之財務規劃。長期財務規劃旨在就計畫之收益、成本與其隱含的風險加以全盤考量，如果不能正確地評估計畫的可能收益，將會影響永續成長。短期財務規劃的目的是要能提供資金流動性，即要能滿足現金的週轉金，例如支付工資、付款給供應商、繳納稅款等商業活動的支出。若無足夠的短期資金，加上處理與管理不當，易導致週轉不靈，甚至迫使專案被迫停止，故短期財務規劃要能使專案計畫營運資金的支出與回收能靈活運用。

三、融資規劃的準則

財務分析主要目的之一，即檢視融資規劃之妥當性，融資規劃應根據計畫的投資規模，敘明可能的資金供給來源。融資規劃應從資金需求觀點、需求時程與資本結構來安排。

資金需求的規模與時程是依工程的施工進度、工程估驗、付款時程與金額、利息支付時程等來編制；而資本結構的安排應根據投資人可運用的自有資金多寡並考慮投資規模、風險承擔能力、過去相關案例的融資慣例與額度、償債能力來衡量自有資金與融資的比例，爾後，在安排以何種方式來籌措自有資金為最佳選擇，例如是採用公開發行、上市、上櫃或私募、或以公司債舉債方式。

最後，就預擬的資金需求時間表及資金到位（Financial Closing）時間表，來設算融資計畫，力求短期資金在調度能維持流動性及穩健，長期能創造投資利潤。

四、財務報酬率分析方法及其陷阱

一般常用來評估投資計畫獲益性之指標包括「淨現值法」、「內部報酬率法」、「成本效益比」及「回收期法」。

評估準則

1. **淨現值法（NPV）**：通常指評估未來一段時間內，預計可產生的現金流出和流入的詳細計畫，並評估該方案所帶來的風險，據以評估各期的資金成本，然後以資金成本將該投資計畫在各期所產生的現金流量折現，最後加總各期的現金流量折現值，即得到淨現值，如果淨現值為正，就值得進行此方案，否則就應放棄。
2. **投資內部報酬率法（IRR）**：指使現金流量之淨現值為零之折現率，只要內部報酬率大於可接受的合理報酬率則表示本計畫值得進行。
3. **回收期法**：分析投資總成本於何時能回收，回收期越短表示計畫可行性越高。

4. **資本報酬率**：為資本投資現值與每年支付到期本息及租稅後之剩餘現金流量現值相等之折現率，投資內部報酬率之計算基礎為總投資額，而資本報酬率之計算基礎為資本投入額，通常資本報酬率較基本利率高 10%為具吸引力之計畫。

應注意事項

正確的評估方法須能考慮計畫全部有效期間內的所有現金流量，且必須能考慮貨幣的時間價值，換言之，須反映近期的貨幣價值比遠期獲得的貨幣價值為高，故當內部報酬率法與淨現值法所得的結果不一致時，應採用淨現值法，然使用本法時應注意：

1. **現金流量的概念**：淨現值法是使用「現金流量」計算，而現金流量是指實際已入賬的收入和支出間的現金差額，若會計帳是採應計法，則計算現金流量時需調整應收帳款科目。另現金流量只計算經常帳支出的部分，不含資本支出。
2. **不考慮沉沒成本**：計算投資計畫成本，只能包含因進行此計畫而發生的成本，在本計畫之前就已發生的成本，無法計入本計畫並無法獲得回收之成本為沉沒成本，若計入沉沒成本，將會使本計畫成本被高估，而得到錯誤的結果。

五、敏感性分析

上述評估計畫獲利性指標的淨現值法或內部報酬率，是在各種最可能之假設基礎上所計算而得，倘若未來實際狀況，與任一假設不符，就可能影響原預估之財務報酬率。為估算各項成本及收入因素變動對財務結果的反應程度，即所謂敏感度分析。

敏感度分析以基本假設為基礎，求得預期變數，上下變動某百分比（其他變數不變），來估算對財務報酬率的結果。通常選擇測試敏感度分析的變數包括：❶關鍵成本及收入項目、❷未履行契約規定之財務義務、❸工程落後之影響、❹成本及收入總額等四項因素。

六、現金流量試算表編制

分析專案計畫是否可行，最簡單之方式，通常是編製現金流量試算表以求得淨現流量，再利用各種獲益性指標公式，求出預測的財務報酬，據以研判專案計畫之可行性。編製現金流量試算表的步驟如下：

1. 估計每一項投入成本及收入之分年當年價格。
2. 預估計畫期間內，物價上漲率、稅率、營運初期資金及融資方案等之各項假設。
3. 利用預估之價格變動率（或成長率），將分年分項的成本及收入調整成當年名目值。

4. 編制名目值表示之現金流量試算表，此時須決定各項收入與成本的發生時點，並利用資產負債表的應收帳款及應付帳款來調整當年度的收入與成本實際值。
5. 編制計畫期間各年之損益表以估算以當期之所得稅，且須根據專案計畫所在國之稅法估算折舊費用、銷貨成本、利息費用及所得稅，將預估之所得稅列入現金流量之減項。
6. 估計年資金需求，將各年變動值列入現金流量表之減項。
7. 依資金需求擬訂融資方案，並將撥款、本金攤還及利息列入現金流量表內。至此即完成以當年幣值所編列之現金流量表。
8. 計算整個計畫的淨現金流量。
9. 將淨現金流量以資金成本折現，求得各年之淨現流量。
10. 計算計畫（以投資者、政府或銀行觀點）的淨現值（NPV）、內部報酬率（IRR）及償債比率。

7-5 專案計畫的經濟分析

一、經濟分析的目的及其分析法

對一投資計畫進行經濟分析之目的為從計畫所在國經濟發展的角度審視該項計畫是否符合資源有效利用的原則，並從整體經濟的各種目標和限制來看該計畫的報酬，以及計畫是否對參與者提供是夠的誘因等。

經濟分析係採用有系統的定量方法來評估投資決策的分析方法，此種分析方法是利用該投資計畫的效益和成本來估算，如果效益大於或等於成本，則值得執行此計畫，反之，則應放棄此計畫。效益可定義為對達成經濟某些基本目標的效果，而成本則可定義為對達成這些基本目標所付出的成本或機會成本。易言之，一個投資計畫的目標即可決定其效益和成本；任何能促進目標達成的因素都是效益，而任何對目標達成不利之因素視之為成本。

二、經濟分析與財務分析之差異

雖然財務與經濟分析都是採用成本效益的定量分析方法，並追求投資計畫的利潤極大化，但財務與經濟分析在定義成本與效益的內涵是不同的，主要差異如下：

1. 財務分析不具唯一性，計畫的財務分析可從投資計畫不同參與者的角度來分析財務上的報酬，如可分為民間投資者、或銀行、或政府等觀點的財務報酬，各不同參與者所關心的報酬不一，如銀行關心是還本能力。經濟分析則具唯一性，計畫的經濟分析是從整個國家之觀點估計該計畫對整個國民經濟或整個社會可產生之效益，是追求該計畫對整個經濟所帶來之貢獻。

2. 財務及經濟分析都運用該計畫所產生的現金流量的折現法來估算，但財務分析是估算該計畫參與者產生之財務所得收入，而經濟分析是估算該計畫之社會淨收入。

3. 財務分析中的所有資料係以會計帳面價值為基準，所有的成本和收入都可根據國內市場的價格所計算，因此是根據會計價值來求得財務價格；但在經濟分析中，某些市場價格因受政府政策或稅收等外在因素影響而被扭曲，故為真正反映其社會或經濟價值的經濟價格，這些價格需經調整，經過調整的價格稱為影子價格。經濟分析是使用財務分析中的帳面價值為基礎，再對所有的收入與成本調整為經濟價格來反應經濟資源使用之成本與效益。

4. 財務分析的所有相關成本與效益均可量化，但經濟分析除涉及直接成本與直接效益是可量化，還包含外部效益，而外部效益是無法量化。

5. 在經濟分析中，稅收和補貼被視為移轉性支付，而非真正使用資源所發生之成本，須從財務價格中刪除；另外利息支出是整個社會對資本使用的總收益的一部分，亦須將利息支出加回毛利潤。

三、估計經濟價格的方法及困難

估算經濟分析中的經濟價格常用下列二種方法：❶UNIDO（聯合國工業開發總署）：將所有的投入產出價格均轉換為國內價格，此需利用影子匯率來換算。❷世界銀行：利用換算因子將所有的價格均轉換成國際價格。

經濟分析就投資計畫相關之成本效益必須界定、量化，並盡可能貨幣化，但此項工作在實務上有相當困難，如：

1. 有些計畫產出可能因無法市場化，而難以估算其價值，例如教育方面之投資計畫。

2. 市場價格被扭曲致不能適切反映計畫之經濟成本與效益，扭曲的原因可能是因為政府政策、外部效果導致。

3. 對一國家各種目標間之衝突和取捨不一致，如在效率、公平間的取捨。

4. 經濟分析一定是基於「有」和「無」的觀念下來分析。所有投資計畫都會使用有限資源投入以產出有價值的商品或勞務（產出），若「無」此計畫，這些投入與產出對整個經濟之影響與「有」此計畫是不同，經濟分析即認定並估算「有」此計畫與「無」此計畫之成本效益，「有」、「無」此計畫間之淨效益差額即為該該計畫對經濟所產生之淨效益增量，而分析者常會混淆「有」「無」概念與「前」「後」之觀念，導致無法正確評估經濟之淨效益。

四、估算經濟價值的步驟

實際估算經濟效益與成本的步驟是將財務分析中之收益和成本作為基礎，將財務價值轉換為經濟價值，第一步驟是重新定義計畫的成本與效益，將屬於（或不屬於）經濟成本與效益之因素從財務帳中與以納入（或排除）；第二步驟是將投入與產出用經濟價格加以調整。

需要調整之財務項目約包括：沉沒成本、準備金、移轉性支付、消費者剩餘、外部效果、國際效果、重複計算、損耗性貼水及週轉金等項目。

1. **沉沒成本**：是該計畫進行前即已經發生的成本，因不存在機會成本，故不應將這些成本計入該計畫經濟成本中。
2. **準備金**：為完成該計畫可能增加之資源投入的貨幣價值，是使用資源的實際成本，將會減少可供其他用途的最終商品和勞物，故應列入經濟成本。
3. **移轉性支付**：通常指稅款（包括進出口稅）、補貼、貸款和折舊等。就經濟分析的角度，移轉性支付是指實際資源的使用權從某部門移轉到另一部門，對國民所得而言沒有任何改變，故應從經濟成本或效益中剔除。
4. **折舊**：使用一項資產的經濟成本以充分反映在初期的投資成本減去殘值，因此折舊僅是一項移轉性支付而非經濟成本。
5. **消費者剩餘**：是指消費者願意為一項產品或服務支付的費用與實際支付之間的差額。消費者剩餘常存在於公用事業的投資案如電力、供水、衛生及電訊等。
6. **外部效果**：計畫本身範圍外所發生的成本或效益的效果，雖不包括在計畫之財務分析帳目內，但此類效果對一國家之發展目標造成影響，就應包含在經濟分析中。
7. **損耗性貼水**：計畫之投入需使用耗損性資源如原油、天然氣或其他礦藏等，再進行經濟分析時應考慮使用該等天然資源之機會成本。
8. **營運資本**：在會計及財務分析中營運資本是指流動資產，包括現金、應收帳款、存貨等，於經濟分析時，只有存貨與國家資源之利用有關，而列入經濟成本，其他項目於經濟分析時被視為財務移轉，不列入經濟成本。

確定經濟成本與效益之後，需用影子價格來重新估算其經濟價格，影子價格在技術上係指利用複雜的數學模型（如線性規劃）所導出的價格。為易於計算影子價格，乃將計畫的各種投入與產出分成三類（貿易財、非貿易財及基本生產要素等），分別求算各類的影子價格。例如，貿易財的影子價格即為其國際價格扣除任何進口稅或出口稅，並按國際運輸成本加以調整後之邊境價格。由於利用影子價格來轉換經濟價格是非常複雜及較深的理論分析方法，將另以專文討論，不在此說明。

簡述將財務分析的有形成本效益轉換為經濟成本效益之步驟如下：

1. 列出以固定價格計算的現金流量。
2. 調整相關的成本收入項目，如移轉性支付、週轉金。
3. 將投入產出分別列為貿易財、非貿易財及基本生產要素。
4. 調整貿易財、非貿易財及基本生產要素的價格扭曲，計算其邊境價格。
5. 將所有財物價格均換算成邊境價格後，計算經濟現金流量。
6. 計算經濟的淨現值及內部報酬率。
7. 比較內部報酬率和該國資金機會成本。

可作為經濟可行性分析的指標有下列三種：❶淨現值：即扣除成本且經折現之各其計畫淨效益；❷成本效益比：經折現後之各期計畫效益與成本比；❸經濟的內部報酬率：使各期淨現值總和為零之折現率。通常淨現值為正，或效益與成本比大於一，表示進行本專案計畫對全體國民有利，值得執行本專案計畫。

7-6 成本分析

成本分析的目的，在於預估成本以用於買賣雙方的議價談判，以達成雙方同意之公平合理的契約價格，這是專業採購人員必備的基本能力。瞭解所購物品的成本結構，就能瞭解該物品售價是否為公平合理的價格，同時也可找出降低採購成本的機會。

一、成本的組成

如圖 7-2 所示，成本是由許多元素所組成的。

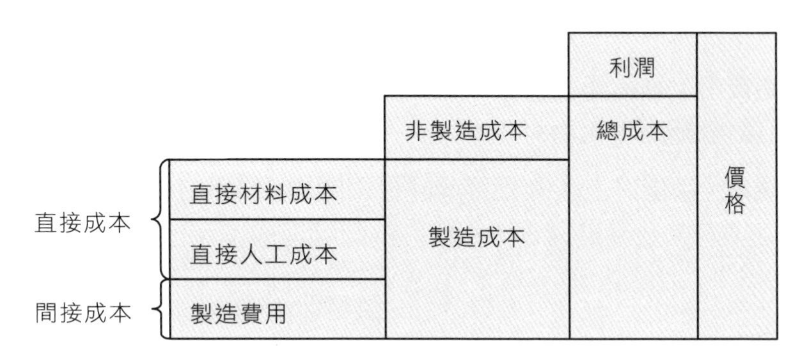

圖 7-2 成本的組成

以製造業而言，產品成本包括與廠房有關的成本。產品成本可分為三種項目：直接材料、直接人工和製造費用。這些成本首先轉入在製品，在製品完成後，這些成本再從在製品轉入製成品。產品運交顧客時，這些成本從製成品轉出，而轉入銷貨成本。部分完成或尚未出售的產品成本，以在製品存貨或製成品存貨的形式，在製造業的資產負債表上列為資產。成本的流程與結構可彙整如圖 7-3 所示。

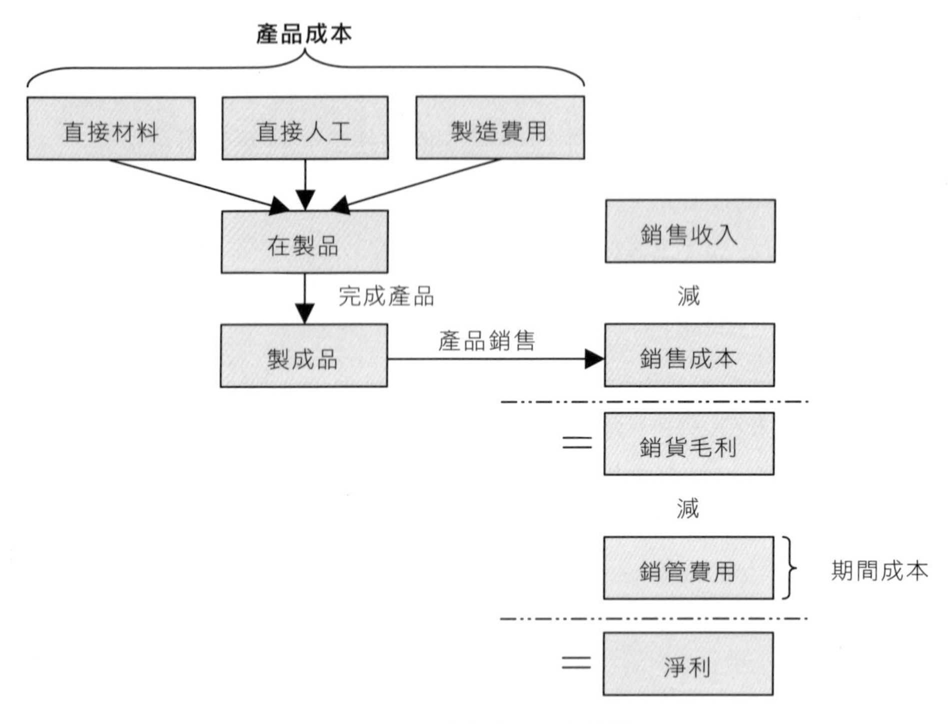

圖 7-3 **成本的流程與結構**

1. **製造成本**：係指企業製造產品之成本，包括：直接材料，直接人工和製造費用。
   (1) 直接材料成本：是指企業製造產成品之材料成本，包括構成產品實體的主要材料、輔助材料和包裝材料。
   (2) 直接人工成本：支付現場直接參與產品製造的人員之人工成本，例如生產線上的組裝人員之工資與加班費。
   (3) 製造費用：是指與生產該產品與服務沒有直接相關，但又是維持生產作業所必須的勞動成本與物料成本。
2. **非製造成本**：係指與生產無直接或間接相關的成本，包括：運送成本、銷售成本、行銷成本、研究及發展成本、一般行政及管理成本。

二、作業基礎成本制（ABC）

作業基礎成本制的沿革

一般企業所採用之成本會計制度係沿用以往，對外財務報導導向的制度，僅注重存貨之評價。但隨著生產環境的改變、製造費用比例逐漸上升，且大部分的製造費用發生與產品數量基礎間不具因果關係。因此若仍以直接人工小時或機器小時作為製造費用之分攤基礎，將會使產品成本產生扭曲，不僅會使傳統以財務報導為主之功能受到質疑，更是不合時宜。

Raffish（1991）對美國製造業做的調查，發現直接材料佔產品成本約 45%至 50%，直接人工佔產品成本的比例下降為 5%至 15%，而製造費用則為 30%至 50%。

所謂「作業基礎成本制」（Activity-Based Costing，ABC），係指以耗用資源成本的各項作業中心為成本歸屬的標的，將成本匯集到各作業中心中的各項作業，再以作業動因為分攤基礎，進而將作業成本分攤或歸屬至產品或勞務中，最後計算出成本標的「製造費用」。

Turney（1991）認為，作業基礎成本制的發展可分為二個階段，第一階段為單構面模型（如圖 7-4 所示），第二階段為雙構面（如圖 7-5 所示）。第一階段單構面模型，主要是為了達成策略性目標一成本計算而設計的，其目的是為了合理分攤『製造費用』以正確計算產品成本。其主要限制是缺乏有關「作業」之直接資訊。

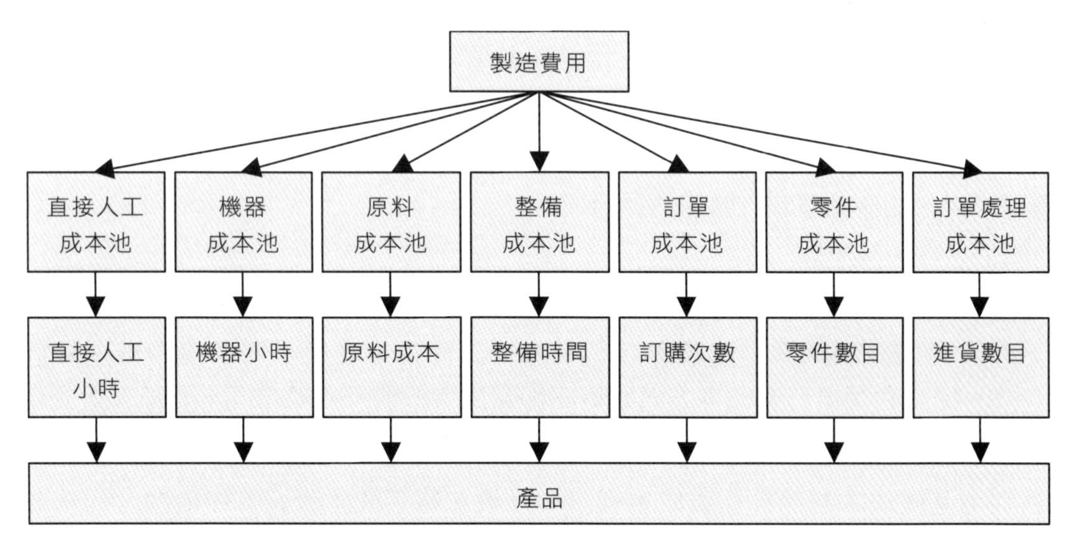

圖 7-4 作業基礎成本制單構面模型。資料來源：修改自 Turney（1991）

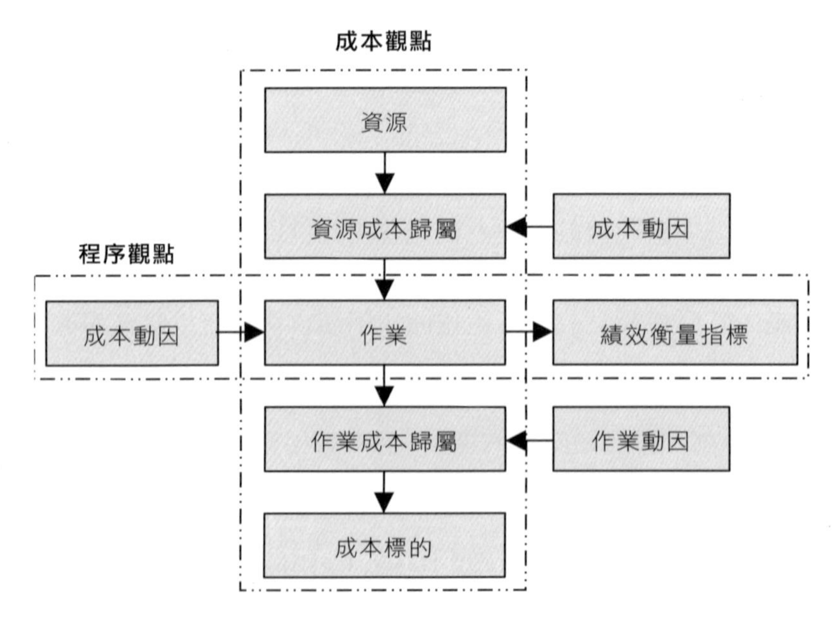

圖 7-5 作業基礎成本制雙構面模型。資料來源：修改自 Turney（1991）

Turney（1991）在累積數年對作業基礎成本制的實施研究後，對作業基礎成本制的架構再予以加強，而提出了雙構面模型，如圖 7-5 所示，此乃由兩主要觀點所組成，一為成本歸屬觀點，一為程序觀點。成本歸屬觀點（圖 7-5 中垂直的部分）的基本假設為，成本標的造成對作業的需求，而作業又創造了資源的需求。程序觀點（圖 7-5 中水平的部分），該觀點反應出組織如何利用資訊以了解哪一個事項造成作業的執行，及該作業本身績效。

作業基礎成本制將「製造費用」以作業動因為基礎，直接將成本歸屬到所屬的產品，如此一來，與每一項產品生產有關的成本就能合理地分攤。因此，如果您的供應商沒有採用作業基礎成本制，您的產品成本就有可能被高估或低估，因為所分攤的製造費用，與您的產品並沒有緊密的結合。

作業基礎成本制的限制與缺點

1. 作業基礎成制雖然以改善會計品質的功能使企業在競爭的環境中得以降低成本、提高利潤但有關顧客方面的資訊卻無法有效的反應給公司。如顧客對於產品的品質是否滿意？流程是否能符合顧客的需求？
2. 作業基礎成本制過於注重成本資訊，以致忽略了成本資訊背後所隱含的重要資訊。
3. 企業有時需要一些預測資訊以供決策之用而作業基礎成本制所提供的資訊，是目前與實際生產的成本數據資料，並不含有未來預測的資訊。

4. 雖然作業基礎成本制可顯示有無附加價值的作業，但似乎過於簡化，以致於無法提供績效之回饋資訊及深入作業的改進。
5. 在快速與競爭的製造環境中，強調制度的簡化，但作業基礎成本製似乎有過於複雜之虞。
6. 作業基礎成本制缺乏理論基礎，且與古典經濟學中對成本函數的定義不同；古典經濟學中假設成本函數具有可分開性，隨價格、技術、產量不同，而有不同的成本函數，且可分開性的特質反映在引伸性要素需求彈性當中。可是 ABC 把成本函數太過於簡單化。此外，古典經濟學對不同成本函數加以分割，加總時，不會產衡量上的錯誤，但 ABC 在處理上總是會產生衡量上的錯誤。
7. ABC 之單位本仍基於「全部成本」的觀念，因此 ABC 制度下所產生的每一單位作業成本，實無法反映增支成本之情況。
8. 過分誇大作業基礎成本制的功能、過分重視成本對定價的影響、理論與實務應加以配合、需要更多的實證性研究。

三、採購成本

Ansaria & Heckel（1987）認為，採購成本可分為「訂購成本」、「價格成本」、「持有成本」與「缺貨成本」。

1. **訂購成本**：訂購時所必須支付成本，主要包括通訊成本、填發請購單成本、檢驗費用以及所使用機具、手續費、佣金、保險費與關稅等，這些花費與購買的物料數量並沒有直接關係，卻是不可避免的費用。
2. **價格成本**：在採購時所須支付給賣方之價格，即為物料成本。價格成本與購買的數量有直接的關係。一般而言，採購的數量愈多可能的價格折扣愈大，則單位價格成本會相對較低。
3. **持有成本**：主要包括資金成本、儲存成本、風險成本。資金成本是指購買物料時所需資金的投資成本與利息成本；儲存成本是儲存該物料而發生之固定投資之保險費、折舊費用及設備維護保管費等。風險成本是指避免物料儲存過久而發生之耗損或該物料直接曝露遭竊風險。
4. **缺貨成本**：是指因缺乏物料而造成生產線停頓，所引發的各種損失以及缺乏產品供應，無法滿足顧客需求所引發的各種損失。生產停頓的損失包括人工浪費與機器閒置、交貨延遲。對顧客的缺貨，除了造成實質利潤損失外，而且也會影響企業商譽。

學習評量

1. 預算編列時考慮專案進度是為什麼？

   (A) 確認哪個活動需要用到錢
   (B) 提供成本衡量和監督的方法
   (C) 計算儲備金多寡
   (D) 將成本分到每段時間

2. 有關內部報酬率法（IRR）的說法，下列何者正確？

   (A) IRR 會用來和銀行利率加上風險係數做比較
   (B) IRR 越大表示專案越可行
   (C) 淨現值為零的利率稱為 IRR
   (D) 以上皆是

3. 有關淨現值法（NPV）的說法，下列何者不正確？

   (A) 支出和收入都是預估值
   (B) 目前現金流量的未來價值
   (C) 需要用利率來折現
   (D) 以上皆是

4. 作業基礎成本制（ABC）是用來？

   (A) 處理直接成本
   (B) 處理直接材料
   (C) 處理間接成本
   (D) 處理間接材料

5. 估計專案時間和成本的主要基礎是？

   (A) 資源使用量和生產力
   (B) 生產力和資源可用性
   (C) 活動風險及資源消耗率
   (D) 資源使用量和資源可用性

6. 下列何者呈 S 曲線顯示？

   (A) 要徑
   (B) 甘特圖
   (C) 成本基準
   (D) 時程基準

7. 若想要盡可能正確地估算成本，採用何種手法較佳？

   (A) 由上而下估算法（Up-bottom Estimating）
   (B) 由下而上估算法（Bottom-up Estimating）
   (C) 類比估算法（Analogous Estimating）
   (D) 參數模型法（Parametric Modeling）

8. 若此次專案與您過去執行過的專案無太大差異，而業主也希望能儘快獲得一個大約的估計值，則應用下列何種手法較佳？

   (A) 由上而下估算法（Up-bottom Estimating）

   (B) 由下而上估算法（Bottom-up Estimating）

   (C) 類比估算法（Analogous Estimating）

   (D) 參數模型法（Parametric Modeling）

9. 專案的經濟可行性分析方法不包含？

   (A) 回收期限法　(C) 內部報酬率法（IRR）

   (B) 淨現值法（NPV）　(D) 外部報酬率法

10. 專案生命週期成本估算是考慮？

   (A) 取得成本　(C) 期望獲利

   (B) 操作及棄置成本　(D) 概念、規劃、設置及結束成本

11. 進行成本估算時，不需要下列何者？

   (A) 變更程序　(C) 風險

   (B) WBS　(D) 假設

12. 關於類比法估計工時是？

   (A) 比較不準確　(C) 參考過去資料

   (B) 由上往下估計　(D) 以上皆是

13. 若專案為期 2 年，初始投資 30 萬，第一年收入 25 萬，支出 5 萬，第二年收入 30 萬，支出 10 萬，利率 10%，則淨現值為？

   (A) 2.4 萬　(C) 4.7 萬

   (B) 3.4 萬　(D) 6.4 萬

14. 如果利率為 2%，現在的 100 萬，兩年後變多少？

   (A) 100.04 萬　(C) 104.04 萬

   (B) 102.04 萬　(D) 106.04 萬

15. 四個專案進行可行性分析，專案一為 5 年 NPV=750，專案二為 3 年 NPV=600，專案三為 1 年 NPV=500，專案四為 3 年 NPV=650，哪個專案最好？

(A) 專案一
(B) 專案二
(C) 專案三
(D) 專案四

16. 下列何者可作為專案成本估算的依據？

(A) 工作分解結構（WBS）
(B) 成本績效基準
(C) 資源日誌
(D) 專案資金需求

17. 專案 A 之淨現值（NPV）為$20,000 元；專案 B 之淨現值（NPV）為$30,000。請問若選擇專案 B 的機會成本是多少？

(A) $20,000
(B) $30,000
(C) $40,000
(D) $60,000

18. 下列哪些屬於專案經濟可行性分析的方法？[複選]

(A) 內部報酬率法（IRR）
(B) 淨現值法（NPV）
(C) 回收期限法
(D) 外部報酬率法

19. 最終的專案預算是在下列哪一個專案流程群組進行？

(A) 起始
(B) 規劃
(C) 執行
(D) 結束

20. 「按時間分段的預算，用做度量和監控專案整體成本」，是指？

(A) 專案管理計畫書
(B) 進度基準
(C) 資源基準
(D) 成本績效基準

21. 下列何者不屬於專案成本管理流程？

(A) 規劃成本
(B) 估算成本
(C) 發展預算
(D) 控制成本

CHAPTER 8

品質(Quality)管理

本章學習重點

- 規劃品質
- 管理品質
- 控制品質

本章主要介紹專案管理金三角第三要素—「品質」，內容涵蓋「規劃品質管理」、「管理品質」與「控制品質」的觀念與技巧。確保專案在品質系統中應用上述方法來提高專案品質。此外，並探討專案品質管理之相關實務議題。

表 8-1　專案管理五大流程群組與專案「品質」管理知識領域配適表

知識領域	專案管理五大流程群組				
	起始 流程群組	規劃 流程群組	執行 流程群組	監督與控制 流程群組	結束 流程群組
專案品質管理 （3 子流程）		1 規劃品質管理	2 管理品質	3 控制品質	

表 8-2　專案品質管理 ITTO 概述

1 品質規劃管理	2 管理品質	3 控制品質
投入 1.專案管理計畫 2.專案管理計畫 • 需求管理計畫 • 風險管理計畫 • 利害關係人參與計畫 • 範疇基準 3.專案文件 • 假設日誌	**投入** 1.專案管理計畫 • 品質管理計畫 2.專案文件 • 經驗教訓登錄冊 • 品質管制衡量值 • 品質衡量指標 • 風險報告	**投入** 1.專案管理計畫 • 品質管理計畫 2.專案文件 • 經驗教訓登錄冊 • 品質衡量指標 • 測試與評估文件 3.核准的變更申請

1 品質規劃管理	2 管理品質	3 控制品質
• 需求文件 • 需求追蹤矩陣 • 風險登錄冊 • 利害關係人登錄冊 4.企業環境因素 5.組織流程資產	3.組織流程資產	4.可交付成果 5.工作績效數據 6.企業環境因素 7.組織流程資產
工具與技術 1.專家判斷 2.數據收集 • 標竿比對 • 腦力激盪 • 訪談 3.數據分析 • 成本效益分析 • 品質成本 4.決策制定 • 多準則決策分析 5.數據呈現 • 過程圖 • 邏輯資料模型 • 矩陣圖 • 心智圖 6.測試與檢驗規劃 7.會議	**工具與技術** 1.數據蒐集 2.數據分析 • 備選方案分析 • 文件分析 • 流程分析 • 肇因分析 3.決策制定 • 多準則決策分析 4.數據呈現 • 親合圖 • 因果圖 • 過程圖 • 直方圖 • 矩陣圖 • 散佈圖 5.品質稽核 6.面向 X 的設計 7.問題解決 8.品質改善方法	**工具與技術** 1.數據收集 • 檢查表(Check sheets) • 檢核清單(Check list) • 統計抽樣 • 問卷調查 2.數據分析 • 績效審查 • 肇因分析 3.檢驗 4.測試/產品評估 5.數據呈現 • 因果圖 • 管制圖 • 直方圖 • 散佈圖 6.會議
產出 1.品質管理計畫 2.品質衡量指標 3.專案管理計畫更新 • 風險管理計畫 • 範疇基準 4.專案文件更新 • 經驗教訓登錄冊 • 需求追蹤矩陣 • 風險登錄冊 • 利害關係人登錄冊	**產出** 1.品質報告 2.測試與評估文件 3.變更請求 4.專案管理計畫更新 • 品質管理計畫 • 範疇基準 • 時程基準 • 成本基準 5.專案文件更新 • 議題日誌 • 經驗教訓登錄冊 • 風險登錄冊	**產出** 1.品質控制衡量值 2.已驗證的可交付成果 3.變更申請 4.專案管理計畫更新 • 品質管理計畫 5.專案文件更新 • 議題日誌 • 經驗教訓練登錄冊 • 風險登錄冊 • 測試與評估文件

8-1 十大知識體系的品質管理

「PMBOK 指南」十大知識體系中的品質管理，不同於一般所謂的「產品品質」。十大知識體系中的品質管理所認為的「品質」是：符合要求（conformance to requirements）與適合使用（fitness of use）。也就是說，僅生產並提供承諾之下的專案產品/交付成果，且必須滿足真正的需要（real needs），當專案管理經過小心而準確的需求分析之後，此等令利害關係人滿意（Stakeholder Satisfaction）的要求（requirements）將成為範疇聲明書（SOW）的基礎。這樣的品質訴求是不給予顧客任何承諾以外之額外（特加）之物，包括工作項目/作業活動之考量皆是，諸如額外功能、較高品質的元件、額外擴加的工作範疇或更佳的績效追求等，對專案而言，皆屬無加值活動，應完全避免。

一、專案品質管理的三大過程

「PMBOK 指南」中提到，專案品質管理為確保專案「符合要求」的必要流程，主要涵蓋以下三個不同品質過程：

1. **規劃品質**：針對如何計算與確保專案能夠符合專案內容以及相關品質標準。品質規劃屬規劃面的事宜為主，考量適合納入此專案的品質標準為何？如何達成並符合此等品質標準？見品質計畫書。品質規劃的主要工作是依據專案特性，(1)定義專案的品質標準；然後(2)列出實施品質政策的相關方法，例如測量標準、測量方式、如何執行、如何管控以及改善的方式等；最後(3)訂出品質管理計畫。
2. **管理品質**：是指進行測試與評估，以瞭解專案是否符合品質要求與標準。品質保證屬執行面事宜，依據「品質規劃」執行並查核整體績效，透過品質稽核以發掘品質改進之課題；採用品質管制評量的結果，以確認是否符合整體品質標準？品質標準是否依然適切而有效？
3. **控制品質**：監督與控制專案是否依照專案計畫內容執行，若專案未達品質要求，則要確保採取適當的修正行動。亦即，專案執行過程中，需要隨時進行品質的監控，若有問題發生，就應立即改善，避免問題擴大。品質控制屬管制面的事宜，依據「品質規劃」評量/量測工作結果的細節，評量/量測專案工作的失誤數/時程績效，且確認是否符合特定的品質標準？

二、品質管理計畫

品質管理計畫（Quality Management Plan）是描述專案團隊如何制定品質政策。這項計畫應記載施行品質計畫所需要的資源、專案團隊執行品質管理所負的責任、及專案團隊與組織應用來滿足品質要求所有流程與程序，包括品質控制、品質保證、與持續改善流程。

8-2 品質規劃（Quality Planning，QP）

「品質規劃管理」其定義是，識別專案及可交付成果的品質要求和標準，並以書面描述專案將如何證明符合此品質要求和標準。

一、標準與規章

品質衡量標準（Quality Metric），它描述正在衡量什麼，以及如何用「執行品質控制」流程來做衡量。常見的品質衡量標準，包含缺陷密度（Defect Density）衡量、故障率（Failure Rate）、可靠度（Availability Reliability）和測試涵蓋範圍（Test Coverage）等。

「品質規劃」流程的結果之一，是產品或流程可能需要調整，以便遵從「品質政策」與「標準」。這些變更可能導致成本變更與時程變更。對於所揭露的問題，或因這個流程導致要做調整時，也可能發現需要執行風險分析。

二、品質政策

品質政策是由高階管理階層所公佈的指導原則，同時描述公司所進行的專案應採用什麼品質政策。它也是「組織流程資產」投入的一部分。瞭解這項政策，並將事先決定好的公司指導原則，導入到品質計畫中，其決定權在專案經理。若品質政策不存在，專案管理團隊應替專案編製一套好的品質政策。

三、符合品質要求的主要效益

在品質規劃中必須考量到成本與效益之間的取捨。在第一時間就預防瑕疵，會比之後必須花更多時間與費用來修正錯誤，要來得更有效率及便宜。符合品質要求的主要效益如下：

1. 提高利害關係人滿意度
2. 較少重複工作（重工）
3. 生產力更高
4. 成本更低

四、品質成本

品質成本（Cost of Quality）是指按照品質標準生產專案產品或服務的總成本。無論工作是否有事先規劃，這些成本包括為符合專案要求所必須做的所有工作。品質成本也包括不遵守品質要求所導致的工作成本。

有三種與品質成本有關的成本：

1. **預防成本（Prevention Costs）**：預防成本是指有關預防或減少不良品發生的機率所產生的種種成本。預防成本是品質成本的重要概念。預防成本是預防「不良品質」發生所需的活動而產生的成本。換言之，預防成本是要達到「第一次就做對」之努力上所發生的全部成本。
2. **評估成本（Appraisal Costs）**：是指檢查產品或流程，並確定符合品質要求所花費的成本。由於專案期間有限定，預防與評估成本通常會轉嫁給取得產品或服務的組織。
3. **失敗成本（Failure Costs）**：是指未按照計畫進行時，所付出的成本。失敗成本也稱做不良品質成本（COPQ）。失敗成本有兩類：
   (1) 內部失敗成本（Internal Failure Costs）：指當未滿足顧客要求，而產品依舊在組織控制之中，為做修正所產生的成本。內部失敗成本可能包括校正行動、重製、報廢與停工期。
   (2) 外部失敗成本（External Failure）：指當產品送交顧客，且判定產品未合乎他們的要求，所招致的成本。與外部失敗成本有關的成本可能包括在顧客處所做的檢驗、退回，與顧客服務成本。

五、品質基準（Quality Baseline）

品質基準（Quality baseline）是專案的品質目的，它是當執行品質流程時，用來衡量與報告品質的依據。換句話說，品質基準就是把一系列的「品質標準」串連成像一條線般，以作為衡量與報告品質的基準。

六、流程改善計畫

流程改善計畫（Process Improvement Plan）是專案管理計畫的子計畫，主要焦點在找出流程或活動的無效率之處，進而提高顧客價值。改善流程時，需考慮許多要件，例如：

1. **流程界限（Process boundaries）**：描述流程目的及預定開始與結束日期。
2. **流程型態（Process configuration）**：透過流程圖，以方便做介面和介面分析。

3. **流程衡量標準（Process metrics）**：對過程狀態進行控制。
4. **績效改進目標（Targets for improved performance）**：指導過程改進活動。

「改善」（Kaizen）方法是來自日本的品質技巧。持續改善要求組織中的每個人都要留心改善品質的方法。這涉及採用衡量方法、藉由使流程可重複與系統化來改善流程、減少生產或績效的變異、減少瑕疵，及改善週期時間。改善方法陳述，應先改善人的品質，然後再改善產品或服務的品質。

8-3 管理品質

「管理品質」的定義是把組織的品量政策用於專案，並將品質管理計劃轉化爲可執行的品質活動之過程。管理品質較關注「過程」，較不關注「結果」，因爲要有好的結果必然需要好的過程。「管理品質」主要有五件工作：

1. 讓利害關係人確信將會達到品質要求，從而能夠滿足他們的期望、需要和需求。
2. 執行「品質管理計畫」中規定的品質管理活動，確保專案工作過程和成果達到具體的品質量測量標準。亦即，結合組織的品質策略，將「品質管理計畫」實際轉化為專案可執行的品質活動。
3. 編制將用於控制品質的品質測試與評估文件。這是把品質標準和品質測量指標轉化爲品質測量工具（如品質檢查表），以提升符合品質目標的機率。
4. 根據「品質管理計畫」和品質控制的實際測量結果進行比對，辨識無效的過程，辨識品質不良的原因並進行改進。
5. 根據「品質管理計畫」、品質測量標準、本過程的實施情況，以及品質控制測量結果，編制品質報告。亦即，將管理品質的資料與結果編制成品質報告，向利害關係人報告專案整體品質狀況。

一、品質保證（Quality Assurance，QA）

品質保證（Quality Assurance，QA）是指透過有系統地實施計畫中的品質活動，確保專案實施滿足要求所需的所有過程。基本上，品質保證就是用來確保專案執行時，滿足專案管理計畫中所規劃之品質標準。

「品質保證」是狹義的管理品質，主要用以確保專案過程的有效性。專案經理與團隊可利用組織內的品質管理部門進行：失效分析、實驗設計、品質改善。

「品質規劃」流程規劃產出專案品質標準，並決定如何滿足這些標準。「品質保證」則是執行一系統的專案品質活動，並使用「品質稽核」來決定應用哪些流程來達成專案要求，並且保證有效能又有效率的執行。

二、品質稽核（Quality Audits）

品質稽核（Quality Audits）是「品質保證」常用的工具與技巧。品質稽核是一種結構化而又獨立的審查，以決定專案活動是否符合專案的政策、流程及程序。其目標是辨識出有哪些使用於專案中的政策、流程及程序是無效能的與無效率的。簡單來說，品質稽核是由受過訓練的稽核員或第三方檢閱人所執行的獨立檢閱。品質稽核的目的與執行「品質保證」流程的目的相同，這些稽核也能檢視與發現無效率的流程與程序。

正確執行的品質稽核將會提供下列效益：

1. 專案產品適用，且符合安全標準
2. 遵守現行法律與標準
3. 必要時會建議與實施矯正行動
4. 遵守專案品質計畫
5. 辨識出品質改進
6. 經核准的變更、矯正行動、預防行動，以及瑕疵修復的實施都經過經認。

品質改善的發生，是品質稽核所產生的結果。品質改善是透過提交變更請求或採取矯正行動而實施。

三、流程分析（Process Analysis）

流程分析（Process Analysis）也是「品質保證」常用的工具與技巧。流程分析的概念，起源於古典工業工程之工作研究領域的流程分析技術。1980 年以來，流程分析的概念逐漸與品質管理的觀念相結合，而成為以品質為核心的流程分析技術工具。因此「流程分析」是以品質為核心，以預防為根本手段，用於組織內流程的建立、維持及改善之一套有系統管理方式，其目的為針對流程內的作業活動進行分析、標準化、監督執行與持續改善。

流程分析是從組織與技術的觀點來看流程的改善。根據「PMBOK 指南」，流程分析遵循流程改善的步驟，並檢視下列各項議題，例如「執行專案時所碰到的問題」、「專案的限制」、「流程作業期間所辨識出之無效能或無效率的流程」。藉由流程分析找出問題的根本，並提出預防的方法。

8-4 品質控制（Quality Control，QC）

專案「品質控制」（Quality Control，QC）的定義是：爲評估績效，確保專案產出完整、正確並且滿足利害關係人的期望，而監督控制品質管理活動實際執行結果的過程。「品質控制」的目的在於確保一切計畫中的活動都能產生正面結果，在交付成果前進行檢測可交付成果的完整性、合規性、和用性。若有負面結果發生，則應立即採取修正行動，以及適當的風險評估與回應。專案團隊必須在專案起始之初就備妥專案品質控制計畫。

品質控制過程主要工作如下：

1. 檢查具體的工作過程的品質，並記錄檢測結果。
2. 檢查已完成的可交付成果是否符合品質要求，並記錄檢測結果。
3. 檢查已批准的變更請求是否實施到位，並記錄結果。
4. 基於檢測結果和相關計劃，整理出工作績效資訊，並提出變更請求。

「管理品質」與「控制品質」子流程的差異：

1. 「管理品質」針對「過程」，旨在建立滿足利害關係人期望與需求的信心。
2. 「控制品質」針對「結果」，旨在證明專案已達到發起人和客戶的驗收標準。

一、品質控制計畫

專案品質控制計畫的格式視組織需求而有所不同，不過，它通常涵蓋以下主題與時間表：

1. **高階專案標竿計畫**：包括五大專案階段（起始、規劃、執行、監督與控制、結案）與其管理標竿會議時間表。
2. **產品規格說明發佈與客戶需求說明評估會議**：這些會議的重要性極高。會議中，由品質小組針對設計品質、品質確認、流程品質擬定計畫。
3. **設計品質計畫**：達成設計品質所需進行的工作，包括排定「失效模式與效應分析」（Failure Mode & Effect Analysis，FMEA）時間表、設計評估時間表，以及修正行動計畫和追蹤系統。
4. **品質確認計畫**：評估產品質所需進行的測試，包括設計驗證測試計畫與時間表，以及設計成熟測試計畫與時間表。
5. **流程品質計畫**：涵蓋所有機器與測試設備性能研究與製程能力研究的計畫，包括工程測試樣本時間表、小量生產時間表與試產時間表。

6. **風險管理會議時間表**：會議主旨在於進行風險辨認、評估與回應規劃。
7. **專案問題紀錄檢討時間表**：為檢討問題及討論需立即採取的修正行動而定期召開的會議。

專案品質控制必須考慮「專案管理」和「專案產品」兩方面。就專案而言，品質控制的一個關鍵是透過利害關係人分析，將利害關係人需求、需要轉化為「專案範疇管理」中的要求。品質控制應貫穿於專案的始終，並涵蓋專案過程和產品目標。

二、精確度與準確度

留意，精確度與準確度不同。「精確度」是指重複測量的結果呈現聚合而非離散的一致程度。「準確度」是指測量值與真實值非常接近的準確性。精確不一定準確，準確不一定精確。

三、常見的品質控制工具與技術

常見的品質控制工具有七種，稱為「品管七大手法」，又稱為「QC 七大手法」主要包括：直方圖、魚骨圖（因果圖）、管制圖、柏拉圖、散佈圖（相關圖）、層別法（趨勢圖）。

直方圖（Histogram）

直方圖（Histogram）是一種顯示特定情況發生次數的垂直條型圖形，主要用於描述集中趨勢、分散程度和統計分佈狀況。

魚骨圖（因果圖）

魚骨圖（Fishbone Diagram）也稱為因果圖（Cause-and Effect Diagram）或又被稱為「石川圖」（Ishikawa Diagram），主要用以顯示問題的結果與原因之間的關係，描繪問題的每個潛在原因與次要原因，以及每個建議的解決方案對問題所造成的結果。

因果圖（Cause-and Effect Diagram）又被稱為「石川圖」（Ishikawa Diagram），主要在紀念發展出這張圖的石川馨（Kaoru Ishikawa）。基本上，「石川圖」是一個分析流程輸入以確認失誤原因的工具。

管制圖（Control Charts）

管制圖是衡量隨時間變化的流程結果，並以圖表形式顯示結果。管制圖是衡量差異的一種方法，目的是確定流程差異是否在控制中或失去控制。管制圖以樣本差異衡量為依據。從選定做衡量的樣本中可決定平均數與標準差。「執行品質控制」通常維持在正負三個標準差之內（99.73%）。管制圖最常用於製造環境中，重複性活動容易監督之處。

柏拉圖：80/20 法則

柏拉圖（Pareto Charts）又稱為 80/20 法則，應用於品質控制時，80/20 法則認為，大多數的品質問題（80%）來自於少數的原因（20%）。「柏拉圖」係以直條圖顯示，並依一段時間的發生率按順序從最重要的因素排列下去。問題是按照瑕疵與百分比來排順序，瑕疵頻率以黑長條顯示，而瑕疵累計百分比以曲線畫出。這些問題排序告訴你矯正行動應從何處先開始。

散佈圖（Scatter Diagrams）

散佈圖是表示兩定量變數間關係的圖形。一個變數放在横縱，另一個變數則放在縱軸。散佈圖上的點的分布型態可看出兩個變數間的整體關係。因此，散佈圖又稱為相關圖，它有直觀簡便的優點。這項關係藉由分析，以驗證兩變數間是否相關。

層別法：趨勢圖（Run Charts）

推移圖又稱為趨勢圖，它是一種線形圖形，按照資料發生的先後順序將資料以圓點形式連結繪製成線形圖形。推移圖可反映一個過程在一定時間段的趨勢，一定時間段的偏差情況以及過程的改進或惡化。

趨勢分析（Trend Analysis）是用推移圖來實現的另一種數學技巧，根據過去的結果用數學工具預測未來的成果。趨勢分析往往用於監測：

1 **技術績效（Technical Performance Measurements）**：多少錯誤或缺陷已被確認，其中多少尚未糾正。

2. **成本與進度績效（Cost and Schedule Performance）**：每個時期有多少活動在活動完成時出現了明顯偏差。

結果中的差異可能會因常見差異原因或特殊原因而發生差異。常見差異原因是對正採用的流程而言相當獨特的情況所導致，且從操作層級能容易控制。常見差異原因有下列三種類型：

1. **隨機差異**：隨機差異可能是正常的，但如名稱所示，它們的發生是隨機的。

2. **已知或可預測差異**：指流程中已知且存在的差異。

3. **總是出現在流程中的差異**：流程本身有與生俱來的差異性，可能是由人為錯誤、機器差異或發生故障等等，這些差異稱為「總是出現在流程中的差異」。

沒有落在可接受範圍內的常見原因差異是難以矯正的，且通常需要流程重組。這可能會造成重大影響，且變更流程的決策總是需要管理階層核准。

檢查表（Check Sheets）

檢查表又稱為「調查表」或「統計分析表」，其以簡單的數據，容易理解的方式，製成圖形或表格，必要時記上檢查記號，並加以統計整理，作為進一步分析或核對檢查之用。檢查表中的資料可以是定量資料或定性資料。若檢查表內資料是定量資料，有時又稱為是「理貨表」（Tally Sheets）。檢查表是 QC 七大手法中最簡單也最常使用的手法。但或許正因為其簡單而不受重視，所以檢查表使用的過程中存在不少問題。

檢核清單（Check List）

檢核清單是一種結構化工具，具體列出各檢查項目，用來檢查各項目是否正確，常用於例行性任務的品質控制。

四、檢驗（Inspection）

檢驗涉及實際衡量或測試結果，以判定結果是否符合要求或品質標準。檢驗是用來蒐集資訊與改進結果的工具。檢驗可發生於最終產品產生後，或發生於產品開發時期。有種檢驗技巧使用稱為屬性（Attribute）的測量值。屬性抽樣期間所採用的測量，決定屬性為符合或不符合。注意，「預防」勝於「檢驗」（Prevention over Inspection）。品質是「規劃與設計」出來的，不是「檢驗」出來的；「檢驗」是為了發現錯誤，而「品質規劃與設計」是為了減少發生錯誤。

8-5 專案品質管理的實務議題

一、專案管理審查

專案管理審查能夠檢討、評估與改變專案管理系統，以確保專案能夠以系統性、持續性與有效性的原則加以管理。這通常不是專案小組的工作，而是各品質小組或獨立的專案管理專家來執行。其目的在於改善專案管理流程。

根據「PMBOK 指南」，專案管理的架構有兩種：

1. **專案管理整體環境**：涵蓋專案執行的整體相關環境，例如：專案組織、專案架構、專案報告。
2. **專案管理流程**：專案應如何規劃、組織、執行、完成與結案？流程步驟是否標準化、且所有專案成員都清楚明瞭？專案成員與其他流程之間如何互動？

在每一項專案中，專案經理都應留意十大專案管理知識領域：

1. **專案整合管理**：專案經理根據這項知識領域來協調參與專案的各部門，並彙整出一份統一的專案計畫，其中詳載整體專案目標所需執行的一切活動。
2. **專案範疇管理**：專案失敗的原因之一，就是專案範疇訂定不佳。專案範疇是指專案的範圍。哪些需要完成？哪些不需要完成？一定要先考量範疇的衝擊，才能修改專案計畫，而且一定要白紙黑字記錄這些改變。
3. **專案時程管理**：指專案進度排程，而進度排程得當與否也將決定專案的成敗。
4. **專案成本管理**：專案需要管理的成本領域主要有二：一是執行專案的成本；二是生產新產品所需的成本。兩者之間可能需要做出取捨，並由高階管理者做出決策。
5. **專案品質管理**：這是本章的重點，意指以達成品質目標為前提來管理專案。
6. **專案資源管理**：這項知識領域主要包括「人力資源」與「物資資源」兩大方面的管理，其中專案「人力資源管理」是關於專案人員的招募、發展與管理，以達到專案成功。
7. **專案溝通管理**：是整體專案計畫中，最常被忽略的一環。專案團隊必須決定要用什麼方式（例如書面、口頭、正式報告等）、什麼格式與頻率、將資訊寄發給誰。
8. **專案風險管理**：管理專案風險的辨識、評估與規劃工作。
9. **專案採購管理**：是指專案的原物料採購、資本取得與外部服務等的管理。
10. **專案利害關係人參與管理**：了解利害關係人的需要和期望、管理利害關係人的利益衝突、促進利害關係人合理參與專案決策和專案活動。

二、專案管理審查準則

一般而言，專案管理審查的準則應依據如下文件：

1. **PMBOK 指南**：經由專案管理審查，瞭解專案執行是否滿足上述的兩大「專案管理標準」與「十大知識領域」。

2. **受審查企業之專案管理流程或專案管理手法**：審查的目的之一，就是要瞭解專案人員是否切實遵循方法，以及其成效如何。若成效不彰就必須改變方法。
3. **所有的專案文件**：專案文件很多，例如專案範疇定義、管理標竿會議紀錄、整體專案計畫、專案會議紀錄等，它們都能為審查工作提供必要資訊。
4. **修正行動日誌**：主要紀錄著專案所遭遇的問題，修正行動以及狀況。
5. **相關專案路線圖**：以特定專案為基礎，說明專案如何起始、規劃與執行。

專案管理審查的進行方式，是檢視專案文件，並和專案經理、專案團隊與利害關係人一起進行評估與檢討。

8-6 六個標準差（Six Sigma）

一、六個標準差的起源

1970 年代末期，Motorola 公司執行長 Robert Galvin，體認到日本品質的競爭力，發現公司的產品品質和日本同類產品的品質有甚大的差距，迫使其員工正視品質的問題。而在 1985 年 Motorola 通訊部門當時的品質水準約為 Cpk = 1.33（4σ），而日本同業則約為 Cpk = 1.67（5σ），因此 Motorola 公司希望能在 5 年內追到日本的品質水準。經由 Mikel Harry 與 Richard Shroeder 的協助，摩托羅拉提出了六個標準差（統計學符號為 6σ，英文為 Six Sigma）的策略，運用到其所有產品品質上，不但增加獲利，也在 1988 年獲得了美國國家品質獎。

根據統計學上的原理，「六個標準差」代表著品質合格率達 99.9997% 或以上。換句話說，每一百萬件產品只有 3.4 件瑕疵品，這是非常接近「零缺點」的要求。「六個標準差」計畫要求不斷改善產品、品質和服務，他們制定了目標、工具和方法來達到目標和客戶完全滿意（Total Customer Satisfaction）的要求。

Motorola 公司推行的六個標準差管理，訂定達到六個標準差的六步驟，如下：

1. 列出製造之產品或提供之服務。
2. 列出產品的顧客或服務的對象及其要求。
3. 訂定所需的條件，提供顧客需要的產品或服務。
4. 定義流程。
5. 改善流程，避免浪費資源。
6. 測量、分析、控制已改善的流程，持續改善。

二、品質良率與標準差的相關性

六個標準差品質概念，就是在六個標準差的品質水準下，其缺點或錯誤不超過 3.4 ppm。研究顯示六個標準差不僅應用在製造業及電器業，而且適用於任何一種產業。

「Sigma」是一個古希臘字元，用來在統計中衡量變異度。若有 68% 的合格率，便是 ± 1 Sigma（或 Standard Deviation），± 2 Sigma 有 95% 的合格率，而± 3 Sigma 便達至 99.73% 的合格率。對於品質良率與標準差之相關性，如表 8-3 所示。

表 8-3　品質良率與標準差相關性

合格率 Yield（%）	每百萬件不合格數（DPMO）	Sigma 水準	流行年代
6.68	933200	0	
30.85	691500	1	
69.15	308500	2	1970s
93.32	66800	3	1980s
99.38	6210	4	Early 1990s
99.977	230	5	Mid 1990s
99.99966	3.4	6	2000s

達成六個標準差的效果會使企業流缺失數由百萬件到少於四件（約 3.4 件）。六個標準差意味著世界級的水準。愈來愈多的企業了解到藉由六個標準差解決之道去改善品質。

三、六個標準差的實行步驟

Hahn（1999）認為，實務上實行 6 個標準差品質，可分為下列四個步驟：

1. **量測（Measure）**：以顧客的意見為基礎選擇欲改善的項目，確定選定的項目為可量化的項目，且能夠精確衡量，確定缺點並收集資料以精確衡量目前的效能。
2. **分析（Analyze）**：使用分析方法，如管制圖、實驗設計、柏拉圖等方法，分析流程資料找出發生缺點的原因，並評估此原因對於產品造成的影響。
3. **改善（Improve）**：根據分析結果提出改善方法使缺點數能顯著減少，尤其著重於降低其變異性。
4. **控制（Control）**：持續監控改善計畫的執行狀況，確定其分析出之原因確已改善。

執行六個標準差應要做的事如下：

1. 了解六個標準差計畫及目標，且應有面對變動的準備。

2. 由「測量→分析→改善→控制」的步驟檢視工作。
3. 樂於參與學習，莫抗拒變革。
4. 全力推動執行且預期改變及挑戰未來。
5. 要有主動及耐心和長期推動的心理。

四、對六個標準差的十大迷思

Breyfogle III（2001）提出，常見對六個標準差的十大迷思：

1. **僅適用於製造業**：六個標準差的發展初期，許多成功案例的確是發生在製造業，但六個標準差已經被廣泛應用在不同行業。
2. **為了追求企業應得的利益，只好忽視顧客的存在**：這是對六個標準差的重大誤解，六個標準差專案應該是：❶顧客關心的產品或服務因素，以及❷具有大幅提昇績效水平的潛力。兩者缺一不可。
3. **造成組織的重大負擔**：六個標準差的目標之一是消除組織中任何不必要的浪費，然後從節省的成本再投資於改善活動。六個標準差可以提高部門活動的附加價值，同時增進顧客滿意。
4. **需要大量訓練**：創新可增進人類生活價值，且必須不斷向新的事物挑戰。但也必需要佇足觀望且重新思考才是學習的典範。
5. **是一項額外的工作**：和「造成組織的重大負擔」項目一樣的迷思。
6. **需要龐大的團隊**：要想發揮團隊績效，團隊規模不宜過大。倘若團隊過於龐大，團隊成員之間的溝通將趨近困難，成員間的配合度下降，工作進度無法掌握。六個標準差活動亦是如此。
7. **製造官僚體系**：官僚是指「執著於例行的行政手續」對六個標準差而言，唯一必需堅持的是：顧客滿意優先。
8. **只是另一套品質計畫**：Micklethwait（1997）研究發現，過去三十到五十年間雖然出現各種品質改善，但成效卻有限。Pyzdek（1999）指出六個標準差完全是企業管理的新方向。
9. **需要複雜難解的統計技巧**：許多高級統計技術對於解決複雜的流程問題都極有助益。執行者應具備統計分析能力並能適時使用，但卻無須了解統計技巧背後艱深的數學理論。加上統計分析軟體的普及化，統計技巧應用一點也不困難。
10. **缺少成本效益**：根據奇異經驗，第一年就有可觀的投資回報。

學習評量

1. 六標準差（6 Sigma）是指一百萬次的產品或服務只有多少次失誤以內？
   (A) 3.2 次的失誤
   (B) 3.3 次的失誤
   (C) 3.4 次的失誤
   (D) 34 次的失誤

2. 用以分析流程輸入以確認失誤原因的工具是？
   (A) 散佈圖
   (B) 石川圖
   (C) 趨勢圖
   (D) 柏拉圖

3. 柏拉圖是最常用在什麼地方？
   (A) 確認不良型式
   (B) 決定將糾正措施聚集在哪裡
   (C) 提供某一時間點的資料評估
   (D) 接受或拒絕一個問題批次

4. 關於「品質規劃」的描述，下列何者正確？
   (A) 決定所需的品質抽樣技術
   (B) 監督專案結果以驗證產出是否達成需求
   (C) 準備符合客戶規格的設計
   (D) 確認哪個品質標準和專案有關，以及決定達成方法

5. 關於「品質控制」的描述，下列何者正確？
   (A) 決定所需的品質抽樣技術
   (B) 監督專案結果以驗證產出是否達成需求
   (C) 準備符合客戶規格的設計
   (D) 確認哪個品質標準和專案有關，以及決定達成方法

6. 「範疇驗證」和「品質控制」的差別是？
   (A) 沒有差別
   (B) 範疇驗證注重接受性，品質控制注重正確性
   (C) 範疇驗證注重確保變更是正面的，品質控制注重接受性
   (D) 範疇驗證注重結果正確性，品質控制注重接受性

7. 柏拉圖原理是說？
   (A) 20% 導因引起 80% 風險
   (B) 80% 原因導致 20% 問題
   (C) 20% 原因導致 80% 問題
   (D) 以上皆是
8. 管制圖主要是用於發現？
   (A) 產品是否符合需求
   (B) 設計是否符合規格
   (C) 製程是否已經失控
   (D) 以上皆非
9. 專案的品質是？
   (A) 規劃（Plan）出來的
   (B) 管理（Manage）出來的
   (C) 控制（Control）出來的
   (D) 以上皆是
10. 「品質規劃」的目的為何？
   (A) 規劃滿足客戶的設計
   (B) 監督專案結果以確保符合需求
   (C) 確認品質標準和達成方法
   (D) 決定抽樣方法
11. 專案品質管理的三大過程為何？[複選]
   (A) 品質規劃
   (B) 品質保證
   (C) 品質控制
   (D) 全面品質
12. 三種與品質成本有關的成本是？[複選]
   (A) 進貨成本
   (B) 預防成本
   (C) 評估成本
   (D) 失敗成本
13. 根據「PMBOK 指南」，十大知識體系中的品質管理，所認為的「品質」是？[複選]
   (A) 符合要求
   (B) 適合使用
   (C) 物超所值
   (D) 耐用
14. 下列何者負責權衡專案成果的品質與等級水準？
   (A) 品管員
   (B) 品質經理
   (C) 高階管理者
   (D) 專案經理與專案管理團隊
15. 下列何者負責在品質規劃中，將品質政策發佈給利害關係人？
   (A) 專案經理
   (B) 品質經理
   (C) 專案管理團隊
   (D) 高階管理者

16. 下列何者「用來確定一個流程是否穩定，或者是具有可預測績效的工具」？

(A) 柏拉圖 (C) 趨勢圖

(B) 控制圖 (D) 流程圖

17. 下列何者「用圖形化來顯示該流程中，各步驟之間的工作相互關係之工具」？

(A) 柏拉圖 (C) 趨勢圖

(B) 控制圖 (D) 流程圖

18.「一種以垂直的橫條圖，顯示特定情況的發生次數」，是指？

(A) 柏拉圖 (C) 散佈圖

(B) 直方圖 (D) 流程圖

19. 下列何者哪一項工具涉及未來結果預測？

(A) 柏拉圖 (C) 趨勢圖

(B) 控制圖 (D) 流程圖

20. 專案管理中，可依據下列哪一項品質管理圖形化工具，來研究並確定兩個變數之間可能存在的關係？

(A) 柏拉圖 (C) 散佈圖

(B) 直方圖 (D) 流程圖

21. 專案管理中，下列哪一項品質管理圖形化工具，可用來協助判斷引起潛在問題與實際問題的原因？

(A) 柏拉圖 (C) 散佈圖

(B) 直方圖 (D) 魚骨圖

CHAPTER

9

資源(Resource)管理

本章學習重點

- 規劃資源管理（Plan Resource Management）
- 估算活動資源（Estimate Activity Resources）
- 獲得資源（Acquire Resources）
- 發展團隊（Develop Team）
- 管理團隊（Manage Team）
- 控制資源（Control Resources）

PMBOK 第六版將「人力資源管理」改成「資源管理」。本章主要探討專案資源管理中的重要程序與方法，說明如何進行規劃資源管理、估算活動資源、獲得資源、發展團隊、管理團隊與控制資源。資源管理（Resource Management）是指辨識、規劃、估算、獲得、發展、管理與控制資源，以促使專案成功的一系列流程，主要包括：

1. **規劃資源管理（Plan Resource Management）**：資源主要分為「人」與「物」兩大方面。「人」的方面「人力資源規劃」辨識個人在專案中的角色、責任、所需技能和報告關係，以發展出一份人力資源計畫的流程。「物」的方面「物資資源規劃」包括設施、材料、裝備、基礎建設等。
2. **估算活動資源（Estimate Activity Resources）**：辨識與估算完成專案所需的資源形式、數量與特性。
3. **獲得資源（Acquire Resources）**：資源分為「人」與「物」兩大方面。「人」的資源方面「獲得專案團隊」（Acquire Project Team）確認人力資源的可用性，以及獲得完成專案指派任務所需團隊的流程。「物」的物資資源方面，主要獲取來源可分為組織內部資源與組織外部資源。
4. **發展團隊（Develop Team）**：改善專案成員的職能、成員間互動關係以及整體專案團隊環境，以提升專案績效的流程。
5. **管理團隊（Manage Team）**：追蹤專案成員績效、提供回饋、解決爭議、管理變革等使專案績效最佳化的流程。

6. **控制資源(Control Resources)**:確保所分配的資源適時適地可用於專案。注意,此處的控制資源主要針對物資資源。

表 9-1 專案管理五大流程群組與專案「資源」管理知識領域配適表

知識領域	專案管理五大流程群組				
	起始流程群組	規劃流程群組	執行流程群組	監督與控制流程群組	結束流程群組
專案資源管理(6子流程)		1 規劃資源管理 2 估算活動資源	3 獲得資源 4 發展團隊 5 管理團隊	6 控制資源	

表 9-2 專案資源管理 ITTO 概述

1 規劃資源管理	2 估算活動資源	3 獲得資源
投入(Inputs) 1.專案核准證明(專案章程) 2.專案管理計畫 • 品質管理計畫 • 範疇基準 3.專案文件 • 專案時程 • 需求文件 • 風險登錄冊 • 利害關係人登錄冊 4.事業環境因素 5.組織流程資產	**投入(Inputs)** 1.專案管理計畫 • 資源管理計畫 • 範疇基準 2.專案文件 • 活動屬性 • 活動清單 • 假設日誌 • 成本估算 • 資源行事曆 • 風險登錄冊 3.事業環境因素 4.組織流程資產	**投入(Inputs)** 1.專案管理計畫 • 資源管理計畫 • 採購管理計畫 • 成本基準 2.專案文件 • 專案時程 • 資源行事曆 • 資源需求 • 利害關係人登錄冊 3.事業環境因素 4.組織流程資產
工具與技術(TT) 1.專案判斷 2.數據呈現 • 階層圖 • 責任分派矩陣 • 純文字格式 3.組織理論 4.會議	**工具與技術(TT)** 1.專家判斷 2.由下而上估算 3.類比估算法 4.參數估算法 5.數據分析 • 備選方案分析 6.專案管理資訊系統 7.會議	**工具與技術(TT)** 1.決策制定 • 多準則決策分析 2.人際關係與團隊技能 • 協商(談判) 3.預分派 4.虛擬團隊

產出（Outputs） 1.資源管理計畫 2.團隊章程 3.專案文件更新 • 假設日誌 • 風險登錄冊	**產出（Outputs）** 1.資源需求 2.估算基準 3.資源分解結構 4.專案文件更新 • 活動屬性 • 假設日誌 • 經驗教訓登錄冊	**產出（Outputs）** 1.物資資源分派單 2.專案團隊派工單 3.資源行事曆 4.變更申請 5.專案管理計畫更新 • 資源管理計畫 • 成本基準 6.專案文件更新 • 經驗教訓登錄冊 • 專案時程 • 資源分解結構 • 資源需求 • 風險登錄冊 • 利害關係人登錄冊 7.企業環境因素更新 8.組織流程資產更新
4 發展團隊	**5 管理團隊**	**6 控制資源**
投入（Inputs） 1.專案管理計畫 • 資源管理計畫 2.專案文件 • 經驗教訓登錄冊 • 專案時程 • 專案團隊派工單 • 資源行事曆 • 團隊章程 3.企業環境因素 4.組織流程資產	**投入（Inputs）** 1.專案管理計畫 • 資源管理計畫 2.專案文件 • 議題日誌 • 經驗教訓登錄冊 • 專案團隊派工單 • 團隊章程 3.工作績效報告 4.團隊績效評量 5.企業環境因素 6.組織流程資產	**投入（Inputs）** 1.專案管理計畫 • 資源管理計畫 2.專案文件 • 議題日誌 • 經驗教訓登錄冊 • 物資資源分派單 • 專案時程 • 資源分解結構 • 資源需求 • 風險登錄冊 3.工作績效數據 4.團隊績效評量 5.企業環境因素 6.組織流程資產
工具與技術（TT） 1.集中辦公 2.虛擬團隊 3.溝通科技 4.人際關係與團隊技能	**工具與技術（TT）** 1.人際關係與團隊技能 • 衝突管理 • 制定決策 • 情緒智商	**工具與技術（TT）** 1.數據分析 • 備選方案分析 • 成本效益分析 • 績效審查

• 衝突管理 • 影響力 • 激勵 • 協商（談判） • 團隊建設 5.表彰與獎勵 6.培訓 7.個人與團隊評量 8.會議	• 影響力 • 領導力 2.專案管理資訊系統	• 趨勢分析 2.問題解決 3.人際關係與團隊技能 • 協商（談判） • 影響力 4.專案管理資訊系統
產出（Outputs） 1.團隊績效評量 2.變更申請 3.專案管理計畫更新 • 資源管理計畫 4.專案文件更新 • 經驗教訓登錄冊 • 專案時程 • 專案團隊派工單 • 資源行事曆 • 團隊章程 5.企業環境因素更新 6.組織流程資產更新	**產出（Outputs）** 1.變更申請 2.專案管理計畫更新 • 資源管理計畫 • 時程基準 • 成本基準 3.專案文件更新 • 議題日誌 • 經驗教訓登錄冊 • 專案團隊派工單 4.企業環境因素更新	**產出（Outputs）** 1.工作績效資訊 2.變更申請 3.專案管理計畫更新 • 資源管理計畫 • 時程基準 • 成本基準 4.專案文件更新 • 假設日誌 • 議題日誌 • 經驗教訓登錄冊 • 物資資源分派 • 資源分解結構 • 風險登錄冊

9-1 規劃資源管理（Plan Resource Management）

規劃資源管理（Plan Resource Management）屬於「規劃」流程群組，是指如何預算、獲得、管理與使用「物」（物資）與「人」（團隊）兩大資源的過程，依據專案形式和複雜度，建立管理專案資源所需的方法與管理專案團隊人力投入的層級。

有效的資源規劃應該考慮稀有資源（Scarce Resources）的「可用性」（Availability）與「競爭性」（Competition）。資源來源可由組織內部資產獲得、或經由組織外部採購獲得。有時其他專案對同一時間同一資源的資源競爭，會衝擊到本專案的成本、時程、品質與風險。

一、專案人力（專案團隊）資源規劃

無論專案的大小，所有專案都需要人力資源。專案人力資源規劃記載個人或團隊在專案各項任務中的角色與責任、人員配置、專案組織等。專案人力資源規劃的重點在於，把參與專案的一群人（group），變為合作無間的團隊（team）。

許多組織都有類似這樣的人力資源管理政策：「我們重視人才與人力資源，「人」是我們最重要的資產，而是我們尊重他們、信任他們、讓他們工作有尊嚴。在共同的共識下，我們會分配最適合他們才能的工作，讓他們可以發揮最大的潛能」。

但問題是，在對的時間，將具有正確技能的人，分配到對的專案上，永遠是個大挑戰。很少有企業能夠達到這個境界。事實上，大多數的企業都只是依照「可取得性」來分派人力資源到各個專案上。高階管理者會說：「只有這些了，其他可用的資源都用光了」。要處理這個問題，唯一的方法就是，發展一套適當的資源規劃制度。

基本上，資源規劃與企業的願景（Vision）、使命（Mission）以及長短期的策略必須一致。此時該問的問題是：「什麼樣類型的人、具備什麼樣的才能，才是我們在達成這些策略目標過程中所需要的？我們要怎樣對我們的專案人員訓練再訓練，以便達成這些目標？」這些問題和答案都應該和企業的策略一致。

人力資源規劃常用的工具與技巧，主要有三：

1. **組織圖與職位描述**：組織圖是以高階往低階的格式設計，通常記載著姓名、職位、上司與下屬間的關係。組織分解結構（Organization Breakdown Structure，OBS）也是組織圖的一種形式，用以表示 WBS 要件如何與組織部門、工作單位或團隊（但不是個人）關聯在一起。此外，也可利用「人力負荷圖」這項工具瞭解「單位時間的人力需求」。
2. **建立人際關係網絡**：指人力資源關係網絡的建立。簡單來說，就是某甲認識某乙、某乙認識某丙、某丙認識某丁等等關係。
3. **組織理論**：用以解釋促使人、團隊或工作單位，以他們的方式做事的所有理論。

二、資源的配置原則

獲得資源的來源主要有二：組織內部資源可由組織資產調動獲得；組織外部資源可由採購獲得。有效的資源規劃，應該考慮稀有資源（Scarce Resources）的可用性（Availability）與競爭性（Competition）。其他專案在同一時間對同一資源的資源競爭性，會衝擊到本專案的成本、時程、風險與品質。

協助組織更順利地進行資源配置的原則：

1. 只要將整體可用資源的 80% 到 85% 分配到專案上。您永遠不知道下一步會遇到什麼？但只要有可能面臨突發的問題，就必須保留一些能量，以便處理這類意外狀況。
2. 不要將資源分配過長的時間。基本上，就專案而言，任何過長的資源分配，都是瞎猜而已。因為計畫永遠趕不上變化。
3. 如果可能，只將一項資源配置到一個專案上。大部分的高階管理者都誤以為，他們可以把資源分配到多個專案上，彼此共享以發揮綜效。但經驗顯示事實並非如此。這是因為，資源從一個專案過渡到另一個專案，一定多多少少會有流失。
4. 不要增加更多資源到一個已經有所延誤的專案，希望藉此追上進度。經驗顯示，這樣只會讓這個專案延誤更久。
5. 每位專案成員都應盡可能做所有事情，以推動專案邁向成功，而「所有的事情」並不限於個人的工作範疇之內。

三、規劃資源管理的主要工具與技術

1. 專家判斷：是指運用專業知識對事件或問題作出合理判斷的方法。在「規劃」階段充分運用專家智慧，減少未知或將未知變為已知，讓資源規劃工作一開始就做對，提高資源規劃的決策水準。
2. 數據呈現：目標在於讓每個工作包有明確的負責人，且讓專案團隊成員對自己的角色和職掌有明確的瞭解。
   (1) 階層圖（Hierarchical-type Charts）：傳統組織圖結構，用自上而下的圖示顯示職位與彼此間的關係。此子流程主要使用的工具與技術有「工作分解結構」（WBS）、「組織分解結構」（OBS）以及「資源分解結構」（RBS）。
   (2) 責任分派矩陣（Responsibility Assignment Matrix，RAM）：描述哪些人負責哪些工作的表格（不包含時程）。表明工作包、活動與團隊成員間的連結關係。確保指定任務的責任。責任分派矩陣有時又稱為「RACI 表」，R-Responsible 負責執行者，此人直接主掌執行工作，背負執行責任，每項任務理應只能有一位負責者。A-Accountable，當責者，此人負成敗責任，當責者是負責監督整體任務完成度的人員，但他們可能不是實際執行者。C-Consulted，事先諮詢者，此人是當責者在做出重大決定前，向他尋求建議或徵詢意見的對象，但要注意的是，諮詢者（C）是給建議的人，不是做決定的人。I-Informed，事後被知會者，此人是在決策做成或行動完成後，必須被知會的人。
   (3) 純文字格式（Text-oriented Formats）：詳細描述團隊成員的職掌。提供職掌、職權、職能、資格、責任等資訊。

任職人		職位名稱	
專案項目		直屬主管	
任職資格	學歷		
	工作經歷		
	專案經驗		
	相關證書		
職權			
職掌（依重要性排列）			
負責程度（全負／部分／支持）			
衡量標準（數量／品質）			

3. 組織理論：有效運用組織理論可協助減少人力資源相關議題。
4. 會議

四、規劃資源管理的主要產出

1. **資源管理計畫**：說明資源如何分類、分配、管理與解編。內容包含：資源辨識、獲得資源、人力資源角色與職掌、專案組織圖（Project Organization Charts）含呈報關係、專案團隊資源管理（Project Team Resource Management）含最後解編的指引、人力資源訓練、團隊發展等。
2. **團隊章程**：建立團隊價值、團隊協議、溝通指引、會議指引、衝突解決流程、決策制訂準則與流程等的文件。
3. **專案文件更新**：包括「假設日誌」與「風險登錄冊」。

9.2 估算活動資源（Estimate Activity Resources）

「估算活動資源」屬於「規劃」流程群組，是指辨識完成專案所需的資源形式、數量與特性。在整個專案期間，視需要週期性地執行「估算活動資源」。第一次估算「成本」前要先完成「時程」與「資源」的估算。「估算活動資源」子流程須與其他子流程緊密協調，例如估算活動時程、估算成本等。

「估算活動資源」需要「資源行事曆」做為投人。資源行事曆主要記錄資源何時可用、可用多久、資源經驗/技能水平等。

估算活動資源常用的工具與技術

1. 專家判斷
2. 由下而上估算法
3. 類比估算法
4. 參數估算法
5. 數據分析：備選方案分析
6. 專案管理資訊系統
7. 會議

估算活動資源的主要產出

1. **資源需求（Resource Requirements）**：辨識每個工作包或活動所需資源形式與數量，再彙整到每個 WBS 分支，最後估算整個專案的資源需求。
2. **資源分解結構（Resource Breakdown Structure）**：資源分解結構是資源依類別和類型的層級展現。資源類別包括（但不限於）人力、材料、設備和用品，資源類型則包括技能水平、等級水平、持有證書或適用於項目的其他類型。在規劃資源管理過程中，資源分解結構用於指導專案的分類活動。在這一過程中，資源分解結構是一份完整的文件，用於獲取和監督資源。

9.3 獲得資源（Acquire Resources）

「獲得資源」屬於「執行」流程群組，是指獲得完成專案工作所需之「人」團隊資源與「物」物資資源；針對資源選擇定出綱要與指引，並分派到各自負責的活動。內部資源由功能主管或資源主管獲得、外部資源經由採購過程獲得。整個專案期間視需要週期性的執行「獲得資源」。

一、獲得專案人力資源：招募專案團隊

專案經理在獲得專案授權後，就可以開始進行招募專案成員，組成專案團隊。此時要思考執行專案，需要哪些人力（職務、功能）？需要多少人？而評估專案成員因素，可能是時間配合性、能力、經驗、意願、成本等人力因素。

基本上，影響專案團隊招募的兩個重大因素是：❶專案的重要性、❷專案的管理架構。在選擇與招募專案團隊成員時，必須要考量的因素有：

1. **問題解決的能力（Problem-solving Ability）**：具有專案所需，有能力定義問題與解決問題的人。
2. **可用性（Availability）**：專案可以用的人，也就是會對專案有所效力，而且有正面貢獻的人。
3. **可靠性（Credibility）**：招募能夠勝任專案工作的人員，能夠增添專案成功的信心。
4. **技術專家（Technological Expertise）**：但專案經理必須謹慎提防，有些技術專家會過度熱愛或投入某項技術，而無法全力為專案效力。
5. **政治關係（Political Connections）**：當專案想要和沒有往來的利害關係人互動時，就必須招募與利害關係人具有良好互動的人，以使專案能夠順利推行。
6. **企圖心與幹勁（Ambition, Initiative, and Energy）**：這個特性可以彌補許多其他方面的不足，所以不容忽視。

專案成員的人力資源規劃應先確認內外在人才的需求，然後再確定所需人員的資格條件和工作內容，有了這些支援性的背景作業，專案成員的招募作業才能展開。

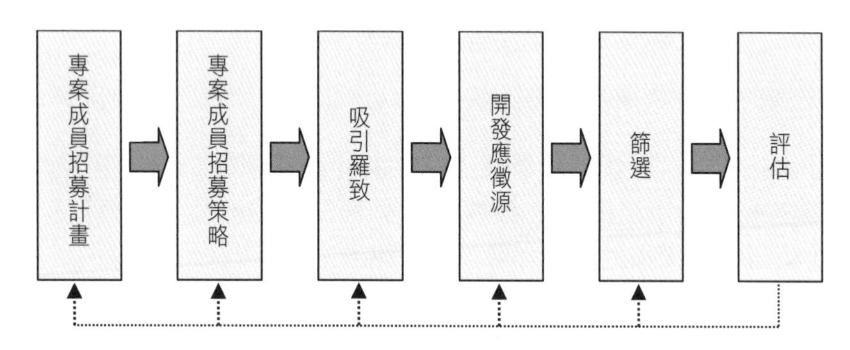

圖 9-1 專案成員的招募過程

一般而言，專案成員的招募過程如下：

1. **專案成員招募計畫**：招募計畫是依專案人力資源規劃的結果，轉換成有系統的目標，進而確定所要招募人才的類別與數量；此外，計畫中亦應詳細說明人員招募的時程與待遇。
2. **專案成員招募策略**：確定所需的人才條件與數量後，接著就應考量如何獲得這些人才，也就是要有招募策略。
3. **吸引羅致**：依據招募策略正式展開人才的網羅工作。
4. **開發應徵源**：多管道找尋人才的來源，例如自動申請者、員工推薦、人力銀行廣告、教育訓練機構、職業輔導機構等。在組織缺乏完成專案所需的內部人才時，就需要從外部獲得所需服務，包括聘用或分包。

5. **篩選**：經由適當的篩選機制，選取適合專案需求的人才。
6. **評估**：獲得人才後，要進行評估，作業才算完整。主要評估事項有三：❶ 量的問題、❷質的問題、❸招募工作效率的問題。

二、獲得專案人力資源的相關議題

預分派（Pre-Assignment）

在某些情況下，專案團隊成員已預先分派到各專案中工作。出現這種情況的原因可能是由於競標過程中承諾分派特定人員進行某些專案工作，或由於專案取決於特定人員的專有技能，或由於「專案核准證明」中已經規定了某些人員的工作分派。

協商／談判（Negotiation）

大多數專案的人員分派需要經過談判。例如，專案管理團隊需要進行談判的對象有：

1. 與負責職能經理談判，以保證專案在規定期限內獲得足以勝任的工作人員，並且專案團隊成員可在專案上工作直至其工作任務完成。
2. 與實施組織中其他專案管理團隊談判，以爭取稀缺或特殊人才得到合理分派。

在人員分派談判中，團隊的影響能力與相關組織關係學一樣，有著重要的作用。例如，一位職能經理在決定把一位各專案都搶著需要的出色人才分派給哪一個專案時，會權衡從項目中所獲得的好處和專案的知名度。

虛擬團隊（Virtual Teams）

虛擬團隊為專案團隊成員的招募提供了新的可能性。虛擬團隊可被定義為具有共同目標，並且在完成角色任務過程中基本上或完全沒有面對面工作的一組人員。Lipnack & Stamps 認為成員距離超過「100 公尺」遠，就應看成是虛擬團隊。電子通信設施如電子郵件和視訊會議等，都使虛擬團隊成為可能。透過虛擬團隊模式：

1. 可以組建一個在同一組織工作，但工作地點十分分散的團隊。
2. 可以為專案團隊增加特殊的技能和專業知識，即使專家不在同一地理區域。
3. 可以把在家辦公的員工納入虛擬團隊。
4. 由不同班組（早、中、夜）的員工組建虛擬團隊。
5. 把行動不便的人納入虛擬團隊。

在建立虛擬團隊的情況下，溝通規劃（Communications Planning）就越顯得更加重要。可能需要額外時間以設定明確的目標，制定衝突解決機制，召集人員參與決策過程，共享成功的榮譽。

三、獲得資源的主要產出

「資源行事曆」（Resource Calendars）：屬於甘特圖的變種，其記錄每一項資源的可用時間；「人」（人力資源）與「物」（物資資源）的可用時間與可用多久；也考慮資源的經驗、技術水準與地理位置。

9-4 發展團隊（Develop Team）

「發展團隊」屬於「執行」流程群組，是指改善專案團隊成員的職能、團隊交互影響、整體團隊環境，以強化專案績效。在整個專案期間都要執行發展團隊。團隊合作是專案成功的關鍵因素。專案經理應具備相關技能來辨識、建立、維護、激勵、領導、鼓舞專案團隊，成為高績效專案團隊以達成專案目標。因此應建立促成團隊合作的環境，並持續以提供挑戰機會、視需求定期的回饋與支援、表彰與獎勵良好績效來鼓舞專案團隊。

根據專案需求，選擇適當專案成員，組成專案團隊後，在專案成員執行專案任務前，專案經理必須設法凝聚專案團隊共識，減少歧見，這稱為「發展專案團隊」。

一、專案團隊

專案經理在「獲得專案團隊」與「發展專案團隊」過程中，扮演著關鍵角色，主要擔負三個任務：做好任務分工、協助專案團隊成員完成任務、激勵專案團隊成員（獎懲分明）；因此，需要「聆聽」、「信任」、「授權」、「溝通」。

身為專案經理，您必須把參與專案的這群人（group），轉變成一個團隊（team），有太多的專案管理根本忽略了這一點。人的問題處理不好，專案就會推行的很辛苦，尤其是當這些人跟您「不同國」的時候。

「人」—「專案經理」與「專案團隊」可說是專案成功的關鍵。團隊是由一群人所組成，彼此信賴，以達成目標。團隊工作（team work）是透過成員間的合作來達成共同目的。以下是開始組織專案團隊的四個步驟：

1. 使用「工作分解結構」（WBS），定義問題以及其他的計畫工具，來決定接下來要做些什麼。

2. 根據上一步驟中所決定要完成的各項作業，再來決定專案成員應具備哪些條件。
3. 開始招募專案成員。
4. 專案成員一起參與共同完成專案計畫。

有效率之專案團隊具有的特質：清楚地瞭解專案目標、成果導向、彼此間高度地互助與合作、彼此間高度地信賴。

二、專案團隊發展

Turkmen 認為，在專案團隊的發展過程中，一般會歷經四個不同的階段，如圖 9-2。

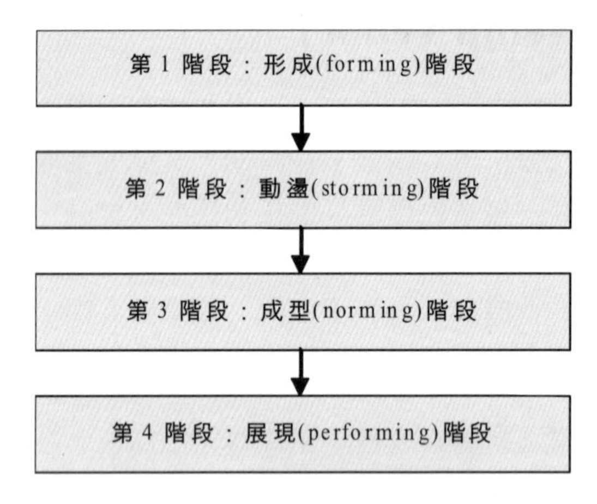

圖 9-2 **專案團隊的發展階段**

1. **形成（forming）階段**：此一階段開始蒐集有關專案的資訊。重點在於：專案團隊要做什麼？專案成員要有哪些人？如何與其他人互動合作？專案經理的管理風格對專案成員有何影響？決定專案進行的有關議題。
2. **動盪（storming）階段**：此一階段專案成員會根據在形成階段所得的認知做出反應。依此決定對專案目標的認同度、釐清他們在專案中的角色與權責，以及加諸於他們身上的要求等。同時，專案成員也會決定對專案經理及其領導風格的接受度。
3. **成型（norming）階段**：若在**動盪**階段的所有衝突都可以順利化解的話，則團隊將會進入**成型**階段。此時，專案團隊成員的步調與角色將會與專案取得一致。專案成員會開始將焦點放在必須完成的工作上。同時，行為準則也已經建立，而專案團隊成員也開始瞭解彼此的行為模式。
4. **展現（performing）階段**：此一階段，所有的工作幾乎都已進入正軌。專案團隊成員可以合作得很好，且能產出高品質的成果。每位成員都瞭解彼此的任務與行為模式。此時，專案成員可以相對順暢的解決問題、制定決策與進行溝通。

圖 9-3 顯示專案團隊的四個發展階段之團隊感受與工作績效間的關係。基本上，工作績效會隨著時間而漸增，而專案成員間的感受則像洗三溫暖般，由中至低，再至高。

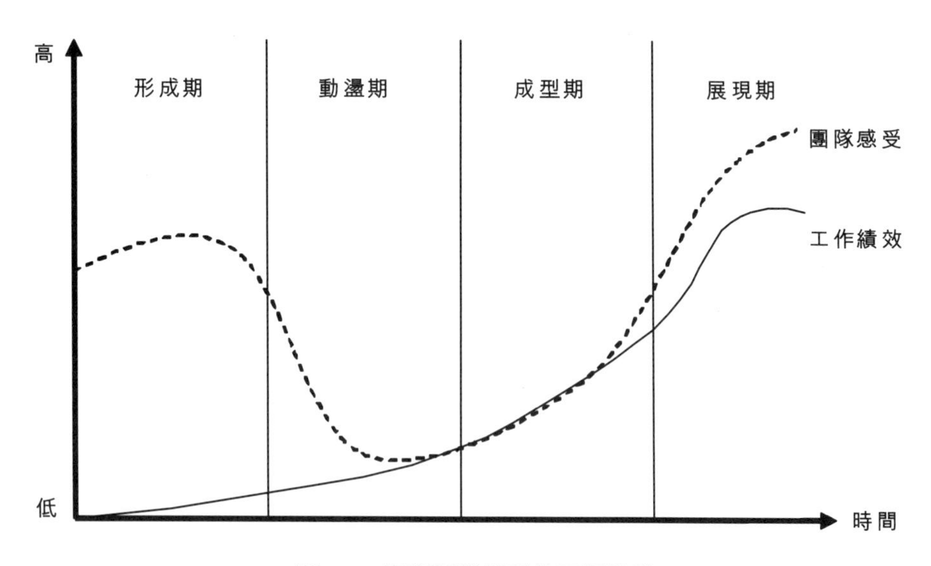

圖 9-3　專案團隊發展的四個階段

塔克曼階梯（Tuckman Ladder）修正模型增加「解散（Adjourning）」階段，將發展團隊分為五大階段，其各階段有可能停滯或退回前一階段，也有可能會合作過後跳過某些階段。

表 9-3　塔克曼階梯（Tuckman Ladder）修正模型

階段	特色	專案經理作為
形成（Forming）	初次見面，了解角色與職掌；成員傾向獨立、暫無法開誠布公	說明專案願景，詳述成員職掌
動盪（Storming）	成員開始面對任務、技術、決策與專案管理方法；若不能合作、不敞開心胸會產生不良後果	適度安排任務，建立基本規則，管理衝突
成形（Norming）	成員調整工作習慣與行為來支援團隊；團隊學習互相信任	建立討論機制，調適工作習慣與行為，維持團隊關係
展現（Performing）	運作如同組織良好的單位；團隊互相依賴，處理議題順暢而有效	有效整合，表彰與獎勵
解散（Adjourning）	團隊完成工作，並從專案轉移出去	建立未來合作意願

研究指出，高績效專案團隊有可能從下列情境中發展而成：

1. 專案團隊人數不超過 10 人。
2. 團隊成員願意為專案團隊效力。

3. 專案團隊身處於互助與信任的組織文化中。
4. 專案團隊被安置在方便彼此溝通的距離內。

事實上，大多數的專案團隊很少能滿足上述所有條件。例如，有些大型的專案需要超過 10 人以上的參與。

三、阻礙專案團隊發展的不利因素

基本上，在專案團隊發展的過程當中，存在許多阻礙因素：

1. **不明確的專案目標**：因此專案經理在每次定期的專案工作會議中，應不斷地討論專案目標，並在會議中詢問對於達到目標所遇到的任何問題。
2. **不明確的角色與權責**：專案團隊成員對於自身的角色與模責感到模糊不清，甚或者與別人工作權責有所重複而劃分不清。因此專案經理在遴選專案成員時，就應告知其為何被選入此專案，說明他被付予的角色與權責，並且也要介紹給其他成員知道。
3. **缺乏專案的標準作業程序**：也就是要有一套流程，以顯示每一位成員的工作是如何的結合在一起。這些程序應訴諸文字或作成制式的格式，並發送給所有成員知道。
4. **專案小組成員對專案缺乏承諾**：專案成員對專案工作或專案目標沒有義務感，反而冷漠以對。
5. **缺乏溝通或溝通不良**：這將導致成員間的訊息錯亂，因而造成一連串致令的錯誤。
6. **專案經理拙於領導**：專案經理應定期從專案小組成員獲得應有的回饋，以適時適物的改善自我領導方式。
7. **專案成員時常更替**：專案小組成員的過度更替，會從多事物回歸原點，進而顯著影響專案的推動。

四、不同階段的領導角色

專案團隊在不同的發展階段，需要不同的領導形式。「形成階段」需要指導方向型的領導；「動盪階段」需要影響型的領導；到了「成型階段」需要參與型的領導；最後，當專案團隊進入「展現階段」，就變成需要委任型的領導。

1. **「形成階段」需要指導方向型的領導。**在這個階段，專案成員間需要彼此認識，會想要瞭解彼此在專案團隊中的角色與權責。因此在「形成階段」專案經理人除了幫助專案成員互相瞭解之外，更要讓他們認識專案團隊的使命與目標，以及個人的角色與權責。如果可能的話，可以辦個純社交性的聚餐或聚會，不帶任何工作壓力在裏面，這是一個讓專案團隊彼此認識的好方法。

2. **「動盪階段」需要影響型的領導。**在這個階段，專案成員會開始有一些焦慮，也會開始質疑專案團隊的使命與目標，類似：我們現在真得在做應該做的事嗎？專案經理現階段需要使用其影響力或說服力，使成員信服專案團隊是走在正確的軌道上。專案成員需要極大的心理建設，專案經理要使專案成員確信他們自己的價值，是專案團隊成功的關鍵。換句話說，在動盪階段需要一股安撫的力量。

3. **「成型階段」需要參與型的領導。**當專案團隊進入正常化階段，彼此間的關係更緊密了，專案成員會逐漸認同這個團隊，同時也把自己視為其中的一份子。專案成員對工作更為投入，彼此間的合作和相互支援更為明顯，他們已經不再只是一群人（group）而已，而是已經形成一個團隊（team）。在此階段，專案經理採行參與式的領導，要下放更多的決策權給專案成員，並與其分享。

4. **「展現階段」需要委任型的領導。**在這個階段，專案團隊不斷地展現其成果，而專案成員也對他們所做出的貢獻感到自豪，此時專案經理可以採委任型的領導，放手充分授權給專案成員，而可以專注於思考專案流程的優缺點，也可以計畫下一步的工作等等。

不過沒有一個專案團隊可以一直保持在同一個階段，當專案團隊面臨困難時，很可能又會回到第三個階段，此時專案經理就必須從委任型轉換回參與型。

五、職責分派矩陣（Responsibility Assignment Matrix）

職責分派矩陣（RAM）是用來對專案團隊成員進行分工，明確其角色與職責的有效工具，透過這樣的關係矩陣，專案團隊每位成員的角色，也就是誰決定什麼、誰做什麼，以及他們的職責。專案裡的每個具體任務都能落實到參與專案的團隊成員身上，以確保每項專案任務都事有人做，人有事做。

基本上，職責分派矩陣（RAM）是職責指派最常用的表達方法，由工作分解結構（WBS）和組織分解結構（OBS）組合而成。

六、專案團隊發展的其他重要議題

教育

專案經理必須花時間教育其他專案成員，有關專案與專案管理的相關知識，而當這些人對專案與專案管理的本質有更完整的瞭解時，企業將會因此而受益。

克服本位主義

由於專案團隊的成員大多來自功能部門，長久下來多多少少存在一些功能性部門的框架思維，因此，專案經理的最大挑戰就是重新改變專案團隊成員思考方向，從原本「功能性導向」轉變為「專案式導向」，以使成員都以專案利益最大化為著眼點。

9-5 管理團隊（Manage Team）

「管理團隊」屬於「執行」流程群組，是指追蹤團隊成員績效、提供回饋、解決議題、管理團隊變更，使專案績效最佳化的過程；影響團隊行為、管理衝突、解決議題。整個專案期間都要執行「管理團隊」。一個專案團隊通常有四項議題需要處理：「使命與目標」、「角色與權責」、「程序」以及「關係」。

專案團隊的使命與目標

很多專案團隊忘了最初的專案使命，路線走偏了，因而付出慘痛的代價。假使專案成員對專案團隊使命不清楚，他們就會照自己認為對的意思去做，然而這個方向很可能不是原先專案團隊所決定的方向。事實上，專案經理與專案成員一起發展使命宣言，本身就是一項很好的專案團隊目標建立活動。

專案團隊的角色與權責

一旦專案團隊的使命與目標訂定成之後，成員就需要瞭解本身扮演的角色為何，期望某人在什麼時候做什麼，全都需要清楚地明定出來。很多時候，專案經理都以為專案成員對自己應扮演的角色都很清楚了，然而，當您問這些成員，他們是否清楚自己應該扮演的角色與權責時，他們的回答卻常常是否定的。一般而言，專案團隊的角色與權責如下：

1. 執行專案管理計畫，以完成所有被定義的工作。
2. 共同建立工作分解結構（WBS）。
3. 確保其負責的專案交付成果的品質。
4. 解決自身在專案中所遇到的資源衝突。
5. 提供成本（預算）及時程預估。

改善流程問題

想要有效地把工作做好，改善工作流程是很重要的議題，這個過程通常稱為「流程再造」（Re-engineering），重點是分析和改進工作流程，使得組織變得更有效率。

重視專案成員間的關係

在專案團隊成員之間，摩擦在所難免。誤解、衝突、爭執、嫉妒等都時有所聞。身為專案經理，您要有心理準備，隨時處理這些事。

「木桶原理」又稱「短板理論」，是由美國管理學家彼得所提出。其說明，由多塊木板構成的木桶，其價值在於其盛水量的多少，但決定木桶盛水量多少的關鍵因素不是其最長的板塊，而是其最短的板塊。因此，對於專案成員中技術較差的成員，要更加密集的監督與關心，才能增強專案團隊的效能。

一、專案衝突的來源

每個人都有不同的慾望、需要與目標。當一個人的慾望、需要、目標與另一個人的慾望、需要、目標不相容時，衝突就會產生。換句話說，衝突（Conflict）是目標的不相容，這通常會導致一方抗拒或阻止另一方達到他們的目標。Gido & Clements（1998）認為，專案中潛藏的衝突來源：

1. **工作範圍**：主要來自於專案成員對「工作應該如何做」、「有多少工作要被做」、「工作應做到何種程度」的看法或見解不同。
2. **資源分配**：主要來自於專案成員間的資源或任務分配不均。
3. **時程**：主要來自於專案成員對於「工作應何時被完成」或「工作需要多少工時」的看法或見解不同。
4. **成本**：主要來自於專案超出預算，以及誰應支付或吸收這筆費用。
5. **優先次序**：主要起因於專案成員被分派到好幾個不同的子專案，對不同的成員在同一時間需要用到同一種有限資源時，所引發的衝突。
6. **個人價值觀的差異**：因個人價值觀的不同，例如專案時程延誤時，專案成員可能有人認為應加班處理，也有人認為不應加班處理，其認為加班時所作的決策錯誤比率較高，可能會造成更大的問題。

專案進行中，發生衝突在所難免。只要處理得宜，適當的衝突對專案也是有益的。

二、專案衝突的處理

有五種處理衝突的方法，如圖 9-4 所示：

1. **強迫（Forcing）**：一方強迫另一方接受他的解決方案。
2. **安撫（Smoothing）**：以減低衝突的情緒，一方努力恭維對方或強調大家相同的看法，以淡化歧見。

3. **逃避（Avoiding/withdrawing）**：雙方雖然都警覺衝突的存在，但都不想去解決。
4. **妥協（Compromise）**：衝突的雙方各讓一步，放棄一部分的利益。
5. **面對（Confrontation）**：面對問題共同尋求問題解決，這是解決衝突最好的方法，也是目前最常運用於處理衝突的方法。面對策略是使爭執雙方直接地面對衝突，雙方可針對爭論點表達自己的經驗、觀察、感覺及想法，但應避免憤怒及指責的情緒反應。

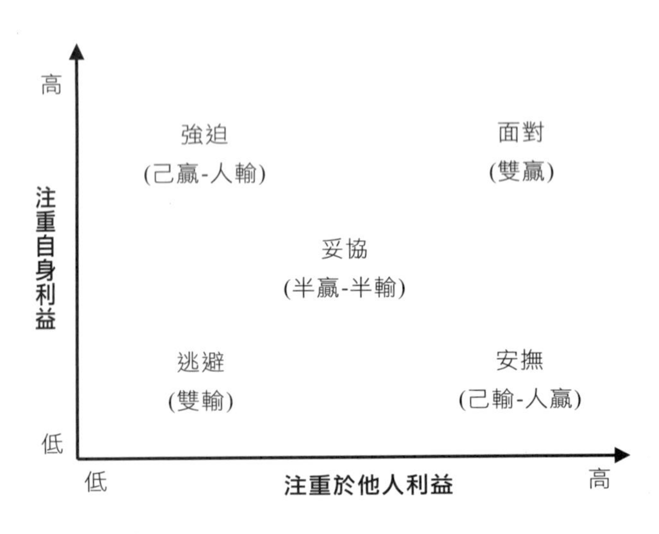

圖 9-4　五種處理衝突的方法

三、解決問題

在專案進行的過程當中，多多少少都會遭遇一些問題，正常的情況下，問題會有許多不同的類型，有些很輕微，有些卻很嚴重。Gido & Clements（1998）認為，解決問題有九個步驟：

1. 發現問題並加以描述：在問題一發生時，就應詳細記錄下問題的情況，並加以確認與界定。
2. 確認引發問題的潛在因素：任何事情的發生必然存在一些徵兆或潛在因素。
3. 蒐集資料並分析可能原因：在徵兆發生後，會出現一些症狀，此時應蒐集資料以瞭解事實，如此才能進行下一個步驟，找尋可能解決問題的方法。
4. 尋找可行的解決方案：可利用腦力激盪法，以尋找可行的解決方案。
5. 評選可行方案：評估各種可行的方法，然後從中選出最好的。
6. 決定最佳解決方案
7. 修正專案計畫

8. 執行所選擇的最佳解決方案
9. 確認問題是否已經被解決

四、學習教訓（Lessons Learned）

學習教訓是在專案特有的獨特性下，將過程中學習的知識記錄累積形成專業，並且不斷逐步完善的過程。學習教訓包括正面教訓與負面教訓，其主要產出是「經驗教訓登錄冊」。

專案的「學習教訓」並不是只有在結案時才蒐集，等到結案時才蒐集，可能早忘了；也不是只有專案經理能提供學習教訓，所有利害關係人在專案執行過程中，都可以提供給專案經理。瞭解專案管理的人雖知道學習教訓，可是卻往往忽略其重要性。而一個專案團隊沒有過去經驗的累積，或經驗累積於少數關鍵人物（key person）的記憶中，沒有記錄下來，這樣的團隊常會重複發生相同的錯誤。

9.6 控制資源（Control Resources）

控制資源屬於「監督與控制」流程群組，是指確保按計劃為專案分配「人」人力資源與「物」物資資源，以及根據「資源管理計畫」監督資源實際使用情況，並採取必要糾正措施的過程。亦即，確保資源在正確時間，以正確數量配送到指定的正確地點，並且若不在被需要時予以釋放，不讓專案延遲。首要任務在於確保所分配的資源適時適地可用於專案。整個專案期間都要執行「控制資源」子流程。「管理團隊」子流程較關注於專案團隊成員，而「控制資源」子流程更關注「物」物資資源。

控制資源需監督資源開支；即時識別與處理資源不足或剩餘情形；確保資源有依計畫與專案需要使用與釋出；若發生與資源相關的議題，應通知適當的利害關係人；改變資源利用的影響因素；管理資源實際變更。

一、資源的監督

資源的運用應該被密切監督，但又不能做得太過頭。許多企業要求以 15 分鐘為單位。然而，這樣的做法對專案團隊來說，會造成過多的紙上作業。一般來說，如果以「小時」或以「天」為單位，得出來的紀錄就已經足夠企業應用了。

注意，所有專案人員都必須要在一天結束之時，就記錄下他們時間運用狀況，不管他們喜不喜歡，都得這樣做。如果他們一段時間（一週或一個月）後才回頭來填寫報告，那他們只是用猜的來填寫這份報告，這將不是歷史。

二、資源長條圖（Resource Histogram）

「資源長條圖」是一種制定人力資源圖表的工具，此圖可反映一個人、一個部門或整個專案團隊，在整個專案活動期間每週或每月需要工作的小時數。「資源長條圖」也是一份顯示人力資源需求數量對應於時間之配置狀況圖，可依據每週工時數、每月工時數、對應於時間之專案上總人數或對應於時間之某項特定技能組合等方式加以建立。圖中可加入一條水平線，代表特定資源最多可用的「工作小時數」。超過此界限（最多可用「工作小時數」）的長條柱，則需要採用「資源撫平」策略，例如增加資源或延長進度。

學習評量

1. 關於專案團隊建立流程的說明，下列何者不正確？

   (A) 團隊建立包括加強關係人以個人方式貢獻的能力

   (B) 團隊建立的主要產出是確認需要哪些訓練

   (C) 獎勵和表揚是團隊建立的重要技巧

   (D) 團隊建立發生在整個專案生命週期

2. 用以說明人力資源何時及如何被加入和抽離的文件或工具稱為？

   (A) 人員招募計畫　(C) 職責分派矩陣

   (B) 組織分解結構　(D) 資源指派圖

3. Lipnack & Stamps 認為成員距離超過多遠，就應看成是虛擬團隊？

   (A) 50 公尺　(C) 150 公尺

   (B) 100 公尺　(D) 200 公尺

4. 專案成員的選擇應該考慮什麼，以提高專案績效？

   (A) 成員道德操守的平衡　(C) 成員溝通能力的平衡

   (B) 成員人格特質的平衡　(D) 以上皆非

5. 專案人員招募必須？

   (A) 依據人才庫現況　(C) 依據專案進度計畫

   (B) 依據人力需求計畫　(D) 以上皆是

6. 若專案成員來自不同國家，為了管理文化差異，專案經理應該？
   (A) 鼓勵尊重文化差異
   (B) 鼓勵學習彼此文化
   (C) 以專業補足文化差異
   (D) 讓他們適應你的文化
7. 人力負荷圖是指什麼？
   (A) 單位時間的人力需求
   (B) 單位時間的成本需求
   (C) 人員的工作效率
   (D) 人員的成本花費
8. 若專案團隊成員對彼此都很友善，而且小心地共同作專案決策。則？
   (A) 處在「發展專案團隊」的「形成」階段
   (B) 處在「發展專案團隊」的「動盪」階段
   (C) 處在「發展專案團隊」的「成型」階段
   (D) 處在「發展專案團隊」的「展現」階段
9. 若專案團隊一起工作已有相當長的一段時間，有一位新成員加入專案團隊，則？
   (A) 專案團隊將重新經歷「形成」階段
   (B) 專案團隊將處在「動盪」階段
   (C) 專案團隊將處在「成型」階段
   (D) 專案團隊將處在「展現」階段
10. 若專案團隊一起工作已有相當長的一段時間，並且處於有所作為階段，則專案團隊處於哪一階段？
    (A) 形成階段 (B) 動盪階段 (C) 成型階段 (D) 展現階段
11. 職責分派矩陣是由哪兩者組合而成？[複選]
    (A) WBS (B) OBS (C) ABS (D) SPSS
12. 下列何者不是專案管理中，常用的衝突解決手法？[單選]
    (A) 面對 (B) 逃避 (C) 付錢 (D) 妥協
13. 檢討經驗教訓的目的是？
    (A) 檢討部門配合專案的程度
    (B) 提供未來專案團隊參考
    (C) 評估目前專案團隊績效
    (D) 以上皆是

14. 專案經理從外部入新的專案人力。請問專案經理的活動涉及下列哪個專案知識領域？

    (A) 風險管理　(C) 人力資源管理
    (B) 成本管理　(D) 品質管理

15. 專案結束，在專案團隊即將解散時，團隊成員會心感不安。請問下列哪一種方法可以減輕這種情形？

    (A) 人員培訓　(C) 表彰和獎勵
    (B) 集中辦公　(D) 儘早做好人員遣散安排

16. 專案人力資源管理中，「資源長條圖」的縱軸是？

    (A) 工作小時數　(B) 工作天數　(C) 工作週數　(D) 工作月數

17. 專案人力資源管理中，當「資源長條圖」的長條柱超過水平線時，下列哪些是可行的方法？[複選]

    (A) 增加資源　(B) 資源撫平　(C) 修改時程　(D) 不管，繼續執行

18. 專案人力資源管理中，「資源長條圖」是依據下列哪一項來顯示資源？

    (A) 階段　(B) 任務　(C) 專業範疇　(D) 單位時間

19. Turkmen 認為，在專案團隊的發展過程中，一般會歷經四個不同的階段，下列順序何者正確？

    (A) 形成（forming）→動盪（storming）→成型（norming）→展現（performing）
    (B) 動盪（storming）→形成（forming）→成型（norming）→展現（performing）
    (C) 動盪（storming）→成型（norming）→形成（forming）→展現（performing）
    (D) 形成（forming）→成型（norming）→動盪（storming）→展現（performing）

20. Turkmen 認為，在專案團隊的發展過程中，「專案團隊成員之間相互信任」是處於下列哪一個階段？

    (A) 形成　(B) 動盪　(C) 成型　(D) 展現

21. Turkmen 認為，在專案團隊的發展過程中，「專案團隊成員相互做事方法不同，常處於衝突和爭論中」是處於下列哪一個階段？

    (A) 形成　(B) 動盪　(C) 成型　(D) 展現

CHAPTER

溝通管理 (Communications) 10

本章學習重點

- 溝通規劃
- 資訊傳達
- 績效報告
- 利害關係人溝通

本章主要探討專案溝通管理中的重要程序與方法，例如溝通規劃與資訊發佈技巧、專案會議與績效報告，專案利害關係人之資訊發佈，並探討如何促進專案團隊溝通效益的議題。基本上，「專案溝通管理」由下列子流程所組成：

1. **規劃溝通管理（Plan Communications Management）**：根據利害關係人的資訊需要和要求，以及組織的可用資產情況，制定合適的專案溝通方式和「溝通管理計畫」的過程。其產出是「溝通管理計畫」，記載利害關係人需要的溝通訊息類型、溝通訊息格式、發佈溝通訊息頻率，以及誰應準備這些溝通資訊文件等。簡單來說，就是根據利害關係人的需求，制定「溝通管理計畫」。
2. **管理溝通（Manage Communication）**：根據「溝通管理計畫」，生成、收集、發佈、儲存、檢索以及最終處置專案資訊的過程。
3. **監督溝通（Monitor Communication）**：確保在正確時間將正確資訊傳遞給正確的人。在整個專案進行中，對溝通進行監督的過程，以確保滿足專案利害關係人對資訊的需求。

表 10-1　專案管理五大流程群組與專案「溝通」管理知識領域配適表

知識領域	專案管理五大流程群組				
	起始 流程群組	規劃 流程群組	執行 流程群組	監督與控制 流程群組	結束 流程群組
專案溝通管理 **（3 子流程）**		1 規劃溝通管理	2 管理溝通	3 監督溝通	

表 10-2 專案溝通管理 ITTO 概述

1 規劃溝通管理	2 管理溝通	3 監督溝通
投入 1.專案核准證明(專案章程) 2.專案管理計畫 • 資源管理計畫 • 利害關係人參與計畫 3.專案文件 • 需求文件 • 利害關係人登錄冊 4.企業環境因素 5.組織流程資產	**投入** 1. 專案管理計劃 • 資源管理計畫 • 溝通管理計畫 • 利害關係人參與計畫 2.專案文件 • 變更日誌 • 議題日誌 • 經驗教訓登錄冊 • 品質報告 • 風險報告 • 利害關係人登錄冊 3.工作績效報告 4.企業環境因素 5.組織流程資產	**投入** 1.專案管理計畫 • 資源管理計畫 • 溝通管理計畫 • 利害關係人參與計畫 2.專案文件 • 議題日誌 • 經驗教訓登錄冊 • 專案溝通記錄 3.工作績效資料 4.企業環境因素 5.組織流程資產
工具與技術 1.專案判斷 2.溝通需求分析 3.溝通技術 4.溝通模型 5.溝通方法 6.人際關係與團隊技能 • 溝通風格評估 • 政治意識 • 文化意識 7.數據表現 • 利害關係人參與度評估矩陣 8.會議	**工具與技術** 1.溝通技術 2.溝通模型 3.溝通方法 • 溝通勝任力 • 反饋 • 非言語 • 演示 4.專案管理資訊系統 5.專案報告 6.人際關係與團隊技能 7.會議	**工具與技術** 1.專家判斷 2.專案管理資訊系統 3.數據分析 • 利害關係人參與度評估矩陣 4.人際關係與團隊技能 • 觀察／交談 5.會議

1 規劃溝通管理	2 管理溝通	3 監督溝通
產出 1.溝通管理計畫 2.專案管理計畫更新 • 利害關係人參與計畫 3.專案文件更新 • 專案時程計畫 • 利害關係人登錄冊	**產出** 1.專案溝通記錄 2.專案管理計畫更新 • 溝通管理計畫 • 利害關係人參與計畫 3.專案文件更新 • 議題日誌 • 經驗教訓登錄冊 • 專案時程計畫 • 風險登錄冊 • 利害關係人登錄冊 4.組織流程資產更新	**產出** 1.工作績效資訊 2.變更請求 3.專案管理計畫更新 • 溝通計畫 • 利害關係人參與計畫 4.專案文件更新 • 議題日誌 • 經驗教訓登錄冊 • 利害關係人登錄冊

10-1 溝通

專案過程中，為了讓專案能順利進行，專案經理必須持續與各利害關係人進行良好的溝通。專案經理大多數時間都用在與利害關係人的溝通上。

一、溝通的基本概念

溝通（Communication）在專案耗時最多，約佔 75~90%。良好的溝通是專案成功的關鍵。溝通的目的在將專案資訊收集、保存，最後傳送給利害關係人。為確保專案能夠以有效的方式，在適當的時間、以適當的預算、從適當的人那裡獲得正確的資訊，或將資訊傳遞給適當的人，就需要有效的專案溝通。

溝通是人與人之間意見交換。協調（Coordination）是統合不同意見，達成相當程度的共識。溝通協調就是透過彼此意見交換，取得共識的一種手段或過程。

二、溝通的意義

1. 溝通就是將一個人的意思和觀念，傳達給別人的行動。
2. 溝通就是什麼人說什麼話，經由什麼路線傳至什麼人，而達成什麼效果。
3. 溝通就是將觀念或思想由一個人傳遞至另一個人的程序，其目的是使接受溝通的人，獲致思想上的瞭解。

三、溝通與溝通管道

溝通的環境是網狀的，且大多數的溝通管道是雙向的。溝通管道的數量與要溝通的人數成某一比例，其公式如下：

溝通管道數 $N = C_2^X = \frac{X(X-1)}{2}$

在上述的公式中，X 代表參與專案溝通的人數。例如只有 2 人的話，只有一組溝通管道；有 3 人的話，有三組溝通管道；當有 4 人時，有六組溝通管道；而當有 5 人參與專案溝通時，則有 10 組溝通管道。如圖 10-1 所示。

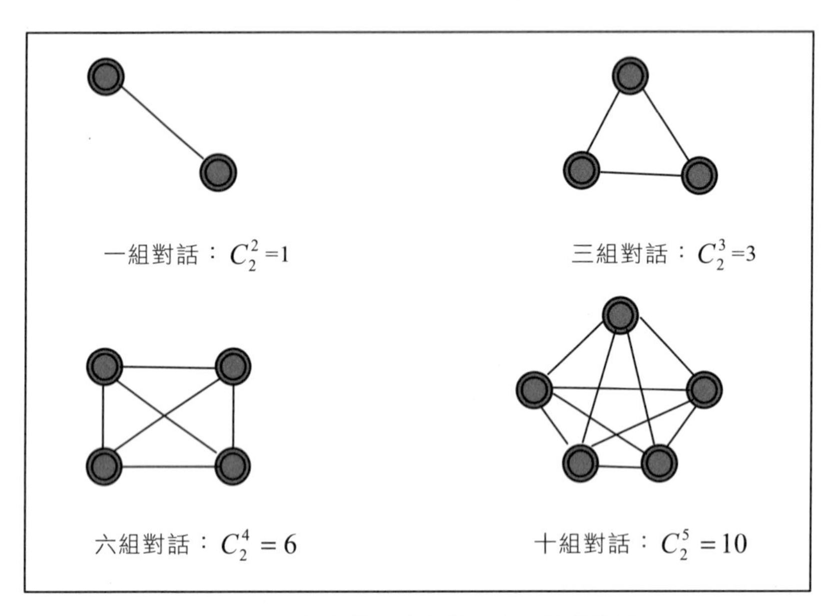

圖 10-1 專案溝通的人數與溝通管道數目

基本上，「溝通網路模型」（Communication Network Models）是由「節點」與「連接線」所組成，「節點」代表參與者，「連接線」代表溝通管道數量，也稱為「溝通途徑」（Lines of Communication）。

四、溝通的重要性

1. 溝通過程是專案經理為達到專案目標的根基。
2. 專案經理花費近三分之二的工作時間在溝通上面。
3. 良好的溝通過程可促使專案成員積極地參與工作。
4. 有效之溝通介於專案經理與專案成員之間、專案成員與專案成員之間，以及所有其他具影響力的人（利害關係人）。

五、溝通的特質

1. 溝通是一種過程。
2. 溝通會受噪音干擾。
3. 溝通是訊息的傳遞。
4. 溝通可以運用語言即非語言的訊息傳遞。

六、溝通的方式

一般而言，溝通的方式可分為兩大類：

1. 口語的溝通
2. 文字的溝通

七、溝通的型式

依組織的形式，可分為正式溝通與非正式溝通：

1. **正式溝通**：正式溝通的形式是依組織的命令系統而生，附隨正式組織而來，循組織體系運作，它被限定於組織的特定形式上。正式溝通具有四種型態：
   (1) 下行溝通（Downward Communication）
   (2) 上行溝通（Upward Communication）
   (3) 平行溝通（Horizontal Communication）
   (4) 管理階層的溝通（Management level Communication）
2. **非正式溝通**：建立在團體成員的社會關係上，乃由人員間的交互行為而產生，其表現是多變的、動態的。是伴隨著非正式組織而來的。由於相互了解，可培養相互利益及團隊精神。提高員工自動自發的精神，以提高工作精神與興趣。非正式溝通的方式如下：
   (1) 非正式接觸、交往。
   (2) 非正式的郊遊、聚餐、閒談。
   (3) 謠言、耳語的傳播。

10-2 溝通的理論基礎–訊息處理理論

Shannon & Weaver（1949）提出訊息處理理論（Information Processing Theory），影響了溝通研究往後數十年的發展，該模式是將溝通擬為一個有步驟的過程，以分析資訊的傳送。此一模式認為發送的訊息和接收到的訊息間會有差異的產生，乃是來自於噪音對於管道的干擾。雖然此一模式乃是根基於訊息處理理論，而非處理人的問題，但卻廣泛作為瞭解人類溝通過程的方式。

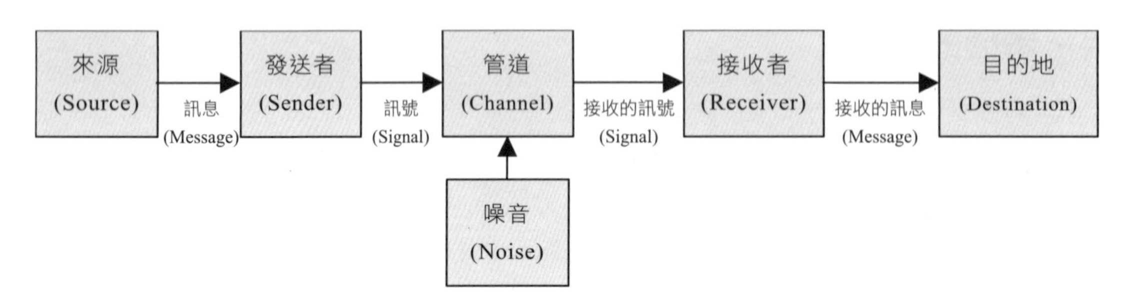

圖 10-2　Shannon & Weaver（1949）訊息處理理論

教育大師兼心理學家蓋聶（Gagne，1985）提出的「學習的訊息處理模式（The Information Processing Model of Learning）」是最有影響力的「認知學習理論」。Gagne 認為：「人們接受訊息後，其處理過程與電腦的運作極為類似」，如圖 10-3 所示。

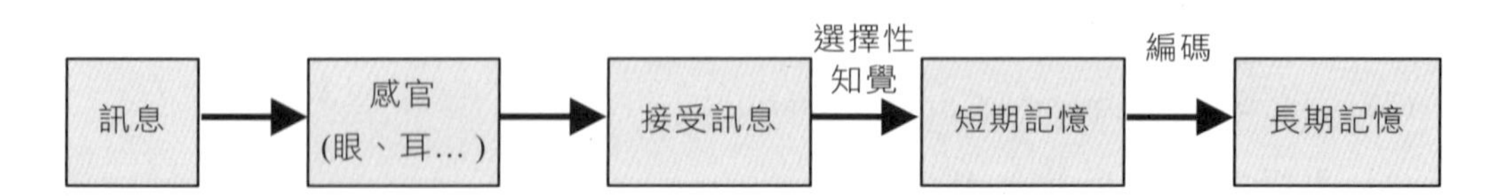

圖 10-3　Gagne（1985）學習的訊息處理模式

Gagne 認為，學習是一連串訊息接收、處理、記憶以及萃取的過程，人們在接受訊息後，會展開一連串認知處理的程序：人們的眼、耳、鼻、口、皮膚等器官接受訊息的刺激後；將這些訊息存於感覺記錄器（Sensory Register）內、然後透過「選擇性知覺」（Selective Perception）的過濾；把某部分的訊息存入「短期記憶」（Short-term Memory）中、再經過複雜的「編碼程序」（Encoding）；將短期記憶內的資訊存入「長期記憶」（Long-term Memory），以便後來可以取出使用。

Miller（1956）認為，短期記憶可以暫存 7±2 種項目（視訊息的複雜度而定），每項可維持約 20 秒，短期記憶經過「編碼程序」後；存入長期記憶，長期記憶可以無限量、無限期儲存，編碼程序將訊息加以分類組織；並與先前的知識產生聯結，這個階段稱為「學習」，不同的知識使用不同的編碼方式－如藝術欣賞有別於數學運算，所以針對不同的學習領域，需要不同的學習引導（Instruction）。

「選擇性知覺」將大量的外在訊息過濾，只取得個人需要（想要）的資訊－如舞會效應（在吵雜的舞會中可以聽到有人叫你的名字），是控管訊息進入大腦的門戶、也是學習行為的開關。

訊息處理理論認為訊息處理的內在歷程，包括三個心理特徵：

1. 訊息處理是階段性的。
2. 各階段的功能不一，居於前者屬暫時性，居於後者屬永久性。
3. 訊息處理不是單向直進式，而是前後交互作用的。

10-3 做個有效溝通的專案經理

一、有效溝通的專案經理

想要做個有效率的專案經理，在規劃溝通上所花的精力絕不亞於其他領導工作：

1. **思考目的**：身為專案經理，您希望鼓勵他人加入討論、決策，抑或是僅僅傳達自己決定的政策或已採取的行動？這份資訊的對象只有一個人，還是有很多人？他們該對這分資訊作何回應？長期目標為何？不要漏掉應該參與決策的人。
2. **要有效率**：很多專案經理很容易在電話、電子郵件與簡報中遲遲不進入正題或迷失正題。妥善組織溝通的內容，以便迅速達成目的。依循優良的文字或口頭溝通準則，避免人們因為著重不重要的細節而分心。
3. **後續追蹤**：無論我們多努力要成為一位有效溝通者，都無法控制其他人所聽到的內容。但要養成追蹤他人反應的習慣，以藉此確認他們的理解程度，同時釐清可能的困惑。

二、建設性的溝通技巧

1. 選擇適當的溝通方法
2. 培養傾聽技巧（listening physical attending）
3. 適時的回應（responding）
4. 問題釐清技巧（personalizing）
5. 掌握溝通過程技巧（initiating）
6. 重視人際關係的技巧及使用正確的溝通管道
7. 使用雙贏之溝通技巧

三、有效的傾聽

有幾項技巧可以強化傾聽的技能：

1. 積極傾聽，對說話者所說的話顯得有興趣。這會使說話者感到自在與激勵，就會有更多的資訊被呈現出來。
2. 將焦點放在說話者身上，與說話者眼神接觸。這會讓說話者知道您正注意他所說的話，並且感到興趣。
3. 提出問題：例如，「您可以說更多一些有關於...嗎？」
4. 不要打斷：當對方還在說話，應等到暫停或說明完畢，再適時提出問題。

四、阻礙有效傾聽的因素

一般而言，常見的阻礙有效傾聽因素如下：

1. **佯裝傾聽**。
2. **注意力不集中**：當對方與您講話時，您卻分心於思考或做其他事物。
3. **選擇性傾聽**：也就是心存偏見，只對您贊成的觀點或想聽的內容，進行傾聽。
4. **沒有耐心**：對方講話時，您感到煩躁、無耐，甚至想找機會打斷對方談話。
5. **驟下結論**：在對方還沒有說完之前，就急著下結論。

10-4 與利害關係人進行溝通－溝通的需求分析

依據「PMBOK 指南」建議，專案經理可檢視下列資訊來源，以分析與決定專案利害關係人的溝通需求：

1. 組織結構圖
2. 利害關係人關係
3. 涉及專案的其他部門或事業單位
4. 投入專案的資源數量，以及關於專案，它們位在何處
5. 組織外部溝通需要，像政府、媒體或產業團體
6. 組織內部溝通需要
7. 利害關係人資訊

10-5 會議

會議是專案管理進行過程中，與利害關係人間互動的一種媒介。

一、專案會議的型態

一般而言，專案會議可分為三種：現況檢討會議、問題解決會議、技術設計會議。

現況檢討會議

現況檢討會議一般是由專案經理所主持，出席的有專案團隊成員、有時也會邀請顧客或組織中的高階主管參與。現況檢討會議的主要目的在於訊息的傳遞、問題的確認、執行項目的討論，因此應例行性的舉行，如此才能使潛在的問題及早發現確認，而能加以預防，不至於阻礙了專案目標的達成。

現況檢討會議中常見的議題：

1. 上次會議決議的執行報告
2. 成本、時程、工作範疇的現況、趨勢、預測、可能變數
3. 校正行動
4. 改善時機
5. 分派工作

問題解決會議

在專案進行的過程中，若有現況問題或潛在問題被專案成員所發掘，就要有人適時地召集相關人員舉行問題解決會議，而不要等到例行的現況檢討會議。儘早地解決問題是專案成功的要訣。

專案經理與專案團隊成員，應在專案一開始就擬定，當發生問題時，誰將負責召開問題解決會議，何時召開、哪些人參與會議以及校正行動。

在問題解決會議中，常用解決問題有九個步驟（如前章所述）：

1. 發現問題並加以描述。
2. 確認引發問題的潛在因素。
3. 蒐集資料並分析可能原因。
4. 尋找可行的解決方案。

5. 評選可行方案。
6. 決定最佳解決方案。
7. 修正專案計畫。
8. 執行所選擇的最佳解決方案。
9. 確認問題是否已經被解決。

技術設計會議

有些技術型的專案，會有設計的階段，例如電子商務系統開發專案，此時就需要舉行一場或數場技術設計會議，以便使設計符合顧客的需求，並藉此獲得顧客的認同。

在技術型專案中，一般至少會有兩場技術設計會議：

1. **期初設計會議**：舉行的目的在於，正式執行之前事先獲得顧客對基本的設計規格、設計方法、技術需求的認同。
2. **期末設計會議**：當專案團隊了完成細部設計的規格、圖說、動畫及報告等時，會舉行一場期末設計會議，以獲得顧客對各項搭配事項的准許。

二、有效的會議

會議之前

為確保有效的進行會議，在會議之前應處理的事項有：

1. 決定是否需要召開會議
2. 決定會議的目的
3. 決定誰該參加這場會議
4. 排定會議議程：包括會議的目的、會議的議題、列出每項會議的時間與主持人（負責人）
5. 準備會議資料
6. 安排會議場地

會議期間

為確保有效的進行會議，在會議期間應注意的事項有：

1. 會議要準時開始。

2. 指派會議記錄。
3. 審視會議目的及議程。
4. 所有的會議不應都由專案經理主導。
5. 會議結束時，要簡要說明本次會議的討論結果。
6. 不要逾時結束會議。
7. 評估整個會議過程，看看有沒有值得改進之處。

會議之後

為確保有效的進行會議，在會議之後應注意的事項有：

1. 會議記錄應在 24 小時之內完成，並分發相關人員。
2. 會議記錄最主要功能在於確認決議事項，會議記錄內容應包括：要執行的事項、誰負責去做哪些事、預估完成的時間與預期的結果。

三、專案報告

專案報告一般可分為兩大類：進度報告、期末報告。

進度報告

注意，進度報告絕不是任務報告，千萬不要和任務混為一談。尤其是顧客，他們會對專案的完成度感到興趣—有哪些專案工作已經完成，而不是關心專案團隊現正忙於什麼任務。

進度報告通常在一特定期間舉行，這個週期可以是一星期、一個月、一季。通常專案進度報告內容主要包括：

1. 報告期間內已經完成的項目：也就是已經完成的專案里程碑。
2. 專案執行現況：已耗用的時間、成本，以及已完成的工作範疇，並且和底線計畫相互比較。
3. 之前已確認問題的解決情況：針對上一次進度報告中所提及的問題再加以回報說明。
4. 之前報告中的潛在問題：包括技術問題、時程問題、成本問題等。
5. 規劃校正行動。
6. 預定下一次進度報告可以完成的里程碑。

期末報告

一般而言，期末報告通常是整個專案的摘要說明。期末報告主要內容包括：

1. 原始的顧客需要。
2. 原始的顧客需求。
3. 原始的專案目標。
4. 專案執行結束後，實際與預期利益的比較。
5. 專案已經達成的程度，對於未能達成的部分也要加以說明。
6. 簡明地摘述這個專案。
7. 對已完成項目列出明細。
8. 驗收時間。

四、有效的專案報告

在準備專案報告時，有一些有效的指引：

1. **簡單明瞭**：用最少的時間，表達與呈現一份合宜的報告。
2. **流水般的順暢**：不管是用說的或寫的，報告的內容與文件要能像流水般的順暢。
3. **最重要放最前面**：在撰寫報告時，要將重要事項置於最前面，因為有些閱讀者習慣只翻翻前面，就便跳至下一區段。
4. **盡可能用圖表說明**：圖表勝過文字，但不要使用過度複雜的圖表。
5. **注意報告的格式**：報告內容與格式要有一致組織，使閱讀人顯而易懂，不要有混亂、字體太小、影印不清、圖示不明等現象。

10-6 管理溝通

管理溝通（Manage Communications）屬於五大流程中的「執行」流程，主要在促成專案團隊與利害關係人之間有效益、有效率的溝通。

一、管理溝通的工具：報告績效（Report Performance）

專案執行過程中，專案經理除了必須監控專案進度外，必須要對專案工作執行相關狀況進行彙整，然後向利害關係人進行報告，稱為「報告績效」（Report Performance）。雖然「工作績效報告」是專案監督與控制流程的產出，但在「管理溝通」子流程會編制臨時或現況報告。

專案報告是收集並發佈專案相關資訊的行為。「報告績效」的主要工作是蒐集專案所有相關資料，並發佈績效報告給利害關係人，主要是為了與利害關係人進行溝通。通常是針對範疇、品質、時程以及成本等。但是也可以包括關於風險和採購的資訊。專案經理通常使用「推式溝通」技術來發佈績效報告。

「報告績效」可分為執行面向與溝通面向：

1. **執行面向**：為專案執行的狀況，包括專案的工作進度、專案績效指標執行狀況、專案計畫書執行狀況（範疇、品質、時程、成本），以及利害關係人的意見等。
2. **溝通面向**：為專案溝通的活動，包含專案會議、口頭報告、書面報告，以及所用到的溝通技巧。
3. **工作績效報告（Work Performance Reports）**：例如現況報告（Status Reports）、進度報告（Progress Reports）。報告表現方式包含：儀表板（Dashboards）、熱點報告（Heat Reports）、信號燈圖（Stop Light Charts）等。報告內容則可能含有：實獲值圖示與資訊、趨勢圖與預測、缺陷直方圖、風險儲備燃盡圖、風險摘要等。
4. **工作績效資訊（Work Performance Information）**：是客觀的績效結果訊息，無好壞之分。
5. **工作績效測量結果（Work Performance Measurements）**：是與專案計畫要求的「績效測量基準」對比得到的一個評價結果，用來評估專案的實際工作績效，這個結果有好壞之分。

二、管理溝通的主要產出：專案溝通紀錄

專案溝通紀錄包含績效報告、可交付成果狀況、時程進展、成本花費、利害關係人要求的簡報與資訊。

學習評量

1. 如果有 6 個人參加專案會議，請問會有多少個溝通管道？

   (A) 6　　(C) 15

   (B) 10　　(D) 30

2. 若專案團隊成員由 8 個人減少為 7 個人，請問整個溝通管道會減少多少？

   (A) 1　　(C) 15

   (B) 7　　(D) 56

3. 在溝通模式中，訊息接收者不會經由哪一項因素過濾訊息？

   (A) 衝突　　(C) 語言

   (B) 文化　　(D) 主題知識

4. 專案經理最常用哪一種衝突解決技巧？

   (A) 強迫　　(C) 面對

   (B) 安撫　　(D) 正規化

5. 為做好的決策，會議參與人員最好限制在？

   (A) 3 到 5 人　　(C) 7 到 15 人

   (B) 5 到 11 人　　(D) 8 到 16 人

6. 若一位專案成員第一次違反了基本規則。專案經理對他應該採用什麼類型的溝通方法會比較好？

   (A) 正式口頭　　(C) 非正式口頭

   (B) 正式書面　　(D) 非正式書面

7. 若一位專案成員第二次違反了基本規則。專案經理對他應該採用什麼類型的溝通方法會比較好？

   (A) 正式口頭　　(C) 非正式口頭

   (B) 正式書面　　(D) 非正式書面

8. 何種衝突處理方法會產生最少的正面效果？

   (A) 擱置　　(C) 強迫

   (B) 面對問題　　(D) 妥協

9. 一般的溝通技巧，透過心理或感覺進行融合的過程稱為？

(A) 理解　(C) 接收

(B) 解碼　(D) 了解

10. 對專案很有興趣，但是影響有限的利害關係人應該？

(A) 依溝通計畫進行　(C) 被動提供資訊

(B) 主動提供資訊　(D) 以上皆是

11. 工作結果經由何者可以變成績效報告？

(A) 甘特圖　(C) 魚骨圖

(B) 柏拉圖　(D) 進度報告

12. 專案會議中的談話是屬於？

(A) 錄音之後是正式口頭溝通　(C) 正式口頭溝通

(B) 錄音之後是非正式口頭溝通　(D) 非正式口頭溝通

13. 對於複雜的專案問題應該使用何種溝通方式為佳？

(A) 口頭　(C) 肢體語裡

(B) 書面　(D) 管理資訊系統

14. 溝通模式的四個主要組成是？

(A) 發送、接收、解碼、理解　(C) 發送者、訊息、媒介、接收者

(B) 溝通者、訊息、接收者、解碼　(D) 溝通、傳遞、接收、理解

15. 身為專案經理人最需要具備下列何種技能？

(A) 解決問題　(C) 影響

(B) 溝通　(D) 談判

16. 下列何者用以評估專案活動的實際進展？

(A) 工作績效資訊（Work Performance Information）

(B) 工作績效測量結果（Work Performance Measurements）

(C) 成本預測（Budget Forecasts）

(D) 報告系統（Reporting Systems）

17. 「報告系統」（Reporting Systems）下列哪一個流程的工具？

(A) 報告績效的工具
(B) 規劃溝通的工具
(C) 發佈訊息的工具
(D) 管理利害關係人參與的工具

18. 專案經理通常使用下列何者溝通技術來發佈績效報告？

(A) 拉式溝通
(B) 推式溝通
(C) 互動式溝通
(D) 非正式口頭溝通

19. 「溝通管理計畫」是下列何者的產出？

(A) 辨識利害關係人
(B) 發佈訊息
(C) 規劃溝通
(D) 管理利害關係人參與

20. 下列何者屬於規劃溝通流程的工具？

(A) 溝通需求分析（Communication Requirements Analysis）
(B) 利害關係人分析（Stakeholder Analysis）
(C) 溝通管理計畫（Communication Requirements Analysis）
(D) 利害關係人登錄冊（Stakeholder Register）

CHAPTER 11

風險(Risk)管理

本章學習重點

- 風險管理規劃
- 定性、定量風險評估
- 風險因應規劃
- 風險監控
- 風險管理工具
- 決策樹（Decision Tree）
- 敏感度分析（Sensitivity Analysis）
- 蒙地卡羅模擬（Monte Carlo Simulation）

風險是一種不確定性，可能帶給專案機會，也可能帶給專案威脅。本章主要對專案風險管理之觀念與技巧做一探討，介紹專案風險管理中的重要管理程序與方法，探討專案風險規劃、風險辨識、風險定性與定量分析之技巧與方法，並針對專案風險辨識及分析後的結果進行風險回應規劃，講解風險規避、減輕、移轉及接受的管理方法、以及如何進行風險的監控，預防風險產生，或當風險產生時如何處理風險，確保專案目標之達成。

專案管理協會（PMI）定義，「專案風險管理」是一個系統化的程序，用以規劃、定義、分析及回應專案風險。專案風險管理包括「規劃風險管理」、「辨識風險」、「風險分析」、「風險回應規劃」和「風險監督與控制」等過程。專案風險管理的精神在於「有備無患」。專案風險管理的目標在於提高專案積極事件的「可能性（機率）」和「影響性（衝擊）」，降低專案中消極事件的機率和影響（衝擊）。

表 11-1 簡述專案風險管理的各過程，包括：

1. **規劃風險管理**：決定要如何規劃及處理專案所面臨的風險管理活動的過程。
2. **辨識風險**：判斷哪些風險可能影響專案並記錄其特徵的過程。找出會影響專案的風險，並將其特徵文件化。

3. **定性風險分析**：評估並綜合分析風險的發生「機率」和「影響」，對風險進行優先排序，從而為後續分析或行動提供基礎的過程。簡單來說，就是對專案風險進行定性分析，對將其對專案的影響予以排序。

4. **定量風險分析**：就已辨識風險對專案整體目標的影響進行定量分析的過程。亦即對專案可能發生的風險之機率與結果進行定量分析，並評估其對專案的影響。

5. **規劃風險回應**：針對專案目標，制定提高機會、降低威脅的方案和措施的過程。發展一個風險回應的程序，以增加專案目標達成的機會並降低專案失敗的威脅。

6. **執行風險回應**：針對先前規劃好的風險回應方案，正式實施執行。「規劃風險回應」是希望風險沒發生前就先做預防或處理；然而實際「執行風險回應」後可能引起衍生風險，因此在「執行風險回應」時仍應加以辨識、分析、提出變更處理這些風險。

7. **控制風險**：在整個專案中，實施風險應對計畫、追蹤已辨識風險、監督殘餘風險、辨識新風險，執行風險降低計畫並評估風險管理效果的過程。

表 11-1　專案管理五大流程群組與專案「風險」管理知識領域配適表

知識領域	專案管理五大流程群組				
	起始 流程群組	規劃 流程群組	執行 流程群組	監督與控制 流程群組	結束 流程群組
專案風險管理 （7 子流程）		1 規劃風險管理 2 辨識風險 3 定性風險分析 4 定量風險分析 5 規劃風險回應	6 執行風險回應	7 控制風險	

表 11-2　專案風險管理 ITTO 概述

1 規劃風險管理	2 辨識風險	3 定性風險分析	4 定量風險分析
投入	**投入**	**投入**	**投入**
1.專案管理計畫 2.專案核准證明(專案章程) 3.利害關係人登錄冊 4.企業環境因素 5.組織流程資產	1.風險管理計畫 2.時程管理計畫 3.成本管理計畫 4.品質管理計畫 5.人力資源管理計畫 6.範疇基準 7.活動期間估算 8.活動成本估算 9.利害關係人登錄冊	1.範疇基準 2.風險管理計畫 3.風險登錄冊 4.企業環境因素 5.組織流程資產	1.風險管理計畫 2.時程管理計畫 3.成本管理計畫 4.風險登錄冊 5.企業環境因素 6.組織流程資產

1 規劃風險管理	2 辨識風險	3 定性風險分析	4 定量風險分析
	10.專案文件 11.採購文件 12.企業環境因素 13.組織流程資產		
工具與技術 1.分析技術 2.專家判斷 3.風險規劃會議	**工具與技術** 1.文件審查 2.檢核表分析 3.假設分析 4.SWOT 分析 5.資訊蒐集技術 6.圖解技術 7.專家判斷	**工具與技術** 1.風險機率與衝擊評估 2.機率和衝擊矩陣 3.風險資料品質評估 4.風險分類 5.風險緊急程度評估 6.專案判斷	**工具與技術** 1.資料蒐集與呈現技術 2.定量風險分析與建模技術 3.專家判斷
產出 1.風險管理計畫	**產出** 1.風險登錄冊	**產出** 1.專案文件更新	**產出** 1.專案文件更新

5 規劃風險回應	6 執行風險回應	7 控制風險
投入 1.專案管理計畫 • 資源管理計畫 • 風險管理計畫 • 成本基準 2.專案文件 • 經驗教訓登錄冊 • 專案時程 • 專案團隊派工單 • 資源行事曆 • 風險登錄冊 • 風險報告 • 利害關係人登錄冊 3.企業環境因素 4.組織流程資產	**投入** 1.專案管理計畫 • 風險管理計畫 2.專案文件 • 經驗教訓登錄冊 • 風險登錄冊 • 風險報告 3.組織流程資產	**投入** 1.專案管理計畫 • 風險管理計畫 2.專案文件 • 議題日誌 • 經驗教訓登錄冊 • 風險登錄冊 • 風險報告 3.工作績效數據 4.工作績效報告
工具與技術 1.專家判斷 2.數據收集 • 訪談 3.人際關係與團隊技能 • 引導 4.威脅回應策略	**工具與技術** 1.專家判斷 2.人際關係與團隊技能 • 影響力 3.專案管理資訊系統	**工具與技術** 1.風險再評估 2.風險稽核 3.變異和趨勢分析 4.技術績效衡量 5.風險狀態審查會議 6.風險準備分析

5 規劃風險回應	6 執行風險回應	7 控制風險
5.機會回應策略 6.應變回應策略 7.整體專案風險回應策略 8.數據分析 • 備選方案分析 • 成本效益分析 9.決策制定 • 多準則決策分析		
產出 1.變更申請 2.專案管理計畫更新 • 時程管理計畫 • 成本管理計畫 • 品質管理計畫 • 資源管理計畫 • 採購管理計畫 • 範疇基準 • 時程基準 • 成本基準 3.專案文件更新 • 假設日誌 • 成本預測值 • 經驗教訓登錄冊 • 專案時程 • 專案團隊派工單 • 風險登錄冊 • 風險報告	**產出** 1.變更申請 2.專案文件更新 • 議題日誌 • 經驗教訓登錄冊 • 專案團隊派工單 • 風險登錄冊 • 風險報告	**產出** 1.風險登錄冊更新 2.變更請求 3.專案文件更新 4.專案管理計畫更新 5.組織流程資產更新

11-1 風險的基本概念

專案之風險有可能會發生，也有可能不會發生。然而一旦發生，它一定會對專案造成某種程度正面或負面的影響或衝擊。風險管理基本上是一種觀念問題。

一、何謂風險

何謂風險？根據 ISO 的定義：「風險」（Risk）是事件發生可能性及其影響的組合。依據 TBS 的定義：「風險」是一個潛在影響組織目標事件發生的可能性及影響度。簡單來說，風險就是意外發生的事。風險有兩種：正面和負面。正面的風險通常稱為「機會」；而負面的風險則通常稱為「威脅」。不過，一般俗稱的風險，大都是指負面的風險。風險的概念，如圖 11-1 所示，主要包括兩大要素：可能性（機率）與影響性（衝擊）。

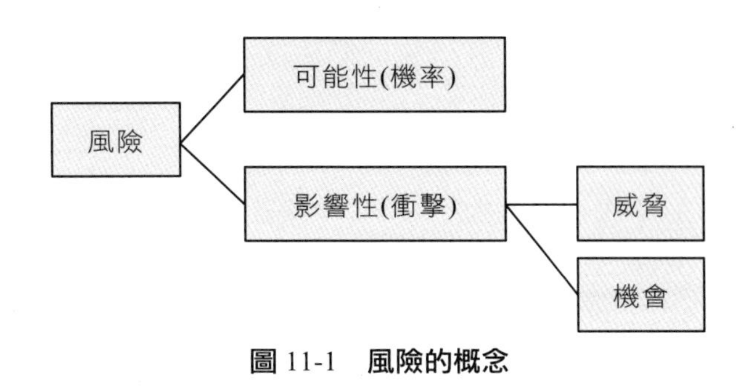

圖 11-1　風險的概念

基本上，風險有下列特性：

1. 它可能發生，也可能不會發生（具有不確定性或機率）。
2. 如果發生，對專案會造成不利的影響。
3. 可能有辦法降低衝擊，也可能一點辦法也沒有。

風險管理是一種有根據、有系統的方法，將企業的風險暴露性降至最低。基本上，專案管理所做的任何事，其實都是為了管理風險。注意，風險管理並不是要成為一點風險都沒有的風險規避，沒有風險就沒有報酬，就不會有創新或創業家精神的存在。任何企業在追尋經營目標時，多多少少都會承受風險。

二、管理風險

大部分的風險管理流程都和以下四個基本步驟有所關聯：

1. **釐清**：找出存在著哪些風險威脅。點出所有的風險來源，包括各種可能在專案存續期間產生的特定風險事件或潛在問題。
2. **量化**：找出這些風險威脅的影響性有多大，以及可能發生的機率，以進一步瞭解該風險的本質，以及對專案的潛在效應。
3. **分析**：找出有哪些風險威脅最需要被加以考量。利用從「風險評估」中所取得的知識，找出最具危險性的潛在問題，並藉由考量其發生機率與影響性，來成功地預測專案成效。
4. **回應**：針對每個風險威脅，找出最佳的因應方式。

三、專案風險

風險會隨著專案的進展而變動，且在整個專案期間都要加以監督。為使專案能順利達成目標，需要盡可能在事前降低或排除這些風險的衝擊。風險管理（Risk Management）是指有系統地辨識、分析和回應專案事件的過程（Processes），包括對專案目標之達成，有正面影響之事件的發生機率與其結果最大化，及有負面影響之事件的發生機率與衝擊降低到最小。

專案風險管理強調在風險事件發生前宜採取的行動，而不是事後的補救措施。所以當已發生且形成衝擊的事件，通常稱之為「危機」。

依據「PMBOK 指南」，可將專案風險管理區分以下六大程序步驟：

1. **風險管理規劃（Risk Management Planning）**：風險管理規劃應該在專案展開之初的專案定義與計畫階段就完成。其目的是確認專案應採取哪些及如何進行專案風險管理活動。專案計畫書為投入主要項目（尤其是工作分解結構 WBS），透過與利害關係人進行商議，最後產出為一份專案風險管理計畫書（尤其是風險分解結構 RBS）；基本上其亦為專案計畫書的一部分。
2. **風險辨識（Risk Identification）**：是風險管理過程的第一步，專案成員先決定哪類風險會對專案造成影響，然後找出每一種風險的特性。風險辨識的目的是為找出專案中的風險事件，並以一個固定的形式將風險的特徵文件化，產出風險登錄冊，其常用的方法有檢核表、結構樹、假設事項分析等技術。辨識風險最簡單的方式就是問：「哪裡可能出錯」？
3. **定性風險分析**：針對已辨識出的風險，評估其發生的機率與衝擊，決定其對專案影響的優先等級；常用方法為機率衝擊評等矩陣法；主要的產出為風險優先等級清單。
4. **定量風險分析**：是以計量方法分析影響專案的每一項風險的影響程度，常用方法為深度訪談、敏感度分析、決策樹及模擬法；其主要產出風險清單（顯示權重）。
5. **風險回應規劃**：係根據分析結果，針對專案中的風險事件發展回應選項、行動方案，以降低風險對專案的威脅程度，並提升專案成功機會。其產出為每個風險的回應計畫，以及執行該計畫所需的資源。一般常用的回應方法有規避、移轉、減輕、與承擔（接受）等四種策略。
6. **風險監控**：主要係追蹤已知風險、監控殘留風險並辨識新風險、確保風險回應計畫之執行、以及評估降低風險之績效。其產出為更新之風險回應計畫。

任何專案任務都會因一些始料未及的事件發生，而導致無法達成原預定目標。這些不確定因素（人、事、時、地、物），或許在專案計畫當初已完善的規劃與納入管理，但有時還是會因臨時或不可預期的事件（政治、氣候等），導致專案風險過高。

四、風險管理規劃

「風險管理規劃」的主要目的是產生「風險管理計畫」（Risk Management Plan），風險管理計畫描述如何在整個專案期間定義、監督與控制風險。風險管理計畫是專案管理計畫的子計畫，也是「風險管理規劃」唯一的產出。

「風險管理計劃」詳細描述在整個專案生命週期，如何安排和實施風險管理與監控風險管理活動。主要包括如下內容：

1. **風險管理策略**：管理本專案風險的一般方法。
2. **方法論**：如何管理本專案的風險。
3. **角色和職責**：誰負責識別風險、誰負責規劃風險應對。
4. **資金**：計劃要花多少錢在風險管理上面。
5. **時間安排**：什麼時候識別風險、什麼時候規劃風險應對、什麼時候監督風險，建立進度與風險應急儲備方案。
6. **風險類別**：風險分解結構（RBS）。這個結構化的工具，幫助識別風險，主要是根據以往的經驗與歷史數據總結的常見的風險類別。
7. **利害關係人的風險偏好**：會影響規劃風險管理過程的細節。
8. **風險機率和衝擊影響的定義**：定性風險分析，需要有個標準，到底什麼程度是重要的、什麼程度是次要的。
9. **機率和衝擊矩陣（Probability and Impact Matrix）**：根據機率與衝擊影響，把風險劃分爲高、中、低級別。
10. **報告格式**：「風險登錄冊」與「風險報告」的內容和格式。識別風險的產出：風險登錄冊與風險報告。「風險登錄冊」列出已識別的風險清單（針對各個風險）、潛在的應對措施、潛在風險責任人。「風險報告」是關於整體專案風險的訊息，以及關於已識別的單一各個風險的概述訊息。「風險登錄冊」主要供專案團隊內部使用，一般用來記錄單一各別風險。「風險報告」主要供專案團隊對外使用，用來記錄整體專案風險或單一個別風險中特別值得關注的地方。
11. **追蹤**：規定如何記錄風險活動、如何進行風險稽核。

五、風險分解結構（RBS）

風險分解結構（Risk Breakdown Structure，RBS）是「風險管理規劃」的產出，強調可藉由 WBS 概念建構一「風險分解結構」，並從專案的「範疇」、「成本」、「時間」與「品質」目標中，分析各構面的風險值與影響程度，使「風險管理」與「十大知識領域」對專案管理的成效更能展現整體的綜效。

風險分解結構是一個對專案風險來源階層結構化的描述。RBS 在整個專案中，以細節層次漸增的方式描述風險。在最高層次上（第 0 層），所有風險是「專案風險」；接著向下分解到第 1 層風險的主要來源，如技術風險、商業風險、管理風險、外部風險等，每一個主要領域都可以在第二層進一步細節化（例如技術風險可以細分為技術、性能、可靠度、界面等）。在最低層的個別風險則是在每一個特定的來源之下被描述。

六、風險辨識

「風險辨識」是找出並且記錄會影響專案的風險，這是所有專案成員的共同責任，其中專案經理的責任是追蹤風險及制定備案來因應這些風險。「風險辨識」是一種反覆進行的過程，可分為三個部分進行：❶先由專案部分成員與組織風險管理人員進行、❷由專案全體成員及主要利害關係人進行、❸最後由專案無關的人（客觀第三人）來做最後確認以減少誤差及偏見。

風險辨識包括對所有可能的風險事件來源和結果進行實事求是的調查。風險辨識程序如圖 11-2 所示。

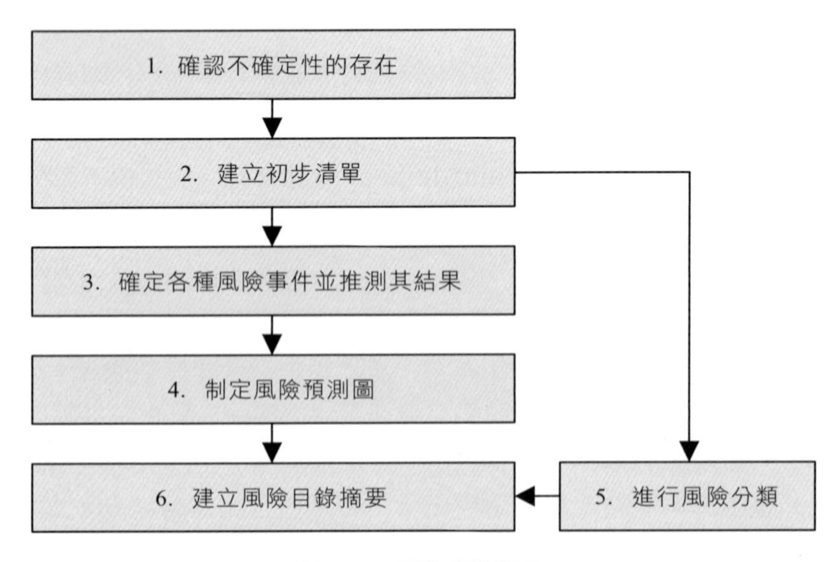

圖 11-2　風險辨識程序

七、殘餘風險（Residual Risk）與二次風險（Secondary Risk）

殘餘風險是指實施風險回應策略後，剩下來的風險。而「二次風險」是指因執行回應風險計畫，所衍生出的新風險。

11-2 風險分析

風險分析 = 定性風險分析 + 定量風險分析

一、定性風險分析

定性風險分析的目的是估計風險發生「機率」和「衝擊」大小，計算兩者的乘積稱為「風險優先數」，來排出風險的相對重要度，風險優先數愈大，代表風險愈高要優先處理。所以進行定性風險分析時，首先要選定「機率」和「衝擊」的衡量尺度，可從尺度中得「很低、中、高、很高」的口語序列，或是「0.5，0.36，0.54...」數字序列，依照 20-80 定理，產生出前 20% 清單。

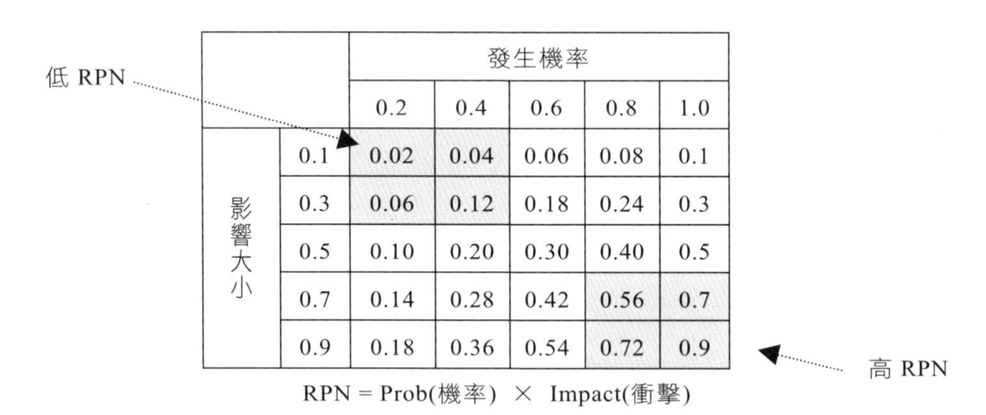

		發生機率				
		0.2	0.4	0.6	0.8	1.0
影響大小	0.1	0.02	0.04	0.06	0.08	0.1
	0.3	0.06	0.12	0.18	0.24	0.3
	0.5	0.10	0.20	0.30	0.40	0.5
	0.7	0.14	0.28	0.42	0.56	0.7
	0.9	0.18	0.36	0.54	0.72	0.9

圖 11-3 RPN 計算範例

二、定性風險分析的工具與技術

定性風險分析的主要工具與技術包括：

1. 風險機率與衝擊評估（Risk Probability and Impact Assessment）
2. 機率和衝擊矩陣（Probability and Impact Matrix）
3. 風險資料品質評估（Risk Data Quality Assessment）
4. 風險分類（Risk Categorization）
5. 風險緊急程度評估（Risk Urgency Assessment）

6. 專家判斷（Expert Judgment）

風險機率與衝擊評估（Risk Probability and Impact Assessment）

「機率」（Probability）是指事件發生的可能性。風險機率評估（Risk Probability Assessment）是指調查每項具體風險發生的可能性。

「衝擊」（Impact）是指風險事件加諸於專案的痛苦量。風險衝擊評估（Risk Impact Assessment）旨在調查風險對專案目標（如時間、成本、範疇或品質）的潛在衝擊，既包括負面影響或威脅，也包括正面影響或機會。

針對辨識的每項風險，確定風險的機率和衝擊。可透過挑選對風險類別熟悉的人員，採用召開會議或進行訪談等方式對風險進行評估，其中，包括專案團隊成員和專案外部的專業人士。若企業的歷史資料庫中關於風險方面的資訊寥寥無幾，此時，需要專家做出判斷。由於參與者可能不具有風險評估方面的任何經驗，因此需要由經驗豐富的主持人引導討論過程。

在訪談或會議期間，對每項風險的機率級別及其對每項目標的衝擊進行評估。其中，需要記載相關的說明資訊，包括確定「機率」和「衝擊」級別所依賴的假設條件等。根據「風險管理計畫」（Risk Management Plan）中給定的定義，確定風險機率和衝擊的等級。有時風險機率和衝擊明顯很低，在此種情況下，不會對之進行等級排序，而是作為待觀察項目列入清單中，供將來進一步監測。

機率和衝擊矩陣（Probability and Impact Matrix）

依照風險發生的「機率」與「衝擊」，可畫出下圖風險「機率和衝擊矩陣」：

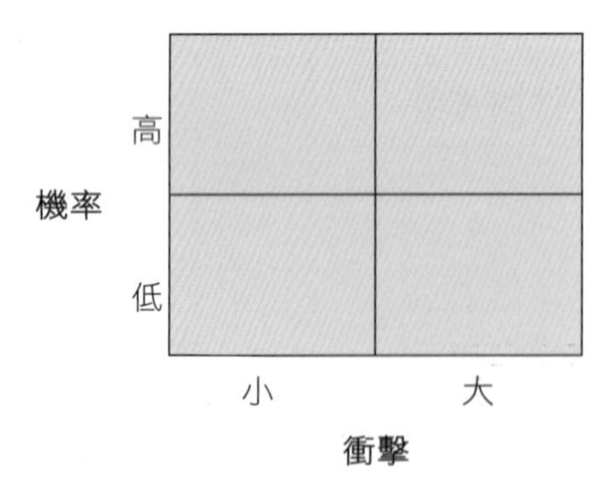

1. **機率高、衝擊大**：規避（Avoid）。作出事先的預防措施。
2. **機率高、衝擊低**：減輕（Mitigate）。設法降低風險發生的可能性。
3. **機率低、衝擊高**：轉嫁（Transfer）。透過出售、轉讓、保險等，將風險轉移出去。

4. **機率低、衝擊低**：承受（Accept）。不理會，不動作，承擔風險。

基於風險等級，對風險進行優先排序，便於進一步的定量分析（Quantitative Analysis）和風險回應（Risk Response）。根據評定的風險機率和衝擊級別，對風險進行等級評定。通常採用參照表的形式或「機率和衝擊矩陣」的形式，評估每項風險的重要性，及其影響程度。「機率和衝擊矩陣」形式規定了各種風險機率和衝擊組合，並規定哪些組合被評定為高重要性、中重要性或低重要性。根據組織的偏好，可以使用描述性文字或使用數字表示。

組織應確定哪種風險機率和衝擊的組合可被評定為高風險（紅燈狀態）、中等風險（黃燈狀態）或低風險（綠燈狀態）。在黑白兩種色彩組成的矩陣中，這些不同的狀態可分別用不同深度的灰色代表，深灰色（數值最大的區域）代表高風險；中度灰色區域（數值最小）代表低風險，而淺灰色區域（數值介於最大和最小值之間）代表中等程度風險。通常，由組織在項目開展之前，提前界定風險等級評定程序，並記入「組織流程資產」之中。在風險管理規劃過程（Risk Management Planning Process）中，可根據具體項目制定風險等級評定規則。

組織可針對專案每項目標（如時間、成本、範疇、品質）單獨評定一項風險的等級。另外，也可製定相關方法為每項風險確定一個總體的等級水平。最後，可透過使用有關機會和威脅影響等級的定義，在同一矩陣中，考慮機會和威脅因素。

風險分值可為風險回應措施提供指導。例如，如果風險發生會對項目目標產生不利衝擊（即威脅），並且處於矩陣高風險（深灰色）區域，可能就需要採取重點措施，並採取積極的應對策略。而對於處於低風險區域（中度灰色）的威脅，只需將之放入待觀察風險清單或分配應急儲備額外，不需採取任何其他積極管理措施。同樣，對於處於高風險（深灰色）區域的機會，最容易實現而且能夠帶來最大的利益，所以應先以此為工作重點。對於低風險（中度灰色）區域的機會，應對之進行監測。

風險資料品質評估（Risk Data Quality Assessment）

定性風險分析要具有可信度，就要求使用準確和無偏誤的數據。「風險資料品質分析」就是評估有關風險的資料對風險管理的有用程度的一種技術。它包括檢查人們對風險的理解程度，以及風險資料的精確性、品質、可靠性和完整性。

用準確性很低的數據得出的定性風險分析結果對專案毫無用處。如果無法接受資料的精確度，則需要重新蒐集品質較好的資料。通常，風險資訊收集起來很難，並且消耗的時間和資源會超出預訂的計畫。

風險分類（Risk Categorization）

可按照風險來源（使用風險分解結構 RBS），受衝擊的專案領域（使用工作分解結構 WBS），或其他分類標準（如專案階段），對專案風險進行分類，以確定受不確定性影響最大的專案領域。根據共同的根本原因對風險進行分類可有助於制定有效的風險回應措施。

風險緊急程度評估（Risk Urgency Assessment）

需要立即採取回應措施的風險，可視為極需解決的風險。實施風險回應措施所需的時間、風險徵兆（symptoms）、警告和風險等級等都可作為確定風險優先等級或緊急程度的指標。

三、定量風險分析（Quantitative Risk Analysis）

定量風險分析的目的就是探討當這些前 20%的風險發生時，對專案的實際影響有多大，包括：時程總長、達成進度和成本的目的機率、成本與進度儲備的大小，決策分析常以「決策樹」的方式呈現。

模擬法（Simulation）

模擬法是一種計量方法。做法是透過各種組合來操作一組變數，以發展出最可能的結果。這種方法在專案管理上最常應用，是測試專案進度期限及其依賴性，此外，它還能用於成本估算。

最常用的模擬法是「蒙地卡羅模擬法」（Monte Carlo Simulation），在事先決定的價值範圍內修改工作期限，並計算出各種隨機組合的要徑。可能要經過上千次運算，才能算出要徑期限的分佈狀況。如此一來，就能算出專案在某一期限內完成的機率有多少。

風險隱含矩陣（RIM）

「風險隱含矩陣」（Risk Implication Matrix，RIM）是一種類似 FMEA 的計量方法，需要利用表 11-3 的各項數值，將風險量化。

1. **風險描述（Risk Description）**：列出評估專案風險的重點。
2. **嚴重性（Severity）**：描述萬一發生風險，專案或企業所受的衝擊。例如，假如問題屬於安全性問題，就評為 5 分。
3. **機率（Probability）**：風險發生的機率。例如，假如完全不知道，就評為 5 分。

4. **暴露性（Exposure）**：潛在成本，包括解決風險問題的費用，以及對企業所造成的損失。
5. **風險指數（Risk Index）**：為嚴重性、機率與暴露性三者的乘積。風險指數可以作為排列專案風險優先順序的參考。
6. **應變措施（Contingency Plan）**：為避免或預防風險所採取的行動方案。
7. **觸發點（Triggering Point）**：是指必須執行應變措施的日期與時間。

表 11-3　風險隱含矩陣

序號	風險描述	嚴重性（S） （安全問題 = 5 重大問題 = 4 中度問題 = 3 輕度問題 = 2 沒有問題 = 1）	機率（P） （不知 = 5 高 = 4 中 = 3 低 = 2 不太可能= 1）	暴露性（E） （潛在成本）	風險指數 （S×P×E）	應變措施 （選擇行動方案）	觸發點 （時間）
1							
2							
3							

四、分析最大的風險威脅

接著利用如圖 11-4 所示的圖表，分析最大的風險威脅來源。

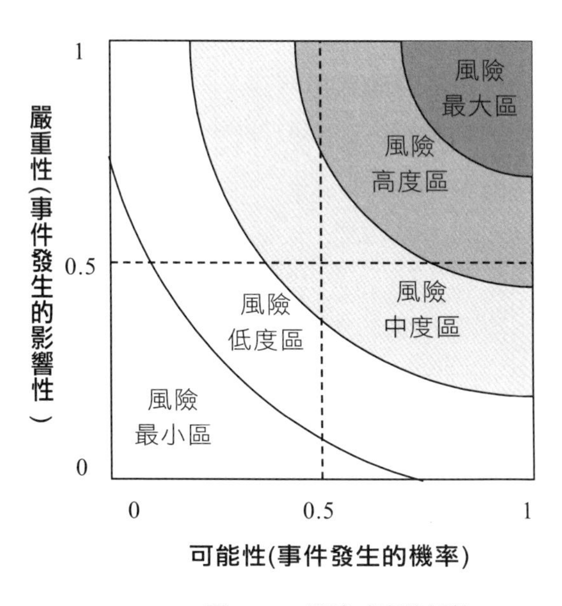

圖 11-4　風險威脅的評比

11-3 風險評估工具：FMEA

一、FMEA 的基本概念

失效模式與效應分析（Failure Mode and Effects Analysis，簡稱 FMEA）是一種預防性之可靠度設計分析技術，它是使用結構化的系統程序方法，及早發現產品潛在的失效模式，探討其失效原因，及失效發生後該失效對上一層分系統、次系統和系統所造成的影響，並採行適當的預防措施和改進方案。

FMEA 是美國國家航空暨太空總署發展出的一套風險分析評估工具，用以發現與評估產品潛在失效與影響（衝擊），進而預防與減少這些影響（衝擊），以降低風險與品質成本。FMEA 一開始必須先定義出所有潛在的風險，再根據**「嚴重度」（Severity）**、**「發生頻率」（Occurrence）**以及**「難檢度」（Detection）**，三種因子相乘，得到「風險指數」（Risk Priority Number，簡稱 RPN），RPN 數值愈大，表示風險愈高。

「風險指數」RPN ＝ 嚴重度 × 發生頻率 × 難檢度

它通常是在產品生命週期的初期實施，用來提高產品或製程的可靠性，降低往後做彌補改善動作的成本，圖 11-5 為 FMEA 手法概要。

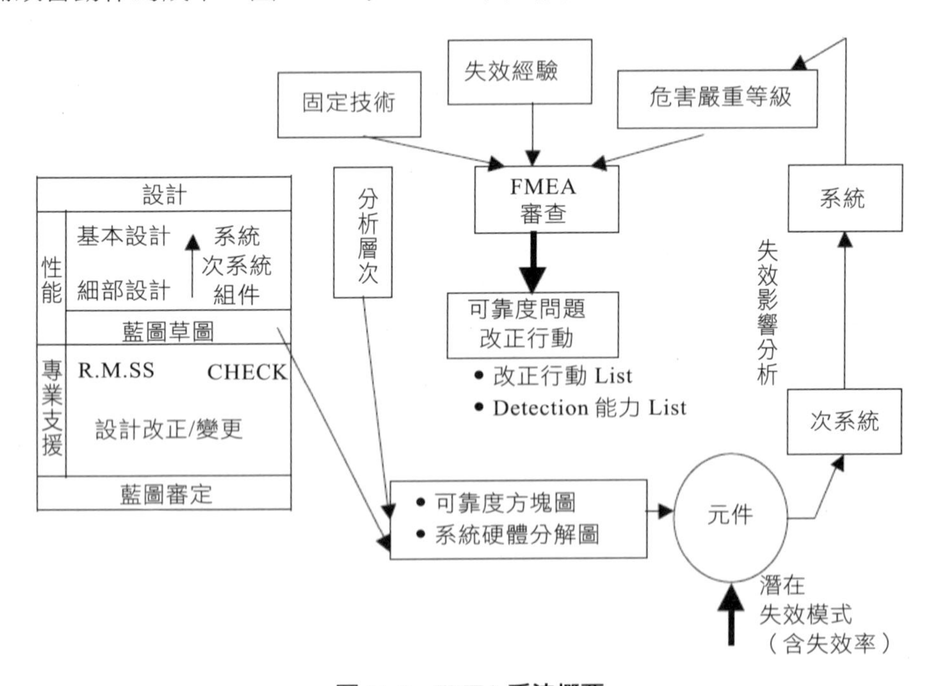

圖 11-5 FMEA 手法概要

專案作業不論在成本、交期、品質掌握的活動上，都是非例行性的活動。專案規劃初期若能依個案不同，施以 FMEA 這種預防性分析技術，依其風險的大小來做出預防措施之優先順序，進而謀求解決，可避免將來造成嚴重後果。

二、FMEA 的起源

在 1950 年代由於美軍戰鬥機之油壓裝置與電氣裝置之可靠度不高致失事頻繁，造成機毀人亡嚴重，格魯曼（Grumman）飛機公司首先將 FMEA 的觀念用於飛機主操縱系統的失效分析。

到了 1960 年代，美國甘迺迪總統簽署阿波羅計畫，推動太空研究工作，美國國家航空暨太空總署（NASA）針對任務需要，於 1963 年發佈「NPC 250-1」之可靠度計畫，明定承製商必須實施設計審查（Design Review），在設計審查時必須應用 FMEA 的技術，此一時期 FMEA 成功的被應用在太空計畫上。同時，美國軍方也開始應用 FMEA 的技術，並於 1974 年出版軍用標準 MIL-STD-1629 規定 FMECA（Failure Mode，Effects and Criticality Analysis）作業程序，1980 年將此一標準修訂改版為 MIL-STD-1629A，沿用至今。

1977 年福特汽車公司在教育手冊中公佈 FMEA 的作業標準並推廣使用，隨後美國各大汽車廠陸續採用，並依應用對象分成「設計 FMEA」及「製程 FMEA」，除公司內實施 FMEA 外，並要求供應商對所供應的零件進行設計（Design）及製程（Process）的 FMEA。

1985 年國際電工委員會（International Electronical Commission，IEC）出版關於系統可靠度的 FMEA 技術標準，「IEC812」即是參考美軍標準 MIL-STD-1629A 加以修改而成之 FMEA 作業程序，其內容除對電子、機械及油壓等設備或零件的 FMEA 做說明外，同時提到可將 FMEA 應用在軟體及人員功能的可靠度分析上。

1993 年美國汽車業所實施的品質系統 QS 9000，也將 FMEA 的技術應用在設計及製程管制上，而歐盟單一市場所實施的 CE 標誌認證，也利用 FMEA 的技術實施產品安全風險分析。實際上，FMEA 已經被廣泛使用於太空、航空、國防、汽車、電子、機械、造船等產業，甚至也被應用到服務業。

三、FMEA 的相關名詞

在實施 FMEA 作業時，首先需瞭解有關的名詞定義：

1. **可靠度（Reliability）**：產品在預定時段或任務時間內及環境壓力下，發揮其足夠績效的條件機率。

2. **失效（Failure）**：或譯為「故障」，即零組件本身或產品，未能發揮預定機能的狀態。
3. **失效模式（Failure Mode）**：係指具體地描述失效發生的方式，如裂開、腐蝕、洩漏、振動、變形或折斷等。
4. **嚴重度（Severity）**：失效對於達成系統任務所造成的衝擊，亦即某失效發生後對顧客、下一製程或對系統產生影響的程度。
5. **發生頻率（Occurrence）**：某失效模式會發生的機會大小程度，通常以每年會發生的次數來決定其等級程度。
6. **難檢度（Detection）**：某失效的因素能被檢測出來的機率，或者失效能被顧客察覺出來的機會或難易度。
7. **關鍵性（Criticality）**：係指失效模式發生的頻率及其發生後果的一種相對度量。
8. **失效率（Failure Rate）**：係指產品、零組件或子系統在每單位壽命度量失效的次數，例如每年失效幾次。
9. **方塊圖（Block Diagram）**：乃定義系統各功能本質於操作，相互關係及相依關係之方形關連圖。

四、FMEA 的優點與缺點

FMEA 是一種廣泛被採用的工程管理技術，結構化的系統程序方法，其優點有：

1. 原理簡單、方法簡便，基本上是定量分析，也可進行定性分析。
2. 適合在設計階段使用（DFMEA），也可在製造階段使用（PFMEA），任何生產事業，如機械、航空、汽車、半導體等均可適用。
3. 可以根據顧客對產品設計與製造需求的影響性，列出失效模式的改進順序，由企業按優先順序逐一改進。
4. 提供製作 FTA（失效樹）的基礎，有助於編寫失效檢修手冊。標準之建立，有助於企業內之教育訓練成效。
5. 提供設計評估、製造現場解決問題的參考資料，用以累積工程經驗，締造「知識管理」的效果。

但 FMEA 也有其不足之處，說明如下：

1. 具有多功能、大量零組件的複雜性產品，將其系統分解後施以 FMEA 要考慮的細節太多，執行起來就顯得繁雜而困難。

2. FMEA 主要是進行表格化、文件化並需要隨時修訂，工作量大且費時，尤其是系統末端的零件評價改變時。

3. FMEA 是探討單一因素的失效模式，若是多項失效模同時作用或相互影響，就難以分析了。

但無論如何，FMEA 是失效分析的一個重要工具，是提高產品品質重要方法和措施之一，企業若能積極而有效的規劃與執行，必定能發揮其功效。

五、FMEA 的運作

FMEA 這套計量方法是特別為工程人員所設計，以協助他們找出各種要素與製程的可能失效模式。專案團隊依據過去的類似要素與流程所得數據，找出失效模式的機率與嚴重性，並計算出「風險優先指數」（Risk Priority Number，RPN）。

此處要使用表格，假設您有兩種可能失效模式，如表 11-4。假設數值 1 代表機率很低，而數值 5 代表機率很普通，數值 9 則代表機率很高。在嚴重度方面，如果衝擊微不足道，則以 1 表示，中度衝擊以 5 表示，嚴重衝擊以 9 表示。在失效是否容易被察覺方面，若不容易察覺則以 9 表示，中度容易察覺以 5 表示，非常容易察覺以 1 表示。

表 11-4 兩種失效模式比較範例

失效模式	嚴重度	機率 （發生頻率）	難檢度（是否容易被察覺）	RPN 值
甲	9	1	5	45
乙	1	9	5	45

注意，表 11-4 中，兩種可能失效模式的 RPN 值相同，但失效模式甲的嚴重度為 9，而失效模式乙的嚴重度只有 1。很明顯地，失效模式甲—嚴重度最高的失效模式，就是要中止的專案。工程師可以利用這項分析所得的數據，以決定如何處理各個失效模式。整體而言，若某一失效模式的嚴重度很高，最好能完全避免其後果。

11-4 風險回應規劃（Risk Response Planning）

「風險回應規劃」（Risk Response Planning）主要目的在決定要採取什麼行動來減輕高風險威脅，並利用風險分析期間所發現的機會。風險回應規劃主要下列策略：

1. 負面風險或威脅的策略：規避（Avoid）、轉嫁（Transfer）、減輕（Mitigate）。
2. 正面風險或機會的策略：利用（Exploit）、分享（Share）、強化（Enhance）。
3. 兼具威脅與機會的策略：接受（Acceptance）。

4. 應變回應策略。
5. 上報（Escalate）：當專案團隊或專案發起人認爲某威脅超出專案範圍內，或提議的風險應對措施超出專案經理的權限，就應採取「上報」策略。由更高的上級或上層其他相關部門加以應對處理。

一、負面風險或威脅的策略

1. **規避（Avoid）**：選擇一種可以不讓企業暴露在威脅中的行動。這通常意謂著目前所採取的行動模式，和原本計畫採取的完全不同。運用風險「規避」時，實質上是藉由消除原因來根絕風險，以保護專案目的免受風險事件影響。
2. **轉嫁（Transfer）**：風險「轉嫁」並非直指風險本身，而只是讓其他團體為風險的後果負責。最常被提到的風險轉嫁方式就是「保險」。基本上，風險轉嫁只是將風險的後果轉嫁給第三者，風險並沒有消失，只是移轉到其他人身上而已。
3. **減輕(Mitigate)**：試著將風險事件及其影響，降低到可接受的程度。依據「PMBOK指南」，減輕風險的目的是要降低風險發生機率（可能性），或降低風險的影響性，降至企業可接受的程度。例如，將專案範疇縮小，提高新產品準時完成的機率；增加測試頻率，以確保問題能夠儘早偵測；或者，改採更穩定、更具把握的製程。

二、正面風險或機會的策略

有三種策略可處理專案中出現的正面風險（機會），分別是「利用」、「分享」、「強化」。

1. **利用（Exploit）**：當專案發生風險事件時，尋找具正面影響的機會，就稱為「利用」。利用風險的機會包括藉由引進更合格的資源，或藉由提供甚至原先規劃還要好的品質，來降低完成專案所需時間。
2. **分攤（Share）**：有點像似「轉嫁」，也就是將風險分一些給最能為風險事件帶來機會的第三方擁有者分擔。
3. **強化（Enhance）**：辨識出風險的根本原因，密切注意風險事件的機率或影響，等待並著重風險觸發因素，以協助降低風險觸發因素的影響或發生機率。

三、兼具威脅與機會的策略

「風險回應規劃」流程的第三種工具與技巧，稱為「接受策略」（Acceptance Strategy），這也是一種兼具威脅與機會的策略。風險接受策略又可分為兩種：

1. **被動接受（Passive Acceptance）**：意謂不訂定風險回應計畫，萬一發生風險，就承受其後果。

2. **主動接受（Active Acceptance）**：例如發展應變儲備金，以便一旦發生風險時能加以處理。

四、應變回應策略

應變規劃（Contingency Planning）涉及規劃可行替方案，使得一旦風險發生時能加以處理。這有點像是「備援計畫」，備援計畫是指當某個潛在問題發生時，計畫採取的某種特定行動方案。雖然這些計畫所處理的是風險發生後的事情，但卻必須在問題發生前就預作準備。這類計畫有助於確保以有效、及時且具整合性的方式加以回應。同時，有些計畫可能需要事先安排備份資源。一般只有在企業已採取了風險預防措施之後，如果仍然遇到高風險事件，才會需要動用到備援計畫。

五、風險回應規劃的產出

「風險回應規劃」主要產出「風險登錄冊更新」、「專案管理計畫更新」與「風險相關契約協議」。

風險登錄冊

根據「PMBOK 指南」，風險登錄冊應包括有下列的內容：

1. 已確認的風險清單
2. 風險擁有者及他們的責任
3. 風險觸發因素
4. 風險回應計畫與策略
5. 風險回應所需的成本與時程活動
6. 應變計畫
7. 備用計畫
8. 殘餘風險（Residual Risk）及二次風險（Secondary Risk）清單：「殘餘風險」是指那些運用了所有的風險管理與控制技術後，仍然留下來未被有效管理的風險。「二次風險」是指執行風險回應策略所引起的新風險。
9. 風險的機率分析：是針對已辨識風險，建立其相互關係的風險分析模型，並分析各風險可能產生的影響和發生的機率。

風險相關契約協議

所有專案都存在著「風險」，而且「風險規劃」是「專案規劃」流程的一個重要部分。如果您計畫使用像「轉嫁」或「分攤」那樣的策略，這時可能需要向第三者購買保險服務或項目。準備那些保險服務的契約，並與適當對象討論。

11-5 風險監督與控制（Risk Monitoring and Control）

一、風險監督

風險監督必須在專案全程實施，但是發生「專案範疇變更」時，特別需要。

二、風險控制與補救計畫

「風險控制」（Risk Control）的目的是針對專案規劃階段沒有辨識出來，而在專案執行階段才出現或發現的風險，以補救計畫予以控制。反觀，「補救計畫」則是一個事先沒有規劃，風險發生後才知道，然後事後制定的計畫。

學習評量

1. 風險監督過程才發現的風險應如何處理？
   (A) 進行定性及定量分析　(C) 擬定因應計畫
   (B) 制定補救計畫　(D) 以上皆是
2. 補救計畫是？
   (A) 備用策略　(C) 新風險的因應計畫
   (B) 備用方案　(D) 是補強計畫的一部分
3. 風險監督必須在專案全程實施，但是底下哪個狀況發生時，特別需要？
   (A) 專案進度變更時　(C) 專案範疇變更時
   (B) 專案成本變更時　(D) 以上皆非
4. 二次風險（Secondary Risk）指的是？
   (A) 定量分析的殘餘風險　(C) 契約條款的殘留風險
   (B) 因應風險所造成的新風險　(D) 以上皆非

5. 定量風險分析的目的在於？
   (A) 了解風險的影響程度
   (B) 了解風險的重要度排序
   (C) 了解風險的發生機率
   (D) 了解風險的嚴重大小
6. 定性風險分析的目的在於？
   (A) 了解風險的影響程度
   (B) 了解風險的重要程度排序
   (C) 了解風險的發生機率
   (D) 了解風險的嚴重性大小
7. WBS 的重要性在於？
   (A) 確保所有活動都被指派
   (B) 確認風險的輸入
   (C) 訂立契約時的附件
   (D) 團隊建立的依據
8. 專案儲備的設置是為了考慮？
   (A) 專案的提早完成
   (B) 避免預算的追加
   (C) 專案的風險
   (D) 以上皆是
9. 在專案執行的過程才發現之風險應該要制定？
   (A) 備用計畫
   (B) 補強計畫
   (C) 補救計畫
   (D) 以上皆是
10. 風險辨識在什麼時候實施為比較好？
   (A) 執行階段
   (B) 規劃階段
   (C) 概念階段
   (D) 每個階段
11. 蒙地卡羅模擬（Monte-Carlo Simulation）可以？
   (A) 計算專案可能長度
   (B) 估計風險儲備
   (C) 處理不確定性
   (D) 以上皆是
12. 蒙地卡羅模擬（Monte-Carlo Simulation）是用來？
   (A) 處理專案的不確定性
   (B) 處理專案的確定性
   (C) 處理專案的非例行性
   (D) 處理專案的例行性
13. 以下何者不是專案的目標限制之一？
   (A) 專案的範疇
   (B) 專案的品質
   (C) 專案的成本
   (D) 專案的風險

14. 專案團隊正在判斷哪一些風險可能會影響專案，並記錄這些風險的特徵。請問這是處於風險管理流程的？

(A) 風險評估　(C) 規劃風險管理

(B) 辨識風險　(D) 規劃風險回應

15. 風險的兩大要素是？[複選]

(A) 時間　(C) 成本

(B) 機率　(D) 衝擊

16. 有效風險管理的首要要求是？

(A) 所有風險已知　(C) 已辨識的風險儘早委任給專案經理

(B) 決策所需資訊的透明度高　(D) 培訓專案團隊成員了解風險

17. 在專案開始時，專案經理應首先考慮？

(A) 辨識可能風險　(C) 風險回應

(B) 了解歷史風險　(D) 風險決策

18. 若專案的某風險發生機率是 50%，帶來損失 1 萬元。請問目前專案風險管理流程處於下列哪一個階段？

(A) 規劃風險回應　(C) 執行定性風險分析

(B) 監督與控制風險　(D) 執行定量風險分析

19. 若專案有 3 個交付成果，每個交付成果之完成機率為「0.5」。請問整個專案的完成機率是多少？

(A) 0.5　(C) 0.5×0.5×0.5

(B) 0.5×3　(D) 0.5/3

20. 某專案若有 25% 機率，獲利 $10,000；有 25% 機率，獲利 $20,000；有 50% 機率，獲利 $40,000。請問整個專案的預期利潤是多少？

(A) $40,000　(C) $35,000

(B) $27,500　(D) $70,000

CHAPTER

採購(Procurement)管理 12

本章學習重點

- 採購週期
- 規劃採購管理
- 執行採購
- 控制採購
- 供應商選擇
- 契約管理

專案的資源有限，為完成專案目標，必須投入相關的原物料或設備，以利專案順利進行。因此必須先判斷哪些項目可以自己完成，哪些項目必須外購或外包。扣除自己可以完成的項目後，其餘就是必須使用採購的方式，以獲得所需的商品或服務。

專案採購管理包括三個子流程：

1. **規劃採購管理**：做出採購決策、明確採購方法、識別潛在賣方、準備獲取建議。先決定是否向外取得，若決定向外取得再進一步決定要獲得什麼、如何獲得、需獲得多少、何時獲得。
2. **執行採購**：獲取供應商建議書、選擇供應商、簽署契約或合同。
3. **控制採購**：管理採購關係、監督契約或合同執行情況、根據需要變更和採取校正措施。

表 12-1　專案管理五大流程群組與專案「採購」管理知識領域配適表

知識領域	專案管理五大流程群組				
	起始 流程群組	規劃 流程群組	執行 流程群組	監督與控制 流程群組	結束 流程群組
專案採購管理 （3 子流程）		1 規劃採購管理	2 執行採購	3 控制採購	

表 12-2 專案採購管理知識領域 ITTO 概述

1 規劃採購管理	2 執行採購	3 控制採購
投入 1.專案核准證明（專案章程） 2.商業文件 • 商業論證（Business case） • 效益管理計畫 3.專案管理計畫 • 範籌管理計畫 • 品質管理計畫 • 資源管理計畫 • 範疇基準 4.專案文件 • 里程碑清單 • 專案團隊派工單 • 需求文件 • 需求追蹤矩陣 • 資源需求 • 風險登錄冊 • 利害關係人登記冊 5.企業環境因素 6.組織流程資產	**投入** 1.專案管理計畫 • 範籌管理計畫 • 需求管理計畫 • 溝通管理計畫 • 風險管理計畫 • 採購管理計畫 • 構型管理計畫 • 成本基準 2.專案文件 • 經驗教訓登錄冊 • 專案時程 • 需求文件 • 風險登錄冊 • 利害關係人登錄冊 3.採購文件 4.賣方建議書 5.企業環境因素 6.組織流程資產	**投入** 1.專案管理計畫 • 需求管理計畫 • 風險管理計畫 • 採購管理計畫 • 變更管理計畫 • 時程基準 2.專案文件 • 假設日誌 • 經驗教訓登錄冊 • 里程碑清單 • 品質報告 • 需求文件 • 需求追蹤矩陣 • 風險登錄冊 • 利害關係人登錄冊 3.契約（採購契約） 4.採購文件 5.核准的變更申請 6.工作績效數據 7.企業環境因素 8.組織流程資產
工具與技術 1.專家判斷 2.數據收集 · 市場調查 3.數據分析 • 自製或外購分析 4.供應商評選分析 5.會議	**工具與技術** 1.專家判斷 2.廣告 3.投標人會議 4.數據分析 • 賣方建議書評價 5.人際關係與團隊技能 • 協商（談判）	**工具與技術** 1.專家判斷 2.索賠求償管理 3.數據分析 • 績效審查 • 實獲值分析 • 趨勢分析 4.檢驗 5.稽核
產出 1.採購管理計畫 2.採購策略 3.投(招)標文件 4.採購工作說明書	**產出** 1.選定的賣方 2.契約（授予採購契約） 3.變更申請 4.專案管理計畫更新	**產出** 1.結束採購 2.工作績效資訊 3.採購文件更新 4.變更申請

1 規劃採購管理	2 執行採購	3 控制採購
5.供應商遴選標準 6.自製或外購決策 7.獨立成本估算 8.變更申請 9.專案文件更新 • 經驗教訓登錄冊 • 里程碑清單 • 需求文件 • 需求追蹤矩陣 • 風險登錄冊 • 利害關係人登錄冊 10.組織流程資產更新	• 需求管理計畫 • 品質管理計畫 • 溝通管理計畫 • 風險管理計畫 • 採購管理計畫 • 範疇基準 • 時程基準 • 成本基準 5.專案文件更新 • 經驗教訓登錄冊 • 需求文件 • 需求追溯矩陣 • 資源行事曆 • 風險登錄冊 • 利害關係人登錄冊 6.組織流程資產更新	5.專案管理計畫更新 • 風險管理計畫 • 採購管理計畫 • 時程基準 • 成本基準 6.專案文件更新 • 經驗教訓登錄冊 • 資源需求 • 需求追蹤矩陣 • 風險登錄冊 • 利害關係人登錄冊 7.組織流程資產更新

12-1 採購的基本概念

一、何謂採購

購買（Purchase）是狹義的採購，僅限於以「購買」（Buying）的方式取得物品，也就是由買方支付對等的代價，向賣方取得物品的過程。廣義的採購（Procurement）則是指係除了以購買的方式取得物品外，還可運用租賃、借貸、交換及徵收等方式，取得物品的使用權或所有權。企業採購通常是指 Procurement，就是企業取得各種所需物料所進行的各種活動。

在專案執行過程中，為達專案目標，無法自己完成的部分，必須從外部獲得產品、服務或成果的提供，稱為「採購」。廣義而言，採購可定義為「獲得商品或服務」。

二、企業採購的目標

一般而言，企業採購所欲達成的目標有：

1. 提供企業營運所需的物料。
2. 控制採購成本。
3. 維持產品品質。

4. 維持最有利的存貨水準。
5. 創造企業競爭優勢。

此外，若以時間的角度來看，企業採購的目標主要有：

1. **短期目標**：適時地從最適當的供應商中，提供正確數量且符合要求的物品運送到正確的地點給企業內的顧客。
2. **中期目標**：協助組織達成其營運目標，有效管理採購部門、與其他部門維持密切聯繫。
3. **長期目標**：發展企業整合性之採購策略，以協助企業整體營運策略及終極目標之實現。

三、採購對企業的重要性

1. 成本降低。
2. 週期縮短。
3. 原物料運送改善。
4. 品質改善。

四、採購的五大基本原則—5R

所謂「採購」是以適當價格向合適的供應商購買符合需求質、量的產品，而供應商應於約定期間內將貨品送達正確地點，並應提供合理之售前及售後服務。採購的五大要素主要包括：供應商、時間、價格、數量以及品質。基本上，採購的任務在於找出適當的合格供應商（Right Vendor），在適當的時間／需要的時間（Right Time）、以合理的價格（Right Price），獲取正確的數量（Right Quanity），符合品質要求（Right Quality）的物料或服務，此即所謂的 5R。

1. **適當的供應商（Right Vendor）**：能符合適價、適時、適質要求的供應商。事實上，能夠選擇具有信譽、責任感及重視品質與技術的優良供應商，是達成適價、適質、適時、適量目標的最佳法寶。
2. **適當的品質（Right Quality）**：滿足客戶或生產線所要求的品質。採購物料品質不良，徒增品檢、倉儲及生產上種種困擾，增加成本。選擇優良供應商，確保供料品質是降低品檢、倉儲及生產成本最有效的方法。
3. **適當的數量（Right Quantity）**：可以使總成本為最低的經濟採購量。以經濟採購批量進行採購，可以保證總儲存、訂購及購價成本為最低。如何適量採購是採購人員必備的技術。

4. **適當的時間（Right Time）**：依客戶或依製程所要求的預定交貨日交貨。過早採購，增加存貨儲存成本；過晚採購，增加缺料機率；適時採購可以降低存貨儲存成本。選擇有信用供應商，是確保準時交貨最有效的方法。

5. **適當的價格（Right Price）**：滿足品質標準的前題下，最合理的採購單價。物料成本占總成本比例甚高，故應在滿足品質標準的前題下，設法以最低的價格進行採購，降低成本。

五、採購的方式

採購的方式主要分為：

1. **集中採購**：由採購中心組織實施的屬於集中採購。
2. **代理採購**：企業委託代理採購機構以進行採購。
3. **分散採購**：是將採購權責委由各分區單位自行負責。
4. **混合採購**：各需求單位依據物料的價值、數量、總價之通用程度，同時採用集中採購與分散採購。

六、採購的類型

1. **原物料採購**：需要再加工才能成為可販售的產品，例如：石油、煤、鋼礦砂、木材等。
2. **半成品採購**：採購半成品零件以生成最終產品，例如：採購輪胎、引擎、座椅...最後組成汽車。
3. **維修與作業所需的採購（MRO）**：例如辦公文具、清潔用品、機器備用零件等。
4. **支援生產所需的採購**：例如裝箱所須之紙箱、捆帶、儲藏盒等。
5. **服務的採購**：所有的企業或多或少需要其他企業提供某些服務，例如水電、空調服務。
6. **資本設備的採購**：採購非流動性資產供長期經營之用。資本設備採購的特性是一旦購入可長期使用，且採購金額通常龐大，會計作帳分年提列分攤。
7. **配送**：安排原物料購入或產品輸出的交通配送安排。

12-2 採購策略與採購程序

一、企業目標與採購管理策略

由於採購成本佔生產總成本的比例甚高，所以公司如果要大幅降低生產總成本，當然必須考慮採購方面。對製造商而言，除了保持產品品質以外，而且還須注意到所有採購活動的品質，例如保證到期日、產品運送的地點及數量等，會影響採購，故保持高彈性以因應產品交期之變更是必要的，傳統上訂貨時間為數個星期是很平常的，但現在面臨的挑戰則是如何將顧客的訂購時間減少至以天為基礎，因此必須使上游供應商能相互配合，儘量縮短其進料時間，讓產品交期之時間得以縮短、採購者的存貨降低、大幅提高訂單的正確性，採購成本自然便能降低。採購功能的重點有五項：

1. **一切為銷售**：但要瞭解的是，生產會影響銷售，而採購物料不能及時供應則會影響生產。
2. **維持資金正常調度**：在符合安全與經濟兩原則下，欲做到存料積壓資金少，就要存貨週轉快。要週轉快，就必須適時適量供應。
3. **有效減低採購成本**：購料成本佔生產總成本極大比例，要企業增加利潤，必須努力減低成本。
4. **保持產品品質**：必須獲取適質物料。
5. **保持市場最新資料**：採購活動普及市場，若握有正確資料並善加利用，定會創造出極有價值之貢獻。

由於採購管理對公司的重要性如此之大，所以良好的採購策略規劃與公司目標的達成可說是息息相關。

隨著公司採購部門面臨的風險愈來愈多，比如國際物料缺乏、政府干預市場、新競爭對手的加入、新技術的演變快速等，企業如不依照本身的體質，做採購策略的規劃，則可能進而影響到公司的目標。

Leenders et al.（1989）彙總各種主要的採購策略如下，其相關的水平、垂直觀念架構如圖 12-1 所示：

1. **確保供應策略**：設計一套能維持適質、適量的供應體系。確保供應策略，必須同時考慮供需雙方情境可能的改變。
2. **降低成本策略**：設計如何讓欲取得的產品，能降低價格，或跟隨著環境、科技的改變，使總壽命週期總成本能降低，並藉由改變材料、改變供應來源及改變採購方法來減少組織的總成本。

3. **供應支援策略**：設法分享供應商的知識及能力。讓供應商的供應能力與組織的需求配合一致。另外買賣雙方應該有良好的溝通，彼此確認供料品質的水準，並要求品質的一致性。

4. **環境變化策略**：確認因為環境因素所形成的不利影響，並且能完全的移轉，使組織能維持長期性的優勢。

5. **競爭優勢策略**：利用市場機會及組織的強勢，來產生出特殊的競爭優勢。

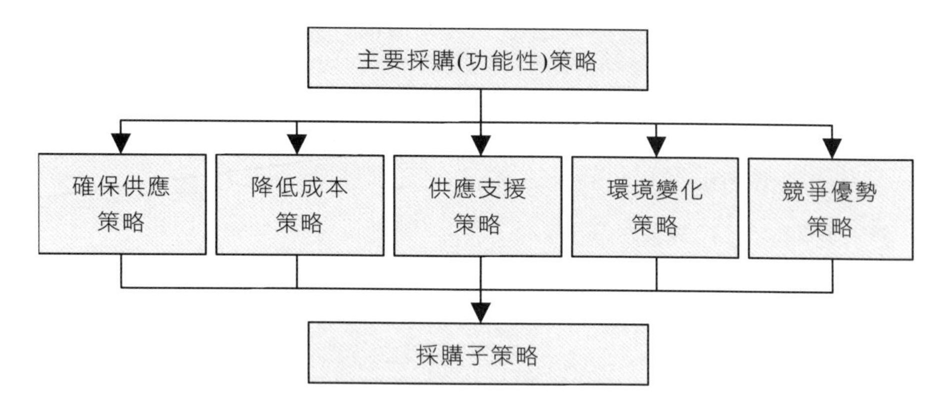

圖 12-1　**主要採購策略之觀念架構。資料來源**：Leenders et al.（1989）

採購策略的運用不能一成不變，要隨著環境變化，改變本身的策略，最重要的是須配合公司的目標，以因應市場競爭。

二、採購功能策略思考架構

對於採購功能策略，企業應如圖 12-2 的思考架構，首先企業應先思考要自製還是外購？若是外購，則再思考要採用何種的採購模式？如何選擇與管理供應商？

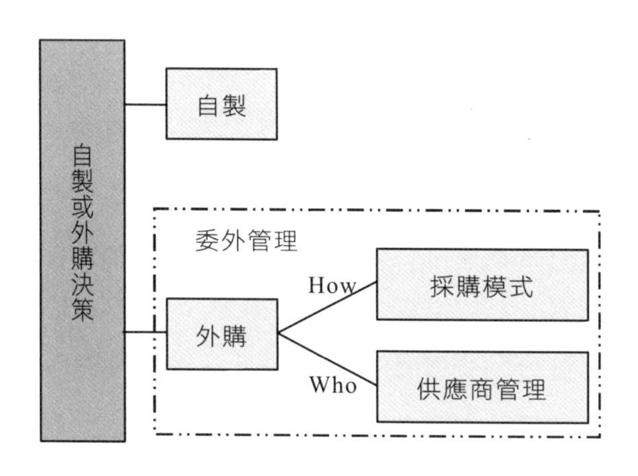

圖 12-2　**採購功能策略思考架構**

三、採購策略

有兩種基本的採購策略：

1. **公司採購策略**：其採購行為與公司策略有關。
2. **專案採購策略**：其採購行為與專案運作有關。

有兩種基本的採購環境：

1. **總體環境（宏觀環境）**：是指大環境，主要包括社會經濟、通貨膨脹、借貸成本、失業率等。
2. **個體環境（微觀環境）**：是指企業內部環境，尤其是採購過程中受公司、專案或客戶等方面影響的規程和規範。主要涉及五個採購週期：
   (1) 需求週期：定義專案的範疇。
   (2) 申請週期：來源分析。
   (3) 詢價週期：投標過程。
   (4) 授予週期：承包商的選擇與契約的授予。
   (5) 契約管理週期：管理承包商直到契約完成。

四、一般企業的採購程序

在專案採購流程中，買方會依據專案活動的需求，訂出需求文件，文件內容必須明白詳述出專案的需求條件，以讓可能的供應商快速瞭解狀況。採購人員先蒐集可符合專案需求條件的供應商，作為候選名單；接著決定評選標準，可加入各種衡量因子，作為加權分數的比較，例如品質、設計、交期、成本等。確認候選名單與評選標準後，可將專案需求文件正式提出，要求潛在供應商進行提案，此時有意爭取訂單的供應商就會進行提案。再依擬定的評選標準進行評選、議價，條件較好的公司可獲選為專案的供應商。最後，採購人員進行正式發包作業，後續再做交貨驗收，完成整個採購程序。

傅和彥（1999）認為，一般企業的採購程序，如圖 12-3 所示：

1. **請購**：需求單位開出請購單，若屬於存量管制的物料則由倉管單位提出請購，工程案須附施工說明書。
2. **採購登錄**：採購單位分類登錄後，分發採購承辦人員辦理。
3. **詢價**：向相關廠商詢價，詢價方式得以電話、傳真、信函等為之，依實際需要得以公開招標方式辦理。
4. **報價**：廠商報價的方式，亦可分為口頭、書面二種方式，投標廠商應將標單密封，於規定期限內送交承辦人員。

5. **比價（議價）**：擇定最適價格之廠商或議定合理的訂購價格。
6. **核准**：將比價及議價之結果，呈送權責主管審核。
7. **採購**：國內採購件則直接訂購之；國外採購件則執行進口作業。
8. **訂購（發包）**：由採購部門與供應商簽立訂購契約或製造工程契約。
9. **交貨**：承售廠商應將物料自行送達買方指定地點。

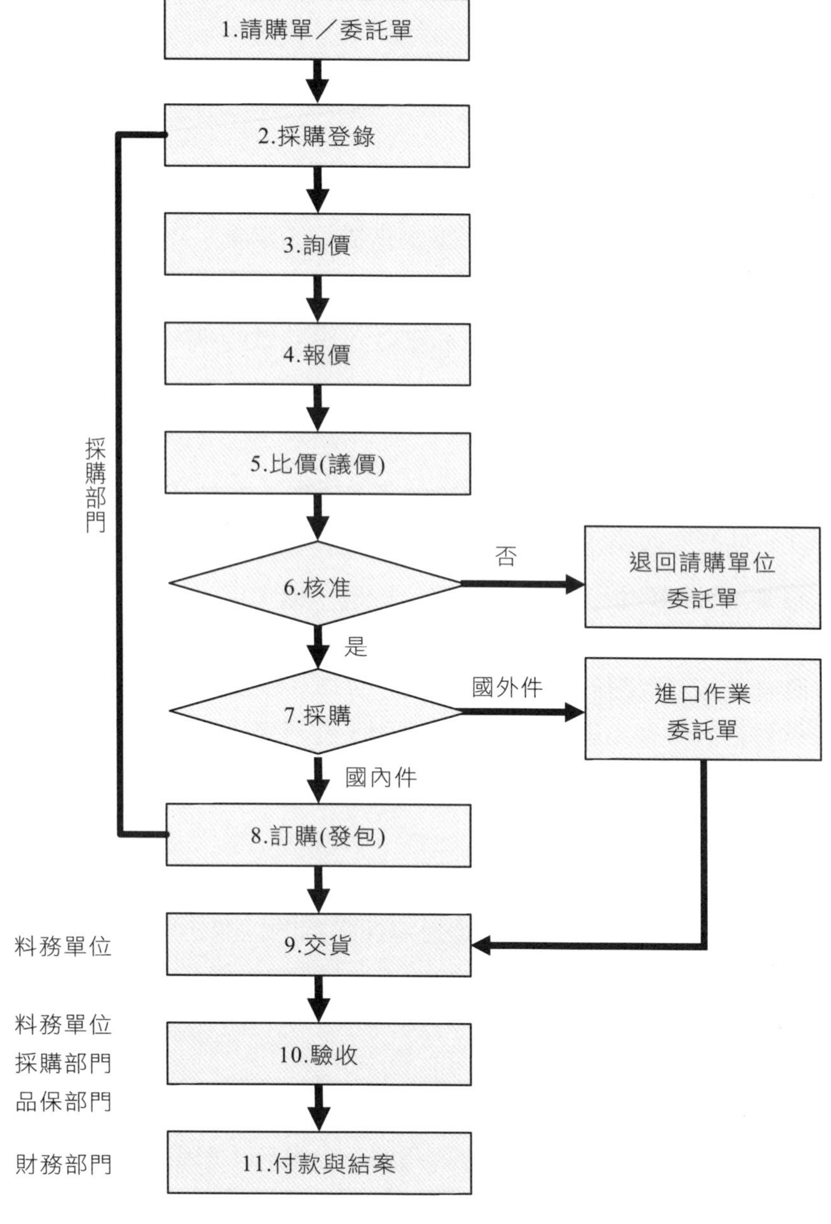

圖 12-3　**一般企業的採購程序。資料來源：修改自傅和彥（**1999**）**

10. **驗收**：一般物料由料務單位負責驗收；特殊機具及零組件，則由使用單位、品保部門會同驗收，工程案則由使用單位、採購部門及承包商會同驗收。
11. **付款與結案**：由採購部門檢具相關文件及憑證，向財務部門申請付款結案。

12-3 採購的五大週期

一、需求週期

專案採購過程中的第一步是定義專案需求。需求週期主要包括下列內容：

1. 定義專案需求。
2. 展開工作說明、專案說明書、工作分解結構。工作說明是對要完成的工作或需要的資源之敘述性描述。專案說明書是指描述、定義、或明確即將採購的服務或專案的書面資訊、圖片或圖解資訊。一般有三種類型的專案說明書：
   (1) 設計說明書：從物理特性方面來敘述應該做的事。執行風險由買主承擔。
   (2) 執行說明書：從操作特性方面來確認，最終產品須達到之可測量的性能。執行風險由承包商承擔。
   (3) 功能說明書：這是執行說明書的子集，賣方在較低總成本下描述最終使用條款。執行風險由承包商承擔。
3. 進行自製或外購分析：自製或外購分析是一種常用的管理技術，是採購規劃程的一部分，用以確定某項商品或服務是自製還是外購。在進行自製或外購決策過程中，應考量預算的限制因素。如果決定外購，則應繼續做出購買或租賃決策。此項分析包括直接費用與間接費用。例如，在考慮「外購」時，分析應包括購買該項產品的實際支出之直接費用，也應包括管理採購過程所需之間接費用。

二、申請週期

一旦專案需求確定了，申請表就應送達採購部門以開始申請過程。申請週期包括：

1. 評價／確認說明書
2. 核實來源
3. 檢查來源以往實施情況
4. 建立詢價捆包：詢價捆包在「申請週期」中處於「準備階段」；在詢價週期屬於「使用階段」。典型的詢價捆包應該包括：❶投標文件、❷合格承包商名單、❸建議性評估標準、❹競標人協商會、❺如何對變更需求進行管理、❻承包商付款計畫。

三、詢價週期

在詢價週期，通常有三種獲取方式：

1. **做廣告**：用於公司密封投標的場合，不進行協商，市場競爭決定價格，出價最低的競標者得標。
2. **談判**：談判用於透過討價還價形式決定價格的場合，在這種情況下，客戶可以主動❶邀請提供資訊（RFI）、❷邀請報價（RFQ）、❸邀請提交建議書（RFP）。對供應商與承包商來說，邀請提交建議書是代價最高的。
3. **小規模購買**：例如，辦公室文具。

談判的三個主要因素：❶妥協能力、❷適應能力、❸良好的信譽，在契約談判中，信譽能夠縮短談判過程。

談判應該計畫周全，典型的活動包括：❶確立目標（如最低 - 最高的情況）、❷評估競爭對手、❸確定策略與戰術、❹蒐集資料、❺分析整體價格／成本、❻考慮「環境」因素。

此外，在談判之後，應該有一份簡短評論，以便記錄談判過程中所學的經驗教訓與知識。

四、授予週期

授予週期的結果是契約的簽訂。大多數的契約都有一定的基本要素：

1. **相互協議**：有一定提供或接受的條款。
2. **報酬**：有一定要預付的定金。
3. **履約能力**：只有當訂約人有能力履約時，契約才具有約束力。
4. **合法的目的**：契約具有合法的目的。
5. **法律提供的形式**：契約必須反映訂約人，是否具有交付最終商品或服務的法律義務。

最普通的兩種契約形式是：

1. **完成一定任務的契約**：供應商或承包商應當交付確定數量之最終商品或服務。商品或服務一經交付並經客戶接受，契約即被視為完成，可以做最後付款。
2. **規定一定期限的契約**：供應商或承包商應當交付特定水準的人工量，而不是最終商品或服務。該人工量表示為特定期間內，採用特定的人力技術水準和設備、特定人的工作天數（月數或年數）。若契約規定的勞務履行完畢，供應商或承包商就不再負有義務，不管技術上實際所完成的內容多少，都應做最後付款。

五、契約管理週期

「意願書」是買方發給潛在賣方的文件，表示買方對賣方提供的產品或服務有興趣。

「契約管理」是監督契約績效、付款及允許契約修正的過程。契約管理者負責檢查供應商或承包商對契約條款的執行情況，並確保最終商品或服務的適用性。契約管理者的作用包括：

1. 契約變更管理。
2. 對採購工作說明書（SOW）進行解釋。
3. 確保品質。
4. 保單。
5. 管理供應商與承包商。
6. 監督生產。
7. 契約違約處理。
8. 解決爭端。
9. 專案終止。
10. 付款進度安排。
11. 專案最終結算。

表 12-3 契約集中管理與分散管理的優缺點

	優點	缺點
契約集中管理	1. 提昇契約專業性 2. 契約管理單位提供該單位員工持續進步、訓練及經驗學習 3. 將公司契約流程標準化 4. 契約專業人員有良好職涯發展	1. 一位契約管理人員為多個專案服務 2. 較難取得契約專業人員的協助
契約分散管理	1. 容易取得契約專業人員的協助 2. 對專案較忠誠 3. 對專案金主更加聚焦及專業	1. 契約人員在專案解散後需另謀出路 2. 公司難以建立高階的契約專業人才 3. 契約的經驗較難跨專案應用 4. 難以將公司契約流程標準化 5. 契約專業人員缺乏職涯發展

12-4 規劃採購管理

一、規劃採購管理的工具與技術

規劃採購管理的工具與技術，主要有四：專家判斷、自製或外購分析、市場調查、會議。

專家判斷

評估採購規劃過程的依據往往需要專家的專業判斷，也可依據專家判斷制定或修改採購評量標準。專家法律判斷可能要求律師提供相關服務，協助做出非標準採購條款和條件方面的判斷。該判斷和專業特長（包括商業和技術特長）不僅適用於採購的產品、服務或成果的技術細節，而且也適用於採購管理過程的各個方面。

自製或外購分析（Make-or-buy Analysis）

在「外購或自製分析」環節中，一般建議考慮的事項多半是固定成本或持續成本（Fix & Recurrent Cost）、直接成本及間接成本、公司策略、技術引進或提升、核心業務發展、企業彈性、以至相對收益等等，所以不管個人喜好如何，都不會影響對採購項目的決定。然而，對專案經理來說，要判斷如何取捨，實在不是件易事。茲整理影響自製或外購的因素，如表 12-4 所示。

Loh & Venkatraman（1992）從組織資源所有權的角度，提出自製或委外的決策模式，並以「人力資源的內部化程度」與「實體資源的內部化程度」兩個購面來分析，如圖 12-4 所示。「人力資源內部化」是指企業內部是否具備有專業知識的人才；「實體資源內部化」是指企業是否具備生產所需的相關設備。當企業人力資源足夠又有實體資源足以自行生產時，通常企業會選擇自製策略；相反地，若企業缺乏人力資源或缺乏實體資源自行生產無以為力時，通常企業會選擇委外。

表 12-4　影響自製或外購的因素

自製	外購
• 成本更低（但不一定都是如此） • 綜合操作更容易 • 運用閒置的現有生產力 • 保證直接控制 • 保守設計或生產秘密 • 避免不可靠的承包商 • 穩定現有勞動力	• 成本更低（但不一定都是如此） • 利用承包商的技能 • 較少的要求（生產成本不要過高） • 生產力有限／製造能力有限 • 保持多種來源（合格承包商清單） • 間接控制

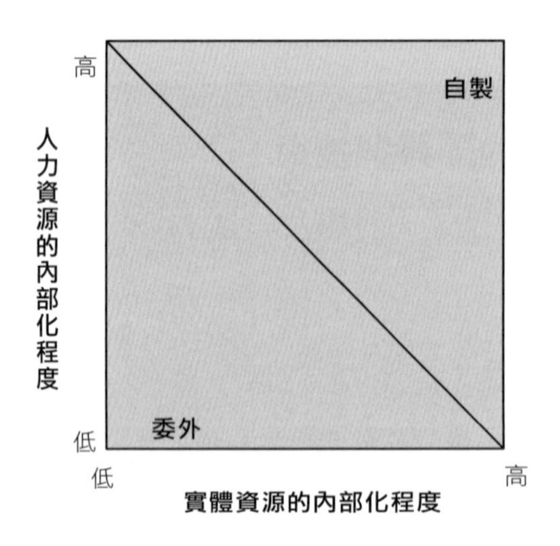

圖 12-4　**自製或委外的決策模式。資料來源：** Loh & Venkatraman（1992）

Welch & Nayak（1992）的委外決策模式中加入了產業與競爭者等環境的考量，其提出策略來源模式（Strategic Sourcing Model），從「科技的競爭優勢」、「科技在產業的成熟度」與「和競爭者相較的技術程度」三方面來考慮企業委外決策，並歸納出六種委外策略，如圖 12-5 所示。

1. **委外（Outsourcing）**：是指此技術或產品對企業不具有競爭優勢，則企業應採取委外策略，並將資源投資於具有高附加價值的活動。
2. **自製（Make）**：是指現有技術或產品具有競爭力但發展尚不成熟，則採取自製。
3. **邊際自製（Marginal Make）**：是指此技術對企業重要性高，但相較於市場競爭者則居於劣勢，則應在技術委外和投資於發展核心能力兩者中做選擇，即邊際自製。
4. **邊際委外（Marginal Outsourcing）**：是指該技術或產品目前具有競爭力，但在其他產業是屬於成熟階段，則應採取技術委外，而自行將此技術做一整合。
5. **發展內部能力（Develop internal Capability）**：是指技術或產品於未來具有競爭優勢但處於尚未成熟階段，則應加強企業內部研發以培養其能力。
6. **發展供應者（Develop Suppliers）**：是指技術或產品在未來具有競爭優勢，在其他產業也發展成熟，表示市場競爭者易於從其他產業購買其技術增加競爭，因此需培養技術供給者，以利於未來投資。

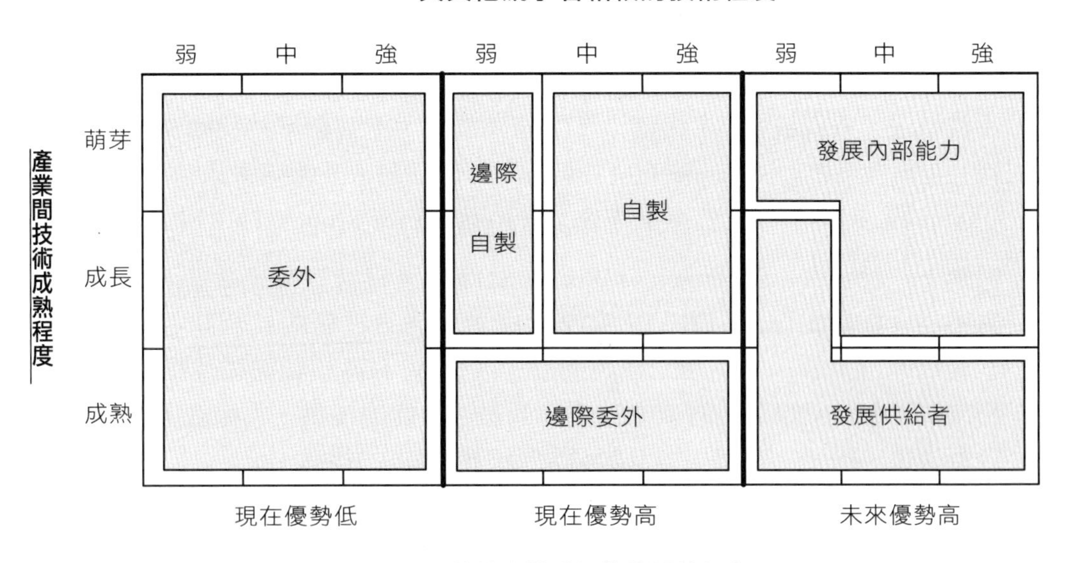

圖 12-5　委外策略來源模式

市場調查（Market Research）

採購團隊可經由市場調查，從可能來源獲取所需資料，以事先了解潛在供應商及潛在供應商的能力，並了解目前先進技術與成熟技術，用以決定採購目標，並平衡供應商的風險。

會議（Meetings）

主要參與者為採購人員與潛在投標人。會議內容著重取得互惠互利的產品或技術方法。例如：投標人會議（Bidder Conferences），又稱為合約商會議，供應商會議，投標前會議。投標人會議用以確保所有潛在的賣方對採購需求有明確及共同的理解。確保所有潛在的賣方可以聽到其他賣方對買方所提的問題及買方的回答。其問題回覆的內容，可能納入採購文件中。

二、規劃採購管理的產出

「規劃採購管理」的主要產出：

1. 採購管理計畫：「採購管理計畫」應記載在參與者與職掌：購買（Purchasing）或採購（Procurement）部門的人員、買方組織的法律部門（Legal department）。專案經理也應確保專案團隊裡面有符合專案需求程度的採購專業成員，並應在「規劃採購管理」流程的早期，就決定採購相關人員的角色與職掌。

2. 採購策略：用以決定採購方式、採購次序或階段、付款方式、採購績效指標與採購里程碑等。

3. 投（招）標文件：用於徵求潛在賣方的建議書。常見用詞有「招標」（Bid）、「投標」（Tender）、「報價」（Quotation）。不同類型的採購文件有不同的名稱「資訊徵求書」（Request for Information, RFI）、「報價徵求書」（Requsrt for Quotation, RFQ）、「提案徵求書」（Request for Proposal，RFP）。

4. 採購工作說明書（Statement of Work，SOW）：根據專案範疇基準，針對每次採購編制「採購工作說明書」（SOW），對要包含在契約或合同中的哪一部分專案範疇進行定義。「採購工作說明書」（SOW）應該詳細描述採購的產品、服務或成果，以便讓潛在的賣方確定他們是否有能力提供。「採購工作說明書」內容應清楚、簡明、完整，並且包含附帶服務需求的描述。

5. 供應商遴選標準：用以對供應商進行評等打分，協助遴選供應商。常見遴選標準：供應價格、供應能力、交付日期、技術專長、相關經驗、員工資質、財務穩健性、管理經驗、知識轉移等。

6. 自製或外購決策：用以決定是要自製還是外購。

7. 獨立成本估算：大型採購，買方可自行編制獨立成本估算，或者邀請外部專業估算師做出成本估算，並將此作為標杆，用來與潛在賣方的建議書做比較。如果兩者之間存在明顯差異，「採購工作說明書」存在缺陷或模糊之處，或者潛在賣方誤解或未能完全回應「採購工作說明書」。

8. 變更申請：可能因「規劃採購管理」流程而發生請求變更，就像專案中的其他變更，這些變更應該透過「整合變更控制」流程加以管理。

9. 專案文件更新：主要包括經驗教訓登錄冊、里程碑清單、需求文件、需求追蹤矩陣、風險登錄冊、利害關係人登錄冊。

10. 組織流程資產更新。

採購管理計畫（Procurement Management Plan）

「採購管理計畫」詳細說明採購流程如何加以管理。主要包括下列資訊：

1. 採用的契約類型（Type of Contract Used）。

2. 專案團隊的權限。

3. 採購流程如何與其他專案流程整合。

4. 如果您的組織使用標準採購文件的話，何處可找到標準採購文件。

5. 採購流程如何與其他專案流程協調，例如績效報告與排定時程。

6. 採購的前置期與專案時程發展的協調。
7. 每個契約所決定的時程日期。
8. 採購可能會如何影響限制與假設。
9. 有多少供應商或承包商涉及，應如何管理他們。
10. 如何管理多位供應商或承包商。
11. 若已知的話，預審合格供應商或承包商的確認。

採購文件

一旦決定要採購哪些商品或服務，並依照您的情況決定最佳契約類型，您將進行到「規劃契約訂定」流程，以準備供應商或承包商簽約所需要的資訊。「規劃契約訂定」的目的，是為了準備「請求賣方回應」與「挑選賣方」流程所用的文件。這個過程的投入是「採購管理計畫」、「採購工作說明書」、「自製或外購決策」以及「專案管理計畫」（尤其是風險登錄冊、風險相關契約協議、資源要求、專案時程、活動成本估計以及成本基準等）。

採購文件（Procurement Document）用來徵求供應商對專案的採購需求出價。常見的採購文件名稱，例如建議書徵求說明書（RFP）、資訊徵求說明書（RFI）、邀標書（invitation for bid，IFB）、報價邀約（RFQ）等。

採購文件應詳述請求之工作，應包括「採購工作說明書」（SOW），並應解釋供應商應用何種格式遞交他們的回應。這些採購文件格式應由買方準備，以保證所有可能出價者所做的回應，都盡可能地正確完整。如有特殊條款或契約需要也應於其中加以寫明。若涉機密，為保證供應商能保守機密，應要求他們另外簽署一份保密協議書。

採購工作說明書

「採購工作說明書」（Statement of Work，SOW）是由專案範疇說明書及 WBS 與 WBS 字典所發展出來的。以清楚簡潔的術語，說明採購項目的細節。主要內容包括：

1. 專案的目的。
2. 專案工作及所需之任何專案結束後作業性支援的描述。
3. 所需採購之商品或服務的簡明規格。
4. 專案時程、服務期間與工作地點。

採購工作說明書更新，發展出「採購文件」後，可能發現需要對「採購工作說明書」做變更。這類變更通常在「規劃採購管理」流程結束時才進行。

自製或外購決策

自製或外購決策是一份文件，概述「規劃採購管理」流程期間哪些商品或服務要由組織產生，以及哪些要採購的相關決策。這份文件內容包括商品或服務、保險單、績效或履約保證等。

三、委外的程序

為了確保委外的品質，企業應依循結構化的程序進行工作委外。玆將委外流程整理如圖 12-6 所示，並於圖中指出與流程相對應的委外重要議題，包括有委外決策、供應商選擇、契約設計、委外關係管理以及委外結果評估。

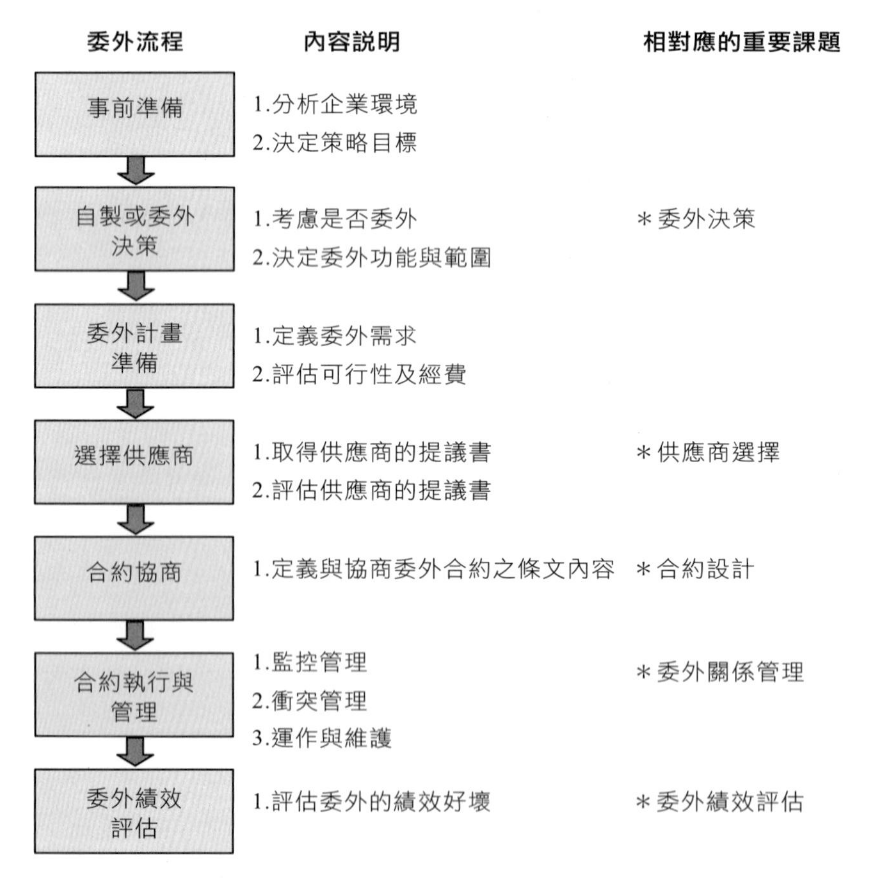

圖 12-6 委外的程序。資料來源：修改自黃河川（2002）

12-5 執行採購

「執行採購」子流程是獲取供應商建議書、選擇供應商、簽署採契約或合同的過程，也就是招標、投標、評標、決標的過程。「執行採購」選出符合資格的賣方，並完成具有法律效力的正式簽約採購。

執行採購的工具與技術

1. **投標人會議**：又稱「承包商會議」、「供貨商會議」、「投標前會議」。在賣方投標書或賣方建議書提交前，買方與所有潛在賣方（供應商）之間所召開的會議。「投標人會議」目的在澄清 RFP 內容，並確保所有潛在賣方對本項採購都有清楚且一致的理解，確保沒有任何潛在賣方會得到特別優待。為公平起見，買方必須盡力確保每個潛在賣方（供應商）都能聽到任何其他賣方所提出的問題，以及買方所做出的每一個回答。要把對問題的回答，以修正案的形式納入採購檔案。
2. **數據分析—賣方建議書評價**：針對複雜的大型採購，應根據買方的採購政策，規定一個正式的建議書評價流程。例如：「加權評價」先針對不同的評估因素設定權重，並求得加權總得分，通常會選擇總得分最高的賣方。「評估標準」是指組織收到的建議書當中挑選出供應商的方法。「標準」可以是客觀的，也可以是主觀的。在多數的案例中，「價格」常常是主要的挑選標準，意思是出價最低的供應商將贏得契約。當然，除了價格以外，也有些公司或組織可能選擇多項指標作為挑選的標準，並以加權評分法作為選擇。讓所有的採購評估標準先公開地廣為人知，對採購流程是很重要的基礎。
3. **人際關係與團隊技能—協商（談判）**：「協商／談判」（Negotiation）是由被授權的採購團隊主導協商，專案經理及團隊成員視需要出席以提供協助。結束所簽訂的文件或其他的正式協議是可被買賣雙方所執行的。「協商／談判」以形成買賣雙方均同意，並且可執行的契約（合同）或協議而結束。

執行採購的產出—協議

「協議」的主要內容有：採購工作說明書（SOW）和可交付成果描述、進度計劃、契約（合同）終止條款和替代爭議解決、檢查和驗收標準、變更請求處理等。

契約類型

契約針對不同目的，有不同的類型。「PMBOK 指南」將契約分成三大類型：

1. **固定價格契約（Fixed price contracts）**：固定價格契約又稱為「一次付清契約」（lump-sum contracts）。契約說明廠商必須支付固定的總價給承包商，而承包商必須承擔所有風險。對承包商而言，可能的利潤也最高，但風險掌控度不高的話，相對利潤也會下降。

   固定價格加獎勵契約（Fixed Price Incentive Fee contracts，RPIF）是另一類的固定價格契約。契約支付固定的總價，並且根據績效目標外加一筆獎金。一般常見的規範是，只要提早完成或超出議定好的某種績效標準，供應商或承包商就會額外得到獎勵。

2. **成本補償契約（Cost-Reimbursable Contracts）**：「成本補償契約」為要求買方向賣方支付賣方實際開銷的成本，外加一般表示賣方利潤酬金的一種契約。成本一般分為直接費或間接費。直接費是專為專案的利益而開銷的成本，例如專案全職人員的薪金。間接費也稱做管理費或行政管理費，是由實施組織將其視為經營成本而分攤到專案上的成本，例如間接參與專案的組織高層管理人員的薪金，以及辦公室用電設施的成本。間接費一般按照直接費的百分比計算。成本補償契約常常列入鼓勵性條款，當賣方滿足或超過事先設定的專案目標，例如進度或總成本目標時，賣方可以從買方處收到一筆鼓勵性或獎賞性款項。

   因為總成本不確定，因此成本補償契約之買方所承擔的風險最高。不過這類契約對買方的優點是範疇容易變更，且能依照您想要的次數做變更，但買方要多付出代價。因此，成本補償契約多用在專案範疇有很多不確定性時，也用在專案生命週期早期需要大量投資的專案。

   成本補償契約又可細分為三種：

   (1) 成本加費用（Cost-Plus-Fee，CPF）或成本加成本百分比（Cost-Plus-Percentage of Cost，CPPC）：成本加費用契約或成本加成本百分比契約對於賣方所得到的補償，是以在成本上加成本一個百分比做為計算，而這百分比是彼此雙方事先所約定好的，並記載於契約中。不過因費用是採成本為依據，因此費用是變異的。故成本越低，加入費用就越低，所以賣方通常不會積極降低相關成本。

   (2) 成本加固定費用（Cost-Plus-Fixed-Fee，CPFF）：也是就成本加上固定費用，其中固定費用是賣方的利潤。可避免供應商或承包商藉由提高直接成本而獲取更高的利潤。

   (3) 成本加獎勵金（Cost-Plus-Incentive-Fee，CPIF）：通常此契約主要是買賣雙方基於預定的分攤比例，共同享有節省的成本下進行，如果賣方報銷契約所發生之允許成本又可實現契約中規定的特定績效目標水準，賣方將獲得預定酬金，即：獎勵金。

3. **時間與材料契約（Time and Materials，T&M）**：是固定價格及成本補償契約之間的混合體。在契約簽訂時，還不知道材料的總成本。這類契約如同成本補償契約一樣，因為成本在契約有效期將間會持續成長，且會補償供應商或承包商。這類契約買方承擔最大風險。通常在工作很趕、且工作量不是很多時，會考量用「時間與材料契約」。

12-6 控制採購

「控制採購」是管理採購關係、監督採購契約或採購合同執行情況，並根據需要實施變更和採取糾正措施，以及結束採購契約或採購合同的過程。

控制採購的工具與技術

1. **索賠求償管理**：是在採購契約生命週期裡，依據契約條款與條件紀錄、處理、監視與管理求償。根據採購契約內條款與條件對索賠求償進行記錄、處理；如果有爭議且無法化解索賠求償問題時，根據契約所建處理程序以「替代性爭議解決方案」（Alternative Dispute Resolution，ADR）進行處理：「調解」、「仲裁」，若都無法解決才走向「訴訟」。
2. **數據分析**：可用工具與技術包括「績效審查」、「實獲值分析」、「趨勢分析」。
3. **檢驗**：針對供應商或承包商所完成的工作「成果」進行結構化審查，主要檢驗可交付成果。透過「檢驗」，驗證供應商或承包商所完成的可交付成果對採購契約規定的遵守程度。
4. **稽核**：針對採購「過程」進行定期或不定期的結構化審查。

控制採購的產出

1. **結束採購**：買方透過被授權的採購人員，向賣方（供應商或承包商）發出採購契約已經完成的正式書面通知，以結束採購。賣方符合品質與數量要求的可交付成果於契約規定時間內被專案團隊核准、未有未完成的付款或求償通知、並已完成最終付款。
2. **專案管理計畫更新**：主要包括風險管理計畫、採購管理計畫、時程基準、成本基準。
3. **專案文件更新**：主要包括經驗教訓登錄冊、資源需求、需求追蹤矩陣、風險登錄冊、利害關係人登錄冊。

學習評量

1. 當專案有些許不確定性且於初期需要投入巨額金額時，您應該使用下列哪份契約？

   (A) 固定價格契約 (C) 時間與材料契約

   (B) 成本補償契約 (D) 單價計算合計

2. 採購工作說明書是？

   (A) 為工作／交付物及所需之資源技能所做的描述

   (B) 一個用來定義買賣雙方權利和義務的合法文件

   (C) 專業的表格

   (D) 只是對政府契約的協定工作之定義

3. 一個用來描述、定義和指定待採購的專案文件是？

   (A) 甘特圖 (C) 風險管理計畫

   (B) 設計圖 (D) 採購工作說明書

4. 下列何者不是契約管理者的任務？

   (A) 選擇專案經理 (C) 契約違約處理

   (B) 契約變更管理 (D) 採購工作說明書（SOW）解釋

5. 「契約管理」是？

   (A) 監督契約績效、付款及允許契約糾正的過程

   (B) 產品驗證和行政結束的過程

   (C) 從潛在賣方取得資料的過程

   (D) 澄清和同一契約價購要求的過程

6. 若公司的高階主管指派專案團隊跟哪幾家廠商採購，這是一種？

   (A) 圖利他人的行為 (C) 組織的採購政策

   (B) 極權的管理方式 (D) 以上皆是

7. 有關契約的說法，下列何者正確？

   (A) 總價契約的風險在專案團隊，實價契約的風險在包商

   (B) 總價契約的工作說明較詳細，實價契約的工作說明較粗略

   (C) 契約一經雙方簽訂，不能變更

   (D) 以上皆非

8. 若提早完成給予承包商獎金的契約條款，目的是為了？

   (A) 引導承包商朝向專案團隊希望的方向

   (B) 避免承包商延誤專案

   (C) 促進與承包商的夥伴關係

   (D) 以上皆是

9. 若承包商提出變更要求，專案經理應該如何處理？

   (A) 召開變更管制會議討論變更

   (B) 召開專案團隊會議討論變更

   (C) 召開與高層的會議討論變更

   (D) 召開與客戶的會議討論變更

10. 若為實價契約，則 SOW 要？

    (A) 中等粗略

    (B) 中等詳細

    (C) 非常粗略

    (D) 非常詳細

11. 哪一種契約比較容易變更專案範疇？

    (A) 單價契約

    (B) 實價契約

    (C) 總價契約

    (D) 以上皆非

12. 身為專案經理，若專案的承包商內部員工罷工，無法準時交付產品，你應該如何處理？

    (A) 尋找其他可以縮短專案的方法，以滿足交期

    (B) 長契約期限，以符合現況

    (C) 提醒包商準時交貨

    (D) 告訴包商停止，直到解決罷工問題

13. 專案經理正在編寫資訊徵求說明書（request for information，RFI）。請問他正處於專案採購管理流程的哪一個階段？

(A) 規劃採購　(C) 管理採購

(B) 執行採購　(D) 結束採購

14. 「採購管理計畫」（Procurement Management Plan）包含下列哪一份文件？

(A) 契約　(C) 賣方選擇標準

(B) 採購文件　(D) 採用的契約類型

15. 下列何者是賣方為回應採購文件而發展的建議書？

(A) 專案文件　(C) 風險登錄冊

(B) 賣方建議書（Seller Proposal）　(D) 採購文件

16. 專案經理在網路上搜尋要採購的商品。請問他正處於專案採購管理流程的哪一個階段？

(A) 規劃採購　(C) 管理採購

(B) 執行採購　(D) 結束採購

17. 專案經理正在監督對採購商品的賣方付款。請問他正處於專案採購管理流程的哪一個階段？

(A) 規劃採購　(C) 管理採購

(B) 執行採購　(D) 結束採購

18. 專案採購管理流程中，解決買賣雙方索賠與爭議的首選方法是？

(A) 談判　(C) 調解

(B) 仲裁　(D) 訴訟

19. 專案採購管理流程中，對正式契約的結束要求通常定義於下列何者中？

(A) 績效報告　(C) 採購文件

(B) 工作說明　(D) 合作條款和條件

20. 投標前會議是在專案採購管理流程的哪一個階段召開？

(A) 規劃採購　(C) 管理採購

(B) 執行採購　(D) 結束採購

CHAPTER

利害關係人 (Stakeholder)管理 13

本章學習重點

- 辨識利害關係人（Identify Stakeholders）
- 規劃利害關係人參與（Plan Stakeholders Engagement）
- 管理利害關係人參與（Manage Stakeholders Engagement）
- 監督利害關係人參與（Monitor Stakeholders Engagement）

2013年PMI公布PMBOK第五版，將「利害關係人管理」（Stakeholder Management）加入為第十大知識領域。利害關係人成為影響專案成敗的關鍵，利害關係人管理亦躍升為專案管理另一重要議題。「利害關係人管理」知識領域主要包括四大子流程：

1. **辨識利害關係人（Identify Stakeholders）**：辨識能影響專案決策、活動或結果的個人、群體或組織，以及被專案決策、活動或結果所影響的個人、群體或組織，並分析和記錄他們相關資訊的過程。這些資訊包括他們的利益、參與度、相互依賴、影響力及對專案成功的潛在影響等。
2. **規劃利害關係人參與（Plan Stakeholder Engagement）**：基於對利害關係人需要、利益及對專案成功的潛在影響的分析，制定適合的管理策略，以有效調動利害關係人參與整個專案生命週期的過程。
3. **管理利害關係人參與（Management Stakeholder Engagement）**：在整個專案生命週期中，與利害關係人進行溝通和協調，以滿足其需要與期望，解決衝突出現的問題，並促進利害關係人合理參與專案活動的過程。
4. **監督利害關係人參與（Monitor Stakeholder Engagement）**：全面監督專案利害關係人之間的關係，調整策略和計畫，以調動利害關係人參與的過程。

表 13-1 專案管理五大流程群組與專案「利害關係人」管理知識領域配適表

知識領域	專案管理五大流程群組				
	起始 流程群組	規劃 流程群組	執行 流程群組	監督與控制 流程群組	結束 流程群組
專案利害關係人管理 （4 子流程）	1 辨識利害關係人	2 規劃利害關係人參與	3 管理利害關係人參與	4 監督利害關係人參與	

表 13-2 專案利害關係人管理 ITTO 概述

1 辨識利害關係人	2 規劃利害關係人參與	3 管理利害關係人參與	4 監督利害關係人參與
投入 1.專案核准證明(專案章程) 2.商業文件 • 商業論證 • 效益管理計畫 3.專案管理計畫 • 溝通管理計畫 • 利害關係人參與計畫 4.專案文件 • 變更日誌 • 議題日誌 • 需求文件 5.契約 6.企業環境因素 7.組織流程資產	**投入** 1.專案核准證明(專案章程) 2.專案管理計畫 • 資源管理計畫 • 溝通管理計畫 • 風險管理計畫 3.專案文件 • 假設日誌 • 變更日誌 • 議題日誌 • 專案時程 • 風險登錄冊 • 利害關係人登錄冊 4.契約 5.企業環境因素 6.組織流程資產	**投入** 1.專案管理計畫 • 溝通管理計畫 • 風險管理計畫 • 利害關係人參與計畫 • 變更管理計畫 2.專案文件 • 變更日誌 • 議題日誌 • 經驗教訓登錄冊 • 利害關係人登錄冊 3.企業環境因素 4.組織流程資產	**投入** 1.專案管理計畫 • 資源管理計畫 • 溝通管理計畫 • 利害關係人參與計畫 2.專案文件 • 議題日誌 • 經驗教訓登錄冊 • 專案溝通 • 風險登錄冊 • 利害關係人登錄冊 3.工作績效數據 4.企業環境因素 5.組織流程資產

1 辨識利害關係人	2 規劃利害關係人參與	3 管理利害關係人參與	4 監督利害關係人參與
工具與技術 1.專家判斷 2.數據收集 ・問卷調查 ・腦力激盪 3.數據分析 • 利害關係人分析 • 文件分析 4.數據呈現 • 利害關係人匹配／呈現 5.會議	**工具與技術** 1.專家判斷 2.數據收集 • 標竿比對 3.數據分析 • 假設條件與限制條件分析 • 肇因分析 4.決策制定 • 優先順序/排名 5.數據呈現 • 心智圖法 • 利害關係人參與評量矩陣 6.會議	**工具與技術** 1.專家判斷 2.溝通技巧 • 回饋 3.人際關係與團隊技能 • 衝突管理 • 文化意識 • 協商（談判） • 觀察/交談 • 政治意識 4.基本規則 5.會議	**工具與技術** 1.數據分析 • 備選方案分析 • 肇因分析 • 利害關係人分析 2.決策制定 • 多準則決策分析 • 投票 3.數據呈現 • 利害關係人參與評量矩陣 4.溝通技巧 • 回饋 • 簡報 5.人際關係與團隊技能 • 主動傾聽 • 文化意識 • 領導 • 人脈建立 • 政治意識 6.會議
產出 1.利害關係人登錄冊 2.變更申請 3.專案管理計畫更新 • 需求管理計畫 • 溝通管理計畫 • 風險管理計畫 • 利害關係人參與計畫 4.專案文件更新 • 假設日誌 • 議題日誌 • 風險登錄冊	**產出** 1.利害關係人參與計畫文件更新	**產出** 1.變更申請 2.專案管理計畫更新 • 溝通管理計畫 • 利害關係人參與計畫 3.專案文件更新 • 變更日誌 • 議題日誌 • 經驗教訓登錄冊 • 利害關係人登錄冊	**產出** 1.工作績效數據 2.變更申請 3.專案管理計畫更新 • 資源管理計畫 • 溝通管理計畫 • 利害關係人參與計畫 4.專案文件更新 • 議題日誌 • 經驗教訓登錄冊 • 風險登錄冊 • 利害關係人登錄冊

13-1 利害關係人

無論是個人、群體或組織，凡是其利益會受到專案的執行結果影響者，就可稱為專案的「利害關係人」（Stakeholder）。當專案建立的時候，與專案直接或間接相關，或受專案影響的個人、群體或組織，就是專案的利害關係人。簡單來說，也就是由於專案的執行而得到或損失某些東西的人。換個角度來說，專案的利害關係人決定了一個新專案的需求。在專案利害關係人中，統籌專案運作的人，稱為「專案經理」（Project Manager），其負責與專案成員共同執行專案，並向專案的所有人進行報告。基本上，專案經理召開「啟動會議」，就是為了獲得「利害關係人」的支持與後續參與。因此，在專案過程中，專案經理除了要設法讓專案順利完成外，也要讓專案的利害關係人認同專案的成果。

對專案而言，其利害關係人包括贊助者、專案經理、專案團隊成員、客戶、使用者、供應商、政府、工會、地方社團、公司董事、公司股東、公司管理階層以及一般大眾等，典型專案中的利害關係人如圖 13-1 所示。因為專案的成敗會影響前述這些利害關係人的利益，他們也會想盡辦法施加其影響力來影響專案的目標及結果。專案成果的直接受益人是「客戶」。

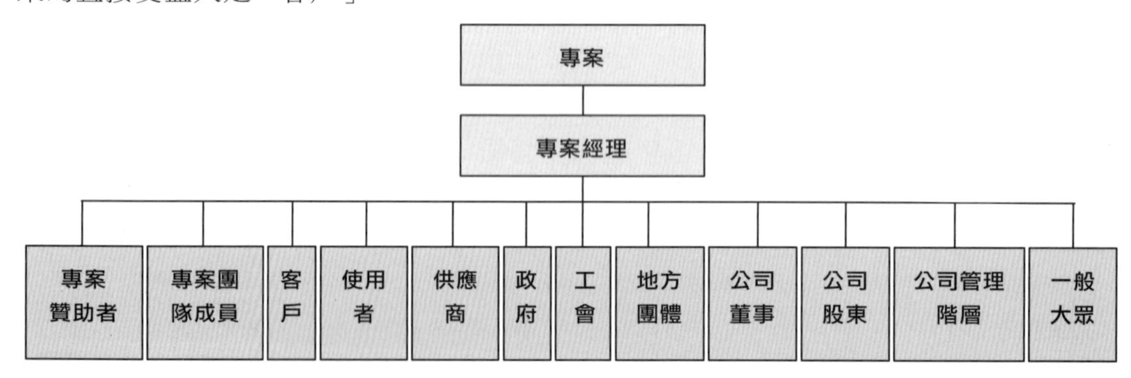

圖 13-1 專案中的利害關係人

基本上，只要任何具有下列其中一個特點，就足以稱為利害關係人：

1. 提供該專案資金或資源
2. 參與專案
3. 位於專案「責任鏈」（Chain of Accountability）中的一環
4. 專案的成敗會影響其利益或得失
5. 會受專案產品的影響
6. 會受專案結果的影響

PMBOK 第七版的利害關係人績效領域，點出與利害關係人相關的「活動」與「功能」，期許在專案進行過程當中能夠與利害關係人維持具有高度生產力的互動關係，對專案目標與利害關係人達成一致共識，讓支持專案的利害關係人滿意，同時減少反對專案的利害關係人對專案造成破壞。

有效地引導利害關係人參與的步驟，主要循著「辨識」找出利害關係人、「了解」利害關係人、「分析」利害關係人、依重要性「排序」利害關係人、「接觸」利害關係人，「監督」定期回顧檢討，有系統地反覆執行，以增進專案成功機率。

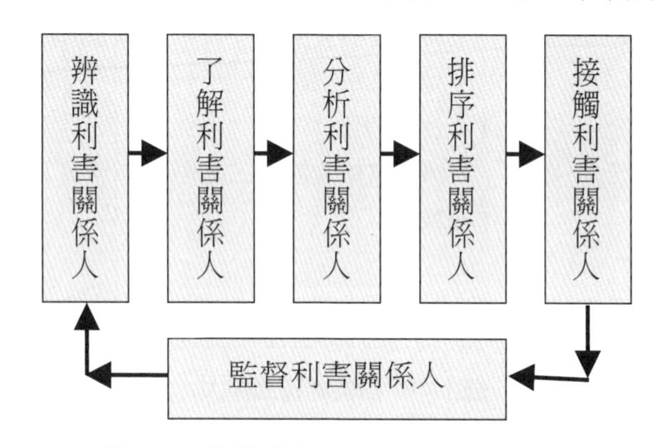

圖 13-2　維護利害關係人績效領域的活動

13-2 辨識利害關係人（Identify Stakeholders）

辨識利害關係人之目的在於找出利害關係人並研擬可能因應策略。辨識與分析利害關係人相關資訊，使專案經理對利害關係人參與投以適當的關注程度。實務操作上，利害關係人管理需要兼具理性與感性，亦即兼具科學與藝術。因為不同利害關係人均可阻礙一個專案的成功，也可以讓一個專案由失敗追上進度而成功，因此妥善管理不同利害關係人為重點。此外，不同專案生命階段，不同利害關係人的影響均不同，亦即影響力是動態的，如何瞭解專案內成員、客戶不同決策層中及外部夥伴之權力消長是關鍵。

一、辨識利害關係人：投入與產出

辨識利害關係人是辨識所有受專案影響的個人或組織，並藉由正式文件記錄有關各利害關係人的利益、參與專案及影響專案成功等相關資訊的流程。

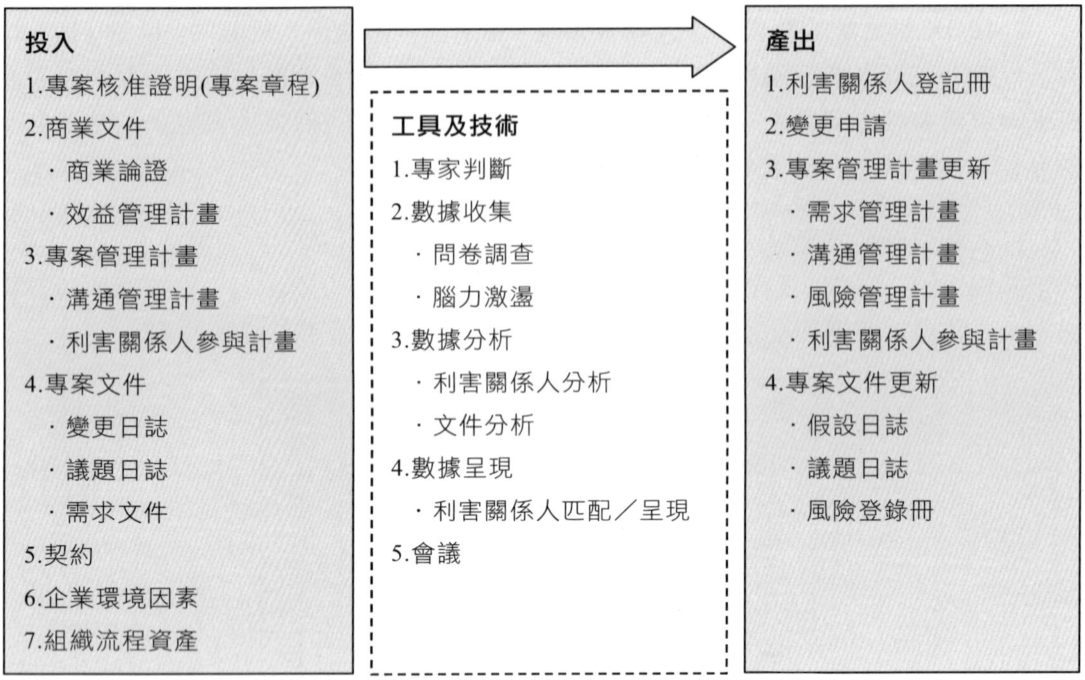

投入

1.專案核准證明(專案章程)
2.商業文件
 · 商業論證
 · 效益管理計畫
3.專案管理計畫
 · 溝通管理計畫
 · 利害關係人參與計畫
4.專案文件
 · 變更日誌
 · 議題日誌
 · 需求文件
5.契約
6.企業環境因素
7.組織流程資產

工具及技術

1.專家判斷
2.數據收集
 · 問卷調查
 · 腦力激盪
3.數據分析
 · 利害關係人分析
 · 文件分析
4.數據呈現
 · 利害關係人匹配／呈現
5.會議

產出

1.利害關係人登記冊
2.變更申請
3.專案管理計畫更新
 · 需求管理計畫
 · 溝通管理計畫
 · 風險管理計畫
 · 利害關係人參與計畫
4.專案文件更新
 · 假設日誌
 · 議題日誌
 · 風險登錄冊

圖 13-3 辨識利害關係人：投入與產出

辨識利害關係人的投入

辨識利害關係人的投入，主要如下：

1. **專案核准證明**：專案核准證明中應有一份「利害關係人的清單」。
2. **商業文件**：包括商業論證與效益管理計畫。
3. **專案管理計畫**：包括溝通管理計畫與利害關係人參與計畫。
4. **專案文件**：包括變更日誌、議題日誌、需求文件。
5. **契約**：契約是辨識利害關係人的重要文件。若專案來自契約，則「客戶」是關鍵的利害關係人；若專案來自外包，則「廠商」是關鍵的利害關係人。
6. **企業環境因素（Enterprise Environments Factors）**：不同的組織文化與組織結構，會有不同的利害關係人文化與結構。
7. **組織流程資產（Organizational Process Assets）**：組織過去的人力資源與人事經驗，也會影響利害關係人辨識。

辨識利害關係人的產出

辨識利害關係人的產出，主要有二：

1. **利害關係人登錄冊**：辨識資訊、評析資訊、利害關係人分類。
2. **利害關係人參與計畫**：關鍵利害關係人具極大影響力、已知利害關係人的專案參與度、利害關係人族群及其參與管理之計畫。

辨識利害關係人的工具及技術

辨識利害關係人的工具及技術很多，要說明的有：

1. **專家判斷**：主要藉由專家判斷有誰是利害關係人。
2. **利害關係人分析**：用以辨識利害關係人、利害關係人排序（分級）、利害關係人分析、評估利害關係人反應，以供後續策略使用。利害關係人分析用以取得利害關係人名單或清單及其相關資訊，包括組織職位、專案角色、利害關係（包含關注程度、所有權或職權、知識度、貢獻度）、期望、態度、所關注的專案資訊。
3. **數據呈現**：可以用「利害關係人匹配/呈現」工具，呈現利害關係人的分類。

二、辨識利害關係人的步驟

有效辨識利害關係人的步驟如下：❶辨識利害關係人及其訊息、❷對利害關係人進行分類、❸發展利害關係人參與策略、❹評估關鍵利害關係人的反應。

三、利害關係人「權力 - 利益矩陣」

在 PMBOK 第五版中，提出權力 - 利益矩陣（Power-Interest Grid）方便操作者執行，幫助確認利害關係人。

圖 13-4 為「權力 - 利益矩陣」，其橫軸為利益，指受專案成敗影響之利益；縱軸為權力，指在此專案中之影響力。根據權力及利益之高低，四個象限之對應管理策略分別為「縝密管理」、「持續知會」、「確保滿意」與「監視」。實務操作上，所有利害關係人的利益是無法完全滿足的，也沒有必要，因此如何取得所有利害關係人利益之平衡，並讓整體專案之執行順利展開為關鍵。

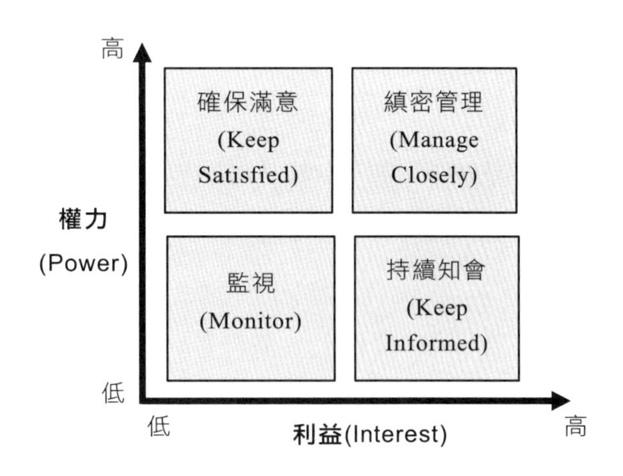

圖 13-4　**權力 - 利益矩陣**

13-3 規劃利害關係人參與

一、規劃利害關係人參與之工具：利害關係人參與狀態評估表

在整個專案生命週期中，利害關係人的參與對專案的成功至關重要。因此，規劃利害關係人管理應該比較所有利害關係人，當前的參與程度與計畫參與程度。利害關係人的參與程度可分為：

1. **不知（Unaware）**：不知曉專案和潛在影響。
2. **抵制（Resistant）**：知曉專案和潛在影響，但抵制變更。
3. **中立（Neutral）**：知曉專案和潛在影響，但既不支持，也不反對。
4. **支持（Supportive）**：知曉專案和潛在影響，而且支持變更。
5. **領導（Leading）**：知曉專案和潛在影響，並積極致力於保證專案成功。

表 13-3 為「利害關係人參與狀態評估表」，橫軸分別為五個層次之利害關係人參與狀態，包括不知、抵制、中立、支持與帶領，包括參與現況（Current）與期望參與狀況（Desired），C 表示當前參與程度，D 表示期望參與程度。

表 13-3　利害關係人參與狀態評估表

利害關係人（Stakeholder）	不知（Unaware）	抵制（Resistant）	中立（Neutral）	支持（Supportive）	帶領（Leading）
利害關係人 1		C	D		
利害關係人 2	C			D	
利害關係人 3			C、D		

藉由「利害關係人參與狀態評估表」分析，可辨識出當前參與程度與期望參與程度之間的差距。專案團隊可以使用專家判斷來制定行動和溝通方案，以消除上述差距。

二、規劃利害關係人參與之輸出：利害關係人參與計畫

「利害關係人參與計畫」（Stakeholder Engagement Plan）是「專案管理計畫」的組成部分，為有效促使利害關係人參與，必須採取的行動，因而制定的策略。根據專案的需要，利害關係人參與計畫可以是正式或非正式的，非常詳細或非常簡略的。「利害關係人參與計畫」通常包括：

1. 利害關係人登錄冊。
2. 關鍵利害關係人的所需參與程度和當前參與程度。
3. 利害關係人變更的範疇和影響。

4. 利害關係人之間的相互關係和潛在交叉關係。
5. 專案現階段的利害關係人溝通需求。
6. 需要分送給利害關係人的資訊，包括語言、格式、內容和詳細程度。
7. 分送相關資訊的理由，以及可能對利害關係人參與程度所帶來的影響。
8. 向利害關係人分送所需資訊的時限和頻率。
9. 隨著專案的進展，更新和優化「利害關係人參與計畫」的方法。

專案經理應意識到「利害關係人參與計畫」的敏感性，並採取恰當的預防措施。例如，有關那些抵制專案的利害關係人之資訊，可能具有潛在的破壞作用，因此對於這類資訊的發佈必須特別僅慎。更新「利害關係人參與計畫」時，應審查所依據的假設條件的有效性，以確保該計畫的準確性和相關性。

13-4 管理利害關係人參與

管理利害關係人參與是在整個專案生命週期中，與利害關係人進行溝通和協調，以滿足其需要與期望，解決實際出現的議題，並促進利害關係人合理參與專案活動的過程。本過程的主要作用是，幫助專案經理提升來自利害關係人的支持，並把利害關係人的抵制降到最低，從而顯著提高專案成功機率。「管理利害關係人參與」的用意在於，確保利害關係人清楚了解專案的目的、目標、效益與風險，以及利害關係人的貢獻，進而增強專案的成功機率。

管理利害關係人參與，主要包括下列活動：

1. 促使利害關係人適時參與專案，以獲取或確認他們對專案成功的持續承諾。
2. 藉由協商和溝通，管理利害關係人的期望，確保實現專案目標。
3. 處理尚未成為問題的利害關係人關注點，預測利害關係人在未來可能提出的問題。需要盡早辨識和討論這些關注點，以便評估相關的專案風險。
4. 澄清和解決已辨識出的問題。

整體上，藉由管理利害關係人參與，確保利害關係人清晰地理解專案目的、目標、收益和風險，提高專案成功的機率。這不僅能使利害關係人成為專案的積極支持者，而且還能使利害關係人協助指導專案活動和專案決策，並藉由預期利害關係人對專案的反應，可以事先採取行動來贏得支持或降低負面影響。

利害關係人對專案的影響能力通常在專案「起始」階段最大，而後隨著專案的進展逐漸降低。專案經理負責調動各利害關係人參與專案，並對他們進行管理，必要時可以尋求專案發起人的幫助。換句話說，通常是由專案經理負責利害關係人參與管理。主動管理利害關係人參與可以降低專案不能實現其目的和目標的風險。

一、管理利害關係人參與

執行專案，除了要管理「時程」、「成本」、「品質」外，重要還有管理專案利害關係人參與。基本上，若利害關係人擺不平的話，專案也就不用做了！到底要如何擺平利害關係人呢？這就需要有效地管理專案利害關係人參與。

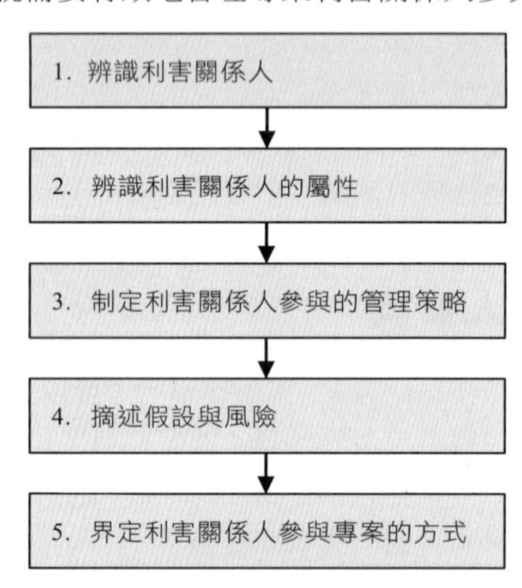

圖 13-5 管理專案利害關係人參與的五大步驟

專案利害關係人參與的管理主要分為五大步驟：

1. **辨識利害關係人—瞭解您的利害關係人**：將所有會受到專案執行結果影響的個人、團體或是組織統統找出來，並列出一張清單。
2. **辨識利害關係人的屬性—瞭解他們對專案的重要性與影響力**：針對清單上的利害關係人，界定他們對於專案的影響力（擁有多少決定專案存亡的決策權）及重要性（擁有多少專案所需的知識與技能或對專案最終交付標的評價的份量），並設法瞭解他們對專案關切的事項、態度（支持、中立、反對）及誰可影響他們等。
3. **制定利害關係人的參與策略—發展與每位利害關係人相處的策略**：對於支持的利害關人要鞏固及加強他們的支持；對於中立的利害關係人要設法使他們轉向支持；對於反對的利害關係人則要擬定辦法，扭轉他們對專案的態度，如不能轉向支持至少不要反對；對於影響力大或重要性高的利害關係人，要提高他們的需要及期望之優先度。
4. **摘述假設與風險**：在執行以上步驟時，難免都會做一些假設，必須要將這些假設以及如果假設錯誤的風險摘要性地記錄下來，並列為風險管理的項目。

5. **界定利害關係人參與專案的方式**：對於支持專案的利害關係人要依其影響力及重要性決定其參與專案的方式，俾使各個利害關係人均能依其屬性對專案做出最大的貢獻。若根據專案利害關係人的影響力及重要性，可將他們參與專案的方式分為 RACI 四大類：
   (1) 「R」代表 Responsible：此類之重要性高但是影響力小；他們參與專案的方式就是負責執行專案的部分工作，專案團隊成員及使用者屬之。
   (2) 「A」代表 Accountable：此類重要性高且影響力大；他們參與專案的方式就是為專案的成敗負責，專案贊助者及專案經理屬之。
   (3) 「C」代表 Consult：此類重要性低但影響力大；他們參與專案的方式就是做為專案的顧問，公司內與專案沒有直接關係的高階主管及金主屬之。
   (4) 「I」代表 Inform：重要性低且影響力小；專案只要定期將現況告訴他們就可以了，公司內與專案沒有直接關係的員工及關切專案的社區民眾屬之。

一般而言，若依據專案利害關係人的重要程度，可分三種類型，如表 13-4 所示。

表 13-4 專案利害關係人的重要程度分類

類別	定義
主要利害關係人	與專案有正式關係者
次要利害關係人	與專案無正式關係，但對專案之進展及存續有影響者。
關鍵利害關係人	對專案具有重大影響力或重要性者，主要利害關係人或次要利害關係人均可能為關鍵的利害關係人。

值得注意的是，利害關係人間很多時候都會有利益衝突。瞭解這些衝突並試圖解決這些衝突，是專案經理人的職責。確定要在早期就辨別出所有重要利害關係人，並與他們見面以瞭解他們的需要與限制，以減少或減緩其間的利益衝突。

「管理利害關係人參與」（Manage Stakeholder Engagement）是「執行」流程群組最後一個流程，負責與利害關係人溝通和相處，以滿足其需要或期望，解決問題並促進關係人在專案決策和活動適當參與。「管理利害關係人參與」的工具與技術，主要包括：溝通方法、人際關係技巧、管理技巧。

二、溝通規劃

溝通規劃的主要內容：

1. 依據利害關係人期望決定特定訊息及訊息格式
2. 溝通訊息的傳遞方式
3. 誰來進行訊息的傳遞

4. 訊息是正式或非正式，書面或口頭
5. 溝通頻率（需根據現行程度與最佳程度差異進行調整）

三、溝通管理計畫

「溝通管理計畫」（Communications Management Plan）是「溝通規劃」流程唯一的產出，用以記載利害關係人的資訊需求類型（包括要溝通的資訊類型、誰傳送溝通資訊、誰接收溝通資訊、溝通方法、時機與頻率、隨專案而更新這項計畫的方法、上訴流程、共用術語詞彙表等）、何時應分發資訊、以及如何傳送資訊。簡單來說，「溝通管理計畫」是一份將「溝通需求」與「利害關係人分析」彙整出來，說明哪一位利害關係人，在什麼時間點以及多久一次（每週、每月、每季），經由什麼管道或透過什麼方式獲得什麼資訊的文件。

一般而言，為了擬定「溝通管理計畫」應先進行「溝通需求分析」（Communication Requirements Analysis）工作。而通常用來做為溝通的資訊類型，包括：專案狀態、專案範疇說明書、專案範疇說明書更新、專案基準資訊、風險、行動事項、績效衡量方法、可交付成果驗收等。

基本上，利害關係人的資訊需求，應在「規劃」流程階段就儘早確定，使專案經理與專案團隊成員在發展專案規劃文件時，就已經知道誰應收到文件副本，以及這些副本應如何傳送。與「利害關係人」溝通討論、解決問題的最有效方法是「面對面會議」。在專案管理「執行」流程群組中，專案經理應依計畫向專案利害關係人提供有關訊息。依據「PMBOK 指南」，溝通管理計畫通常描述下列要件：

1. 溝通的項目名稱
2. 溝通的目的
3. 溝通的頻率
4. 分發的時間範圍，包括開始的時間與結束的時間
5. 溝通的格式
6. 傳送的方法
7. 負責分發資訊的人

專案經理與外部利害關係人溝通的主要技能是「公關」；專案經理與專案贊助者溝通的主要技能是「問題解決」。

四、管理利害關係人參與之工具：人際關係技巧

專案經理可利用「人際關係技巧」來管理利害關係人的期望。例如：

1. 建立信任（Trust）。
2. 解決衝突（Resolving Conflict）。
3. 積極傾聽（Active Listening）。
4. 克服變革阻力（Overcoming Resistance of Change）。

五、管理利害關係人參與之工具：管理技巧

「管理」是「規劃、組織、領導、用人、控制」一群人，以便協調這一群人，完成一個人無法完成的目標。專案經理可利用管理技巧來協調各方以實現專案目標。如：

1. 引導利害關係人對專案目標達成共識。
2. 對利害關係人施加影響，使他們支持專案。
3. 藉由談判達成共識，以滿足專案要求。
4. 調整組織行為，以接受專案成果。

13-5 監督利害關係人參與

監督利害關係人參與是全面監督專案利害關係人之間的關係，調整策略和計畫，以調動利害關係人參與的過程，並對利害關係人參與進行持續監督。本過程的主要作用是，隨著專案進展和環境變化，維持並提升利害關係人參與活動的效率和效果。

一、利害關係人監督方法

利害關係人監督的主要方法是在專案審查會議中，所有成員分享和分析與利害關係人互動的所有資訊，然後採取必要的應變措施。圖 13-6 為利害關係人監督方法。「議題日誌」是用以記錄和監督問題的解決情況。

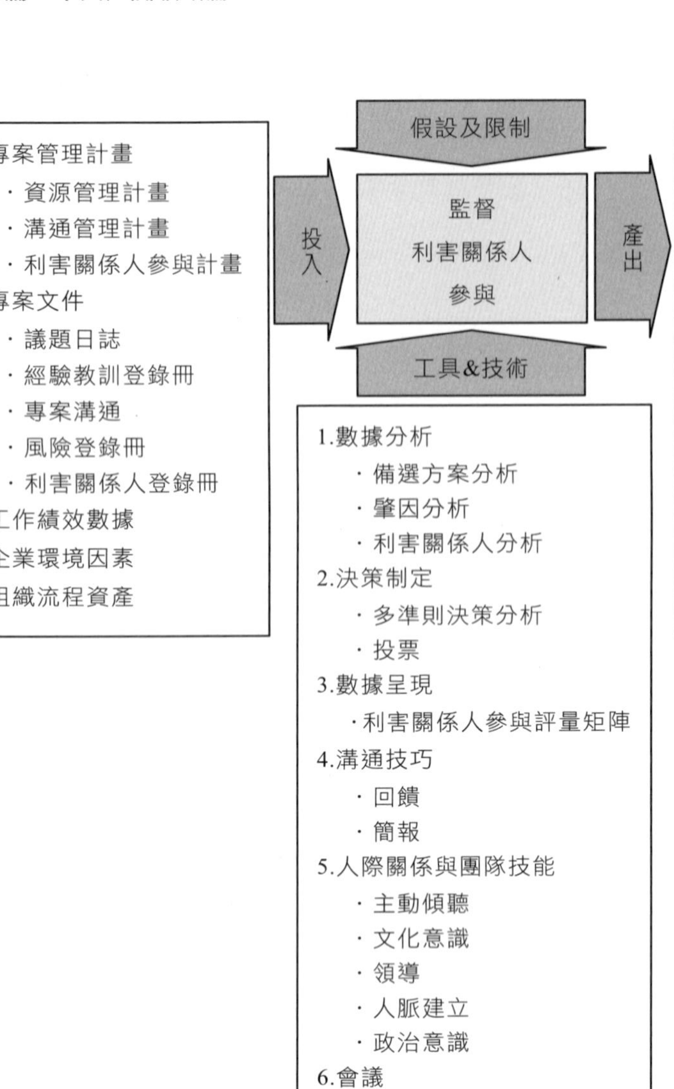

圖 13-6 **利害關係人監督方法**

二、平衡利害關係人的利益

專案利害關係人是指因專案的施行對其利益有得失之人。不同的利害關係人有不同的利益需求，專案經理的職責之一，就是要平衡利害關係人之間的利益需求。這主要涉及到三個議題：❶利害關係人是誰？❷利害關係人的需求為何？❸如何滿足利害關係人的需求？

競爭性需求

利害關係人參與管理除包括如何選擇與認定利害關係人之外，同時在他們具有競爭性的訴求之間做優先順序的排列。尤其必須注意到利害關係人之間的關係，亦即利害關係人的聯盟往往比起個別的利害關係人更有影響力。

過程

平衡利害關係人利益的過程應包括：❶找出可能受專案影響的利害關係人、❷評估利害關係人的利益需求與權力本質、❸分析利害關係人可能的行動、❹找尋平衡利害關係人利益的可行方案。

在發展「平衡利害關係人利益」行動策略的過程中，專案經理應盡可能地創造雙贏的結果，瞭解與要求自己對利害關係人與社會大眾的責任，並考慮可能的後果及其他人對這些行動策略的看法。

利害關係人的風險評估與分析

許多利害關係人的風險是發生在缺乏良好的溝通的情況下，換言之，溝通是利害關係人風險管理的關鍵因素，但卻又屬於專案管理中較為薄弱的環節。因此專案經理必須制定明確的風險管理程序，分析利害關係人的風險資訊需求，以確定雙方的溝通是明確且精準的，進而降低潛在的風險。而這有賴以下兩個步驟的確實執行：

1. 確認所有利害關係人。
2. 確定利害關係人的風險資訊內容。

在決策時，專案經理必須從利益、損害、權利與侵權等方面來加以分析，方能周全地對應不同的利害關係人：❶利益、❷損害、❸權利、❹侵權。

利害關係人的分析與對應策略

一般而言，利害關係人的分析與對應策略有四：

1. **利弊兼具型（Mixed Blessing Stakeholder）**：此類型的利害關係人其合作可能性高且具高威脅性，他們可能是臨時工與顧客，企業在與這類型的利害關係人溝通時，需採取合作策略以取得他們的支持。
2. **支持型（Supportive Stakeholder）**：此類型的利害關係人其合作可能性高且威脅性低，對企業而言，他們是最為理想的利害關係人，包括董事會、管理者、供應商、服務提供者、員工與顧客等均屬之。
3. **非支持型（Non-supportive Stakeholder）**：此類型的利害關係人其合作可能性低，但威脅性相當高，包括競爭者、工會、政府與媒體等。

4. **邊陲型（Marginal Stakeholder）**：此類型的利害關係人其合作可能性低且不具威脅性，包括散戶型的股東、員工社團、消費者利益團體或其他協會團體等。

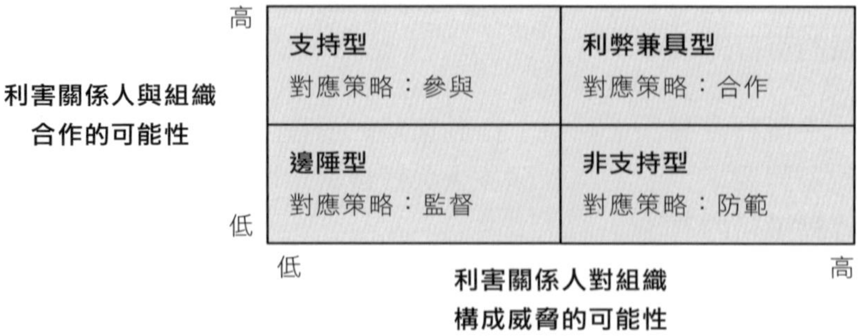

利害關係人與組織合作的可能性（高／低）

	低	高
高	**支持型** 對應策略：參與	**利弊兼具型** 對應策略：合作
低	**邊陲型** 對應策略：監督	**非支持型** 對應策略：防範

利害關係人對組織構成威脅的可能性（低／高）

圖 13-7　利害關係人的分析與對應策略。資料來源：Savage, Nix, Whitehead and Blair（1991）

學習評量

1. 有關辨識利害關係人的敘述，下列何者不正確？
   (A) 屬於起始流程群組
   (B) 應於專案初期進行
   (C) 是對利害關係人加以辨識，並記錄相關訊息的流程
   (D) 是藉由與利害關係人溝通，以滿足其需要的流程
2. 有效的利害關係人管理，不包括下列何者？
   (A) 清楚的需求定義
   (B) 藉由談判達成共識，以滿足專案要求
   (C) 定期取得利害關係人意見及回饋
   (D) 專案範疇變更控制
3. 依據利害關係人的權力大小和主動參與專案的程度，對利害關係人進行分類，這是屬於下列哪一種利害關係人分類方法？
   (A) 突顯模型　　(C) 權力/影響
   (B) 權利/利益　　(D) 權力/衝擊

4. 當專案即將結束前，有一些原來沒有被專案團隊考慮到的利害關係人瞭解到該專案可能會損害其利益，進而採取一系列阻礙專案進行的事宜。一般而言，會發生這類問題，通常是下列哪一個流程出了問題？

   (A) 規劃溝通　　(C) 辨識利害關係人

   (B) 問題日誌　　(D) 管理利害關係人參與

5. 專案經理召開「啟動會議」，就是為了？

   (A) 計算專案成本

   (B) 組織專案團隊

   (C) 獲得「利害關係人」的支持與後續參與

   (D) 發展專案目標

6. 下列何者是專案管理中，用來記錄和監督問題的解決情況？

   (A) 變更日誌　　(C) 利害關係人登錄冊

   (B) 問題日誌　　(D) 利害關係人管理計畫

7. 下列何者不是管理利害關係人參與的工具與技術？

   (A) 溝通方法　　(C) 管理技巧

   (B) 人際關係技巧　　(D) 問題日誌

8. 與「利害關係人」溝通討論、解決問題的最有效方法是？

   (A) Line　　(C) 面對面會議

   (B) 電子郵件　　(D) 電話溝通會議

9. 專案經理依計畫向專案利害關係人提供有關訊息。是屬於專案管理的哪一個流程群組？

   (A) 起始流程群組　　(C) 執行流程群組

   (B) 規劃流程群組　　(D) 監督流程群組

10. 通常是由誰負責利害關係人管理？

   (A) 行政經理　　(C) 專案團創成員

   (B) 專案經理　　(D) 專案贊助者

11. 一般而言，為了擬定「溝通管理計畫」應先進行下列何種工作？

(A) 溝通需求分析
(B) 溝通技巧訓練
(C) 專案組織分析
(D) 溝通技術可行性分析

12. 任何專案管理都資源有限，為了集中處理重要利害關係人關係，以確保專案能夠成功執行，專案經理必須？

(A) 發展「溝通管理計畫」
(B) 對利害關係人進行分類
(C) 發展利害關係人管理策略
(D) 進行利害關係人需求分析

13. 專案經理與外部利害關係人溝通的主要技能是？

(A) 公關
(B) 談判
(C) 團隊建立
(D) 問題解決

14. 專案經理與專案贊助者溝通的主要技能是？

(A) 公關
(B) 談判
(C) 團隊建立
(D) 問題解決

15. 在專案進行中，有某利害關係人反映某些訊息被洩露。這個問題可能出在下列哪一個流程沒有做好？

(A) 溝通規劃
(B) 溝通管理計畫
(C) 辨識利害關係人
(D) 利害關係人登錄冊

16. 下列何者不屬於有效管理利害關係人參與？

(A) 專案範疇變更控制
(B) 與利害關係人溝通並加以影響
(C) 定期取得利害關係人意見及回饋
(D) 解決已辨識的問題

17. 「一份將溝通需求與利害關係人分析彙整出來的一種說明哪一位利害關係人，在什麼時間點以及多久一次（每週、每月、每季），經由什麼管道或透過什麼方式獲得什麼資訊的文件」，是指？

(A) 溝通管理計畫
(B) 專案管理計畫
(C) 管理利害關係人策略
(D) 管理利害關係人計畫

18. 下列何者是屬於規劃溝通流程的工具？

(A) 溝通管理計畫
(B) 溝通需求分析
(C) 管理利害關係人計畫
(D) 利害關係人分析

19. 在專案管理的五大流程中，下列哪一個流程初期，風險最高，且利害關係人對專案成果的影響力也最大？

(A) 起始　　(C) 執行

(B) 規劃　　(D) 控制

20. 為有效辨識利害關係人，需進行下列步驟，請問正確順序是？

(A) 辨識利害關係人及其訊息→對利害關係人進行分類→發展利害關係人管理策略→評估關鍵利害關係人的反應

(B) 評估關鍵利害關係人的反應→辨識利害關係人及其訊息→對利害關係人進行分類→發展利害關係人管理策略

(C) 對利害關係人進行分類→辨識利害關係人及其訊息→發展利害關係人管理策略→評估關鍵利害關係人的反應

(D) 發展利害關係人管理策略→辨識利害關係人及其訊息→對利害關係人進行分類→評估關鍵利害關係人的反應

21. 專案進行中，專案經理正在用 Line 通知利害關係人參加會議，請問這是屬於下列哪一個流程？

(A) 規劃溝通　　(C) 報告績效

(B) 發佈資訊　　(D) 管理利害關係人期望

22. 專案贊助者是專案的關鍵利害關係人之一，他主要為專案提供下列何者？

(A) 專案範疇　　(C) 資金來源

(B) 契約定義　　(D) 風險管理

23. 專案成果的直接受益人是誰？

(A) 專案經理　　(C) 客戶

(B) 專案團隊成員　　(D) 公司管理階層

24. 下列何者是專案的關鍵利害關係人？

(A) 股東　　(C) 非營利組織

(B) 競爭對手　　(D) 一般大眾

CHAPTER

專案倫理與規範 14

本章學習重點

- 專案守則
- 應用專業知識
- 專案經理的倫理規範
- 保證個人誠信
- 12 項專案管理原則

「PMI 道德與專業行為規範」中認為「責任、尊重、公平、誠信」是全球專案管理領域最重要的四大基石。

14-1 保證個人誠信

所謂「誠信」（Integrity）是指堅守道德標準。一旦獲得專案經理的資格，就有義務保持誠信、應用專案管理專業知識，並維護專案經理應有的行為準則。需要將利害關係人的利益與需要，以及組織的利益與需要兩者之間求取平衡。身為專案經理，您會發現自己將接觸不同組織與文化、不同國家的人、不同國家的事、不同國家的物等，求取各利害關係人的需要平衡更加困難。

誠信包括三個面向：❶遵守專業道德規範、❷避免利益衝突情況、❸專業精神。

一、保證專案產品的完整性

身為專案經理，您的專案責任之一就是要保證專案產品及其流程的完整性，以及您個人行為的誠信。所謂「具有完整性的產品」是指產品完整功能健全或適用。而誠信表示遵守道德規範。

基本上，只要將您從「專案管理師」（Project Management Professional，PMP）所學到的專案管理流程做正確的應用，就能保證產品的完整性。

二、遵守專業道德規範

「道德」是一套價值規範系統，「一般道德」所論者為適用社會所有成員的價值規範，而「專業道德」則是針對某一專業領域中的人員所訂出之相關規範。

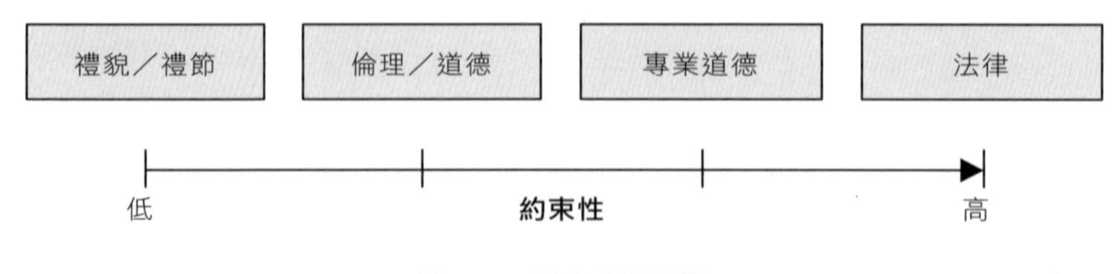

圖 14-1 約束力連續帶

身為專案經理，您必須遵守專業道德規範。以專案管理師（PMP）為例，必須至少遵守下列規範：

1. 專案管理師（PMP）應維持至高的道德標準與嚴謹的行為規範。
   (1) 支持以高道德標準來規範個人操守及專業行為，使言行得體，並為自己行為負責。
   (2) 承辦專案前務須審度案情、盱衡全局，除考量個人專業能力與工作經驗外，亦應獲得充份信任與授權，才能承接專案並擔負應有之責任與義務。
   (3) 時而保有接受新知與汲取專業技能的衝勁，體認個人持續成長與接受教育的重要性，使專業智能始終維持在符合潮流變遷脈動的狀態，是肯定自我存在價值的最佳捷徑。
   (4) 以實際的行動支持本規範的落實推動，並願盡一己之力，結合專業同僚，善盡遵守本規範之義務。
   (5) 願宣揚專案管理理念、帶領工作夥伴貢獻所長，共同投入專案管理相關活動，有助於本社群的持續發展。
   (6) 參與專案管理組織及任何專案執行所採取的措施與作為，均謹遵國家現行法令。
2. 專案管理師（PMP）應致力於以下的行為與謹守必要的分際。
   (1) 貢獻專案領導技能，以促進最大產能為前提，縮減專案支出成本為目標。
   (2) 善用各種專案管理工具與先進技術，確保品質、成本與時間能符合預定目標。
   (3) 不先入為主，公平對待所有專案成員、同事和工作夥伴，不因其人種、信仰、性別、年齡或國籍而有所差異。
   (4) 維持工作夥伴間和諧關係與良好身心狀態。

(5) 應責無旁貸的提供專案成員合適的工作環境與機會。

(6) 願意傾聽、接受他人率直的評論，主動提供工作建言，且能適時肯定他人的貢獻。

(7) 主動積極協助專案團隊成員、同事及工作夥伴於專業上的成長，以建立同舟共濟、相互扶持的優良傳統，共創團隊的榮耀。

3. 專案管理師（PMP）應忠於雇主並扮演以下角色。

(1) 於專業或商務上擔負起忠實代理人及值得信賴與託付的夥伴。

(2) 對於因業務而知悉的商業機密或技術資訊，在未獲得授權或喪失其保密時效之前，有義務保持緘默，絕不將該資訊公開或洩露予第三者。

(3) 不論專案管理師服務對象為雇主、客戶或任何組織，若發現任何可能形成之利益衝突，應善盡主動通知或迴避之責。

(4) 絕不因職務之便，自雇主或任何與業務有關人員處，以直接或間接的方式，謀取任何不當利益或酬勞。

(5) 對於專案的品質、成本與時程應本於職責不隱瞞、不規避，並就事實善盡告知之責。

4. 專案管理師（PMP）應履行對社會與專案管理組織的責任。

(1) 基於維護公眾利益與福祉，絕不因個人利益有違規範而做出任何危害社會大眾的情事。

(2) 嘗試讓社會大眾瞭解我們對社會的貢獻，並願與我們共享身為專案管理師的榮耀與成功的喜悅。

此外，可從 PMI 網站 www.pmi.org 找到 PMI 的「專案管理師專業行為規範」（Project Management Professional Code of Professional Conduct）的副本。謹記，信守 PMP 專業行為規範是學習專案管理最重要的一部分。

三、避免利益衝突情況

所謂「利益衝突」（Conflict of Interest）是指當個人利益擺在專案利益之上，或運用影響力導致他人做出對某些利害關係人有利或有害的決策，而不管專案結果時。換句話說，當有利害關係人將個人利益凌駕於專案利益之上，而影響專案決策並不顧專案結果如何。案例如下：

1. 利益衝突包括與您（專案經理）有關係、交往或聯繫的人。例如，可能您的表弟擁有建設公司，而您是營建案的專案經理，您的表弟投標，最後並贏得競標。

2. 收受供應商禮品：在大部分的組織，接受供應商任何東西都視為有利益衝突，包括禮品（無論金額多少）、用餐，或甚至一杯咖啡。告知供應商這些已逾越界限，且您（專案經理）不能接受禮物，是您的責任。

3. 受某利害關係人影響：面對權力大的利害關係人，例如您的主管，請不要將個人利益擺在專案利益之上。

四、專業精神

任何商場上的專業人士，都必須表現出專業態度，身為專案經理也不例外。專業行為包括在不確定的情況控制您自己與您的反應。當利害關係人因自身利益而對您毫無理由的抨擊，您無法對控制他們說什麼或做什麼，但您可以控制自己應有的專業回應。身為專業的專案經理，您對專案及組織的關心，順序上應高於您自身的感受。因此，還以顏色的抨擊並不專業，身為專業的專案經理，您應維持應有的專業風度，而不要容易與他人做大聲嚷嚷。

此外，您的專案團隊代表您與您的專案，因此您應確保他們應有的專業舉止，保證他們也這樣做，是您身為專業專案經理的職責。身為專案經理，您對您的專案團隊成員有很大的影響力。當您看到專案團隊成員行為不當，請輔導並影響那些專案成員，遵從您與您的組織所期望的行為標準。

14-2 應用專業知識

所謂「專業知識」包括專案管理實務知識，以及完成任務所需的特定產業或特定技術領域的知識。身為專案經理，您應將專案管理知識應用於所有專案中。藉著讓其他人保有最新專案管理實務、訓練您的專案團隊成員正確使用技巧、告知利害關係人正確流程，並在整個專案期間堅持那些流程，以利用專案實務機會教育其他人。

一、專案管理知識

專案管理的知識領域不斷地增長，身為專案經理，您的職責就是保有最新的專案管理知識，包括理論、實務、技巧與手法等。當然有很多方式可以執成這個目的，例如加入專案管理學會的會員就是其一。

參加專案管理學會，讓您有機會見識到其他專案經理處理專案的實務技巧，並尋求對您專案有益的建議。從其他會員的經驗分享中，學習到成功與失敗的案例，避免您在下一個專案犯錯。

當然，有些專案管理學員也會發行刊物，閱讀這些刊物是學習新專案管理技巧，也是強化您已知專案知識的好方法。而參加專案管理學會所提供的一些專案管理實務課程，也是學習專案管理與接觸其他專案管理人員不錯的方式。

二、產業知識

不管哪一種專案，都必定依附在某特定的產業領域。因此您必也擁有特定的產業領域知識。最年來隨著網路科技的發展，各產業領域知識的爆炸性成長，您需要在您的產業保持最新狀態，使您能有效地應用這些知識，若您不保持在最新狀態，今日快速發展很快就可能讓您落後腳步。

當然，身為專案經理，您不用成為技術專案，但並不代表您不用瞭解產業知識或技術知識的改變。與您產業領域的知識趨勢同步，並對您所處產業的領域知識有最新的一般性瞭解，對您與您的專案有利而無害。如前所述，您也可以加入產業協會或參加產業協會所舉辦的相關教育課程，使您對產業的趨勢與技術保持在最新狀態。

三、機密資訊

有些時候專案經理是委外的工作，身為委外的專案經理，您可能會接觸到敏感或機密資訊，您應不揭露敏感或機密資訊，或以任何方式利用此資訊圖利自己。通常當您在受理委託從事專案經理工作時，您需要簽署保密協議書。這份協議書只說明，您不可以與任何人（包括該委託公司的競爭者）分享有關專案的相關資訊，或利用該資訊圖利自己。

有些時候，您可能是出自於好奇，而去查詢與自己專案無關的組織（委託人）相關資訊，這是極不道德的，且甚至可能違法，在許多組織中，這些都可能是開除或解除委任的理由。

四、智慧財產

身為專案經理，您在從事專案管理過程中，可能會接觸到一些有關智慧財產的事物。智慧財產包括組織所發展出具有商業價值的有形或無形事物，例如軟體、程式、方法與樣式設計等。它也可能包括有專案保護的構想或流程，或可能是組織發展出的製程、商業流程或生產配方。

身為專案經理，對待智慧財產，就像對待敏感或機密資料一樣，不應用於圖利自己，或與無權使用的其他人分享。

14-3 專案管理的其他重要議題

一、一般專案管理人員最常需要的報表

1. 專案需要花費多少時間？多少成本？（使用甘特圖）
2. 處理工作之間的關係（使用網路圖）
3. 哪些工作交待給誰來負責？（OBS）
4. 哪些工作最重要？（要徑法）
5. 目前有哪些專案工作需要進行？
6. 哪些工作已經延誤了？
7. 實際運作的情形與原先規劃差異有多少？（比較基準）

二、專案管理軟體的功能

目前市場上較受歡迎的專案管理軟體是微軟的 Project。一般而言，專案管理軟體應具有如下功能：

1. 協助控制預算與成本
2. 協助控制時程與行事曆
3. 協助專案團隊溝通與電子郵件
4. 協助專案報告與圖表
5. 資料輸入與資料輸出
6. 處理多項主專案與次專案
7. 產生報告
8. 資源管理
9. 專案監控與追蹤
10. 排序與篩選
11. 自訂分析
12. 設定密碼保護

三、選擇專案管理軟體的參考準則

下列是一些選購專案管理軟體的參考準則：

1. 容易上手
2. 提供線上輔助功能
3. 整合其他系統功能，例如 Word、Excel、資料庫、email 等。
4. 廣泛的報告功能
5. 設定密碼保護
6. 功能特色符合企業所需
7. 供應商的技術與支援能力，以及販售的價格

四、第七版的 12 項專案管理原則

PMBOK 第七版條列 12 項專案管理原則（Project Management Principles)，作為專案管理人員行為準則的依據，基本上這 12 項專案管理原則也符合 PMI 道德與專業規範。這 12 項原則如下：

1. 成為勤奮正直、受人尊重、以及有愛心的管家（Be a diligent, respectful, and caring steward）
2. 建立一個分工合作的專案團隊環境（Create a collaborative project team environment）
3. 有效地與利害關係人互動（Effectively engage with stakeholders ）
4. 專注價值（Focus on value）
5. 了解、評估，並回應整個系統的變化（Recognize, evaluate, and respond to system interactions）
6. 展現領導者風範（Demonstrate leadership behaviors）
7. 根據現實狀態做適當地裁適（Tailor based on context）
8. 在流程與交付產品中融入品質（Build quality into processes and deliverables）
9. 駕馭複雜度（Navigate complexity）
10. 用最佳化回應風險（Optimize risk responses）
11. 充分接納變化與彈性（Embrace adaptability and resiliency）
12. 運用變更程序以達成理想的未來（Enable change to achieve the envisioned future state）

學習評量

1. 身為專案經理，您不需負責保證下列哪一項的誠信或完整性？

   (A) 專案經理本身個人的誠信　(C) 專案管理流程的完整性

   (B) 其他個人的誠信　(D) 產品完整性

2. 身為專案經理，保證專案顧客滿意最重要的一項活動是？

   (A) 記載績效衡量指標　(C) 定期報告專案進度

   (B) 報告變更並在適時更新專案計畫　(D) 記載顧客要求

3. 身為專案經理，您必須遵守專案管理的專業行為規範。這些規範不包括列哪一項？

   (A) 遵從利害關係人的要求
   (C) 揭發利害關係人間的利害衝突
   (B) 遵從當地的規定與標準
   (D) 誠實報告專案經驗與 PMP 資格

4. 身為專案經理，若公司高層要你誇大你的專案管理經驗，以便取得契約，你應該？

   (A) 推薦其他專案經理
   (B) 拒絕建議
   (C) 說明無法接受，但可以告訴客戶若必要時也願意提供相關經驗
   (D) 以上皆非

5. 身為專案經理，若你從 A 公司跳槽到 B 公司，而 A 公司正在參加 B 公司的投標案，A 公司想從你這邊獲取機密訊息，你應該？

   (A) 提供訊息
   (C) 拒絕提供
   (B) 先了解意圖再做決定
   (D) 以上皆非

6. 下列行為哪一項涉及利益衝突？

   (A) 和朋友討論你的專案
   (C) 剛辭職就為競爭對手工作
   (B) 接受往來多年公司的禮物
   (D) 利用公司關係促進你的業務

7. 誠信包括哪三個面向？[複選]

   (A) 勇於負責
   (C) 避免利益衝突
   (B) 遵守專業道德規範
   (D) 專業精神

8. 約束力連續帶，由低至高？

   (A) 法律→專業道德→道德→禮節
   (C) 禮節→道德→專業道德→法律
   (B) 專業道德→法律→禮節→道德
   (D) 道德→專業道德→禮節→法律

9. 下列何者不是「PMI 道德與專業行為規範」中，被認為全球專案管理領域最重要的四大價值觀？

   (A) 責任
   (C) 公平
   (B) 尊重
   (D) 專業

10. 若專案經理故意延遲披露存在的利益衝突，則違反「PMI 道德與專業行為規範」中的哪一個價值觀？

    (A) 責任
    (C) 公平
    (B) 尊重
    (D) 誠信

CHAPTER 15

專案管理思維的改變

本章學習重點

- PMBOK® Guide 演進與第七版
- 十二大專案管理原則
- 八大專案績效領域
- 裁適（Tailoring）
- 模型、方法和工件（Models, Methods and Artifacts）

15-1 PMBOK® Guide 演進

一、PMBOK 第七版的內涵

PMBOK 第七版主要是以「專案經濟」（Project Economy）為基礎來思考專案管理。所謂「專案經濟」是人們擁有將想法變為現實所需的技術和能力。組織可透過成功地完成專案，交付成果以及確認與策略一致性，來為利害關係人提供價值。因為世界變化太快，組織發現願景使命化、使命產品化、產品專案化，因此提出專案經濟。為了讓不同產業能夠應用《PMBOK® Guide》，使得利害關係人都能在《PMBOK® Guide》中獲得屬於他的利益。

簡單來說，PMBOK 第六版比較重視專案的技術面，比較忽略專案策略面的重要性。因此第七版不再只重視專案的「流程」，輸入（Inputs）、工具（Tools）、技術（Technologies）與產出（Outputs），反而更重視專案「交付成果」（Outcomes）。

二、PMBOK 第七版的目標

PMBOK 第七版的目標在於讓專案經理在採用「預測式」、「敏捷式」與「混合式」等專案管理方法論時，能更貼切、更容易使用。然而，第七版與第六版是共存的概念。第六版的「五大流程」、「十大知識領域」、「49 個子過程」與「ITTO 架構」

（Inputs, Tools, Technologies & Outputs），在「預測式」專案手法上仍有其價值與功能，與第七版內容並無衝突。

三、PMBOK® Guide 之版本演進

PMBOK 第一版至第六版在主要章節架構方面，基於專案管理生命週期與過程導向（Process Oriented）特性，在「五大流程群組」都沒有異動。第五版將原本歸屬於「溝通管理」的「利害關係人管理」獨立出來，成為第十大知識領域。

第六版將「時間（Time）管理」改成「時程（Schedule）管理」，「人力資源（Human Resources）管理」改成「資源（Resources）管理」，仍強調技術應用，維持「投入、工具／技術、產出」（ITTO）的邏輯思維與方法論。在子流程與十大知識領域的配適（Mapping）上略有增減，子流程從第五版的 47 子流程，第六版改為 49 子流程，並增錄「專案管理標準」將其分成六章，主要說明「五大流程群組」與「投入、工具／技術、產出」之間的關係，因此第六版全書厚達 766 頁，第七版則精簡成 370 頁。

表 15-1 《PMBOK® Guide》之版本演進

年	1996	2000	2004	2008	2013	2017	2021
版次	第 1 版	第 2 版	第 3 版	第 4 版	第 5 版	第 6 版	第 7 版
主要內容	5 大流程 9 大知識 37 子流程	5 大流程 9 大知識 39 子流程	5 大流程 9 大知識 44 子流程	5 大流程 9 大知識 42 子流程	5 大流程 10 大知識 47 子流程	5 大流程 10 大知識 49 子流程	12 大原則 8 大績效
說明	• 第一版至第六版本主要內容「流程群組」、「知識領域」、「子流程」。 • 五大流程群組：起始、規劃、執行、監督及控制、結案。 • 第一版至第四版的九大知識領域：整合、範疇、時間、成本、品質、風險、人力資源、溝通、採購。 • 第五版的十大知識領域：整合、範疇、時間、成本、品質、風險、人力資源、溝通、採購、利害關係人。 • 第六版的十大知識領域：整合、範疇、時程、成本、品質、風險、資源、溝通、採購、利害關係人。 • 從第六版開始將全書區分「專案管理知識體系」與「專案管理標準」兩大部分。 • 第七版將「五大流程群組」與「十大知識領域」改以「十二大管理原則」與「八大績效領域」取代。						

四、PMBOK 第六版與第七版之關係與比較

以數位版本計算 PMBOK 從第六版的 756 頁大幅縮減到第七版的 370 頁。整體而言，第七版跳脫第六版偏向「預測式」專案的窠臼，捨去專案「五大流程」回歸到專案管理的本質。

《PMBOK® Guide》第六版	《PMBOK® Guide》第七版
《專案管理知識體系指南》 ■ 引言、專案環境及專案經理的角色 ■ 十大知識領域 • 整合 • 範疇 • 時程 • 成本 • 品質 • 資源 • 溝通 • 風險 • 採購 • 利害關係人	《專案管理標準》 ■ 引言 ■ 價值交付系統 ■ 十二大專案管理原則 • 總管精神 • 裁適 • 團隊 • 品質 • 利害關係人 • 複雜性 • 價值 • 風險 • 系統思考 • 調適性與韌性 • 領導 • 變革
《專案管理標準》 ■ 五大流程 • 起始 • 規劃 • 執行 • 監督與控制 • 結束	《專案管理知識體系指南》 ■ 八大專案績效領域 • 利害關係人(Stakeholder) • 團隊(Team) • 開發手法與生命週期 (Development Approach and Life Cycle) • 規劃(Planning) • 專案工作(Project Work) • 交付(Delivery) • 衡量指標(Measurement) • 不確定性(Uncertainty) ■ 裁適(Tailoring) ■ 模型、方法與工件(Models, Methods & Artifacts)

PMI 的數位內容平台《PMIstandards+》

* 此平台透過「模型、方法與工件」與 PMBOK Guide 連結，進一步延伸其內容
* 此平台涵蓋所有符合 PMI 標準的內容，以及專為該平台所撰寫的內容。
* 這些內容顯示在專案實務中應該如何運用，包括新興的專案實務。

圖 15-1 《PMBOK® Guide》第六版與第七版之關係與比較

PMBOK 第七版包含「專案管理標準」及「專案管理知識體系指南」二大部分；第七版打破第六版「五大流程群組」及「十大知識領域」的架構，改以專案價值為導向，以「專案管理標準」的「十二大管理原則」為價值觀、「八大績效領域」為行為基準。主要改變內容如下：

1. 從基於「流程」（Processes）的方法轉變為基於「原則」（Principles）的方法，類似於「敏捷式」專案方法論的思維。「十二大管理原則」指引專案管理人員的活動與行為，不管採用的是哪一種管理方式，它強調專案的「什麼（What）」與「為何（Why）」。

2. 「專案管理標準」已從「五大流程群組」轉移到「十二大管理原則」。

3. 專案架構從「十大知識領域」（Knowledge Areas）分類轉移到「八大專案績效領域」（Project Performance Domains）。八大專案績效領域為能有效地交付專案成果，並且具有關鍵性的一群相關活動。

4. 新增章節「模式、方法與工件」（Models, Methods, and Artifacts），包含工具與技術的擴充目錄，還有額外的內容說明：在不同專案類型、發展方式與產業領域中，如何應用這些工具與技術。

5. 新增章節「裁適」（Tailoring），提供裁適指引，依據專案管理方式、治理與過程，給予慎重考慮，使它們更適用在現有專案環境與手邊的任務。

PMIstandards+™ 是整合現今、新興及未來的實務、方法、工件，以及其他資訊的互動式數位平台，更能反映出專案管理十大知識體系的動態本質。從 PMIstandards+™ 可以找到更多補充《專案管理標準》與《專案管理知識體系指南》的延伸資訊與資源。

表 15-2 PMBOK 第六版與第七版的主要差異

PMBOK Guide	第六版	第七版
整體方式	• 著重於規範的(prescriptive) 而不是描述的(descriptive) • 強調：如何做(how) 不強調：做什麼(what)、為何做(why)	• 著重於：十二大管理原則，用來引導「心態」(mindset)、「行動」(actions)、「行為」(behaviors) • 更強調：交付成果與價值 • 將下列各項反映在知識體系：專案可交付成果、敏捷、精實、以顧客為中心的設計
專案管理知識體系	共十三章 引言、專案環境、專案經理角色、十大知識領域	共四章 引言、八大績效領域、裁適、模型／方法／工件
專案管理標準	以「過程」為導向的標準 共六章。引言、五大流程群組	以「原則」為基礎的標準 共三章。引言、價值交付系統、十二大管理原則
主體	專案管理「十大知識領域」	專案管理「八大績效領域」
主要內容	五大流程群組／十大知識領域／49 子流程	透過十二大管理原則與八大績效領域達成以裁適及價值交付的專案目標

PMBOK Guide	第六版	第七版
聚焦點	聚焦於「過程」	聚焦於「專案成果」與「可交付的標的」
專案應用	大部分專案 尤其是預測式專案	任何專案 預測式專案、敏捷式專案、混合式專案...
目標對象	以專案經理為主	參與專案的任何人
操作面	ITTO 架構：投入、工具與技術、產出 (Inputs, Tools & Techniques, Outputs)	模型、方法與工件(Models, Methods & Artifacts)
裁適指引	沒有明確的指引	提供明確的指引
知識體系延伸		PMIstandards+™ 數位平台誕生

五、傳統式專案與敏捷式專案

傳統式專案與敏捷式專案在手法上，最大的差別在於目標與解決方案的運作方式有所不同，如圖 15-2 所示。

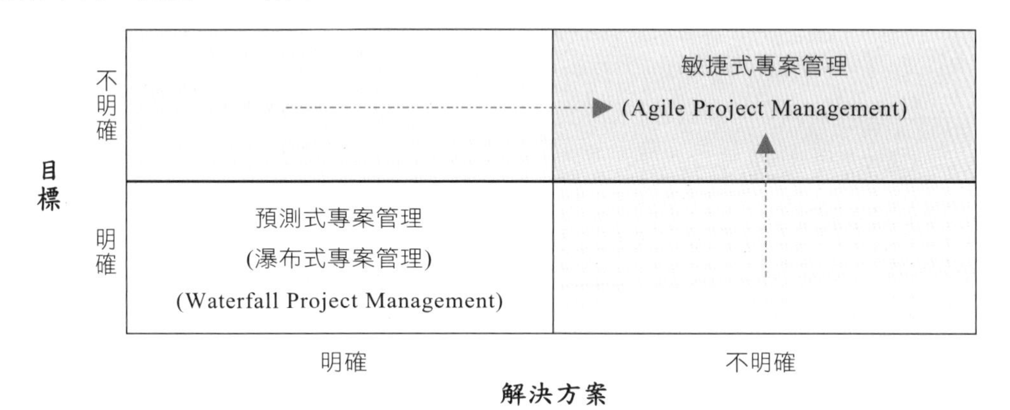

圖 15-2 **傳統式專案 vs.敏捷式專案**

傳統式大多使用「預測式」，又稱為「瀑布式」專案管理手法，其專案本質上是複現的，可能只是每隔一段時間蓋一棟類似的住宅大樓、生產某類似的產品、或每年舉辦類似的會展等專案。這類專案的複雜性低，其運作的方式不太需要創新。專案風險性相對較低，因為每一項操作流程可能發生的問題比較容易被辨識出來。

敏捷式專案管理手法針對的是「目標」可能不明確，也可能沒有一個清晰的「解決方案」這類專案。例如：提供一般人太空旅行體驗，這種專案在目標上可能不明確，因此存在許多猜想和試驗，不只如此，開發過程中可能根據環境隨之改變，經常面臨「計劃趕不上變化」的環境。

一般而言，專案管理方法論主要可分為「預測式」與「敏捷式」兩種截然不同的專案管理模式及運作架構。「預測式」或稱「瀑布式」專案管理是直線型的，有明確的專案起始與結束交付目標；「敏捷式」專案管理則僅規劃短期目標、快速開發產出，實際驗證後迅速調整下次的規劃，藉以達成持續的迭代進步。第六版比較適用於「預測式」專案，而第七版則二者都適用，也適用於混合式。

15-2 PMBOK® Guide 第七版

一、PMBOK 第七版的主要章節內容

PMBOK 第七版主要是由兩本書所構成：《專案管理標準》（The Standard For Project Management）與《專案管理知識體系指南》（A Guide to the Project Management body of knowledge），如圖 15-3 所示。

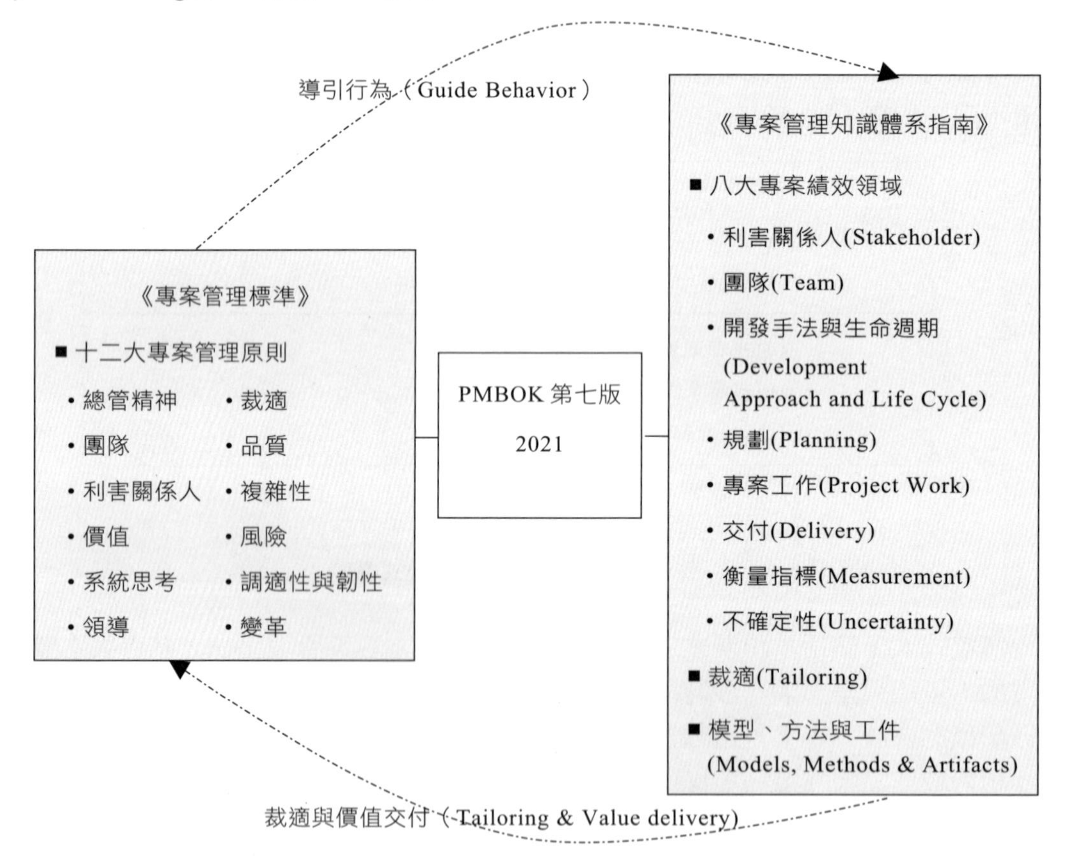

圖 15-3 《PMBOK® Guide》第七版的主要章節內容

1. **專案管理標準（The Standard for Project Management）**：PMBOK 第七版對於第六版中，專案管理五大流程「專案起始、專案規劃、專案執行、專案監督與控制、以及專案結束」並沒有太大改變，只是加入「敏捷式」的思維，讓專案管理五大流程的每個階段都可以被討論與修正。

2. **專案管理知識體系指南（A Guide to the Project Management Body of Knowledge）**：專案管理知識體系指南除了原本的八大專案績效領域「利害關係人、團隊、開發手法與生命週期、規劃、專案工作、交付、衡量指標、不確定性」外，還新加入「裁適」以及「模型、方法與工件」。

   (1) 裁適（Tailoring）：因為現實世界中，專案管理應用到很多不同的產業，專案類型也五花八門，因此在執行專案管理的實務過程中，「裁適」甚至量身訂製適合該產業的專案管理方法論很重要。這樣的「裁適」，要從策略層面、企業層面、專案層面等幾大層面來思考，然後持續精進，才能找到最適合該產業的專案管理方法論。

   (2) 模型、方法與工件（Models, Methods & Artifacts）：模型、方法與工件會因專案的不同而不斷的調整。「模型」（Models）是思考策略，一個專案需要什麼樣類型的思考才能夠成功；「方法」（Methods）是為了完成該專案，會需要用到的方法；「工件」（Artifacts）是該專案所需的模板，執行後的產出或是專案執行過程中要用到的或是撰寫的文件。

PMBOK 第七版的「專案管理知識體系指南」分為四大章：

1. **簡介（Introduction）**：主要說明「專案管理知識體系指南」的架構與「專案管理標準」之間的關係，以及 PMBOK 第七版所做的改變，最後介紹 PMI 的數位內容平台 PMIstandards+。

2. **專案績效領域（Project Performance Domains）**：此是 PMBOK 第七版的核心，分別探討各個績效領域的「活動」（Actives）與「功能」（Functions）。「專案績效領域」相當於第六版所談的「十大知識領域」（Knowledge Area），只是切入、歸納視角不同，將原本第六版的「十大知識領域」縮編成第七版的「八大專案績效領域」。所謂「專案績效領域」是指對有效產生專案成果（project outcomes）有極為關鍵作用的議題，無論採用何種開發模式，專案活動都離不開以下八大專案績效領域，包括：❶利害關係人、❷團隊、❸發展手法與生命週期、❹規劃、❺專案工作、❻交付、❼衡量指標、❽不確定性。

3. **裁適（Tailoring）**：每項專案都是獨一無二的，配合專案環境與屬性，因地因時做出適當地調整，可讓整體專案過程更加平順。可以調整的地方包括有：

   (1) 專案發展生命週期：採「預測式」或「敏捷式」？要分多少階段？

   (2) 流程：決定專案發展生命週期後，專案流程可做新增、刪除、修改、合併等調整。

   (3) 人員參與：挑選適當的專案成員、分派專案職權與任務、決定是否外包⋯。

(4) 使用工具：選擇專案管理工具。

(5) 專案管理方法與產出文件：是否採行實獲值（Earn Value）方法追蹤進度與成本？是否借用故事點（Story Point）做專案估算？決定需要做哪些專案文件等。

4. **模型、方法和工件（Models, Methods and Artifacts）**：PMBOK 第七版捨棄第六版五大流程群組的概念，但保留其中的 ITTO 架構（Inputs, Tools & Techniques, and Outputs）。

(1) 模型（Models）：共有 22 個模型，例如：情境領導 II、跨文化溝通、需求理論、領導變革八步驟、史黛西矩陣、塔克曼階梯、衝突管理、流程組…等。

(2) 方法（Methods）：共有 59 個方法。資料蒐集與分析類，例如：假設與限制分析、基準比較、品質成本、決策樹、實獲值、預期貨幣價值、自製或採購分析、PI 矩陣、SWOT、變異分析…等。估算類，如：功能點、類比估算、參數估算、故事點…等。會議與事件類，例如：投標人會議、變革控制委員會、每日站立會議、開工會議…等。其他類，例如：影響圖、淨推薦值、優先方案…等。

(3) 工件（Artifacts）／人工產出物：共有 76 個工件（人工產出物）。例如：商業企劃書、專案章程、專案管理計畫書、風險登錄表、利害關係人登錄表、工作拆解架構、範疇基準、燃盡圖、甘特圖、用例、故事圖…等。

二、八大專案績效領域

八大專案績效領域是對有效交付專案成果至關重要的相關活動組合，存在於每項專案中，而在整體專案過程中相互影響、相互關聯及相互依存，必須以整體的方式同時運作。專案八大績效領域包括：

1. **利害關係人（Stakeholders）績效領域**：主要說明與利害關係人相關的活動。利害關係人是受專案影響的個人、群體或組織，相對地，利害關係人影響著專案的決策、活動與成果。專案階段不同有不同的利害關係人，其影響力、權力或關注程度會隨著專案發展而發生變化。專案團隊應善用領導技巧與人際關係與利害關係人合作、引導利害關係人參與專案活動，與他們互動以培養正面關係與滿意度。第七版建議有效地引導利害關係人參與的步驟，包含：辨識、了解、分析、排序、接觸及監督。

2. **團隊（Team）績效領域**：主要說明與團隊成員相關的活動，這些人員負責產出專案交付標的，實現專案成果。團隊績效領域涉及專案團隊的發展、領導與管理，包含建立團隊文化與環境、裁適符合專案需要的領導與管理風格，促進團隊成員從一群不同的個體逐步發展成為一個高績效專案團隊。高績效專案團隊應具備開放式溝通的環境、共同理解、共享主導權、信任及協同合作等特質。

3. **開發手法與生命週期（Development Approach and Life Cycle）績效領域**：主要說明與專案開發手法、交付節奏及專案生命週期相關的活動，以瞭解「預測式」、「敏捷式」、「混合式」手法的主要差別與適用的情境與時機。通常交付標的會影響開發手法，開發手法會影響交付節奏，交付節奏會影響生命週期。專案團隊可依建議的考慮因素，選擇及裁適合適的開發手法。

4. **規劃（Planning）績效領域**：主要說明與規劃相關的活動。規劃的方法與內容在整個專案生命週期中持續不斷的演變與調適，目的是產生專案交付標的與成果。無論是專案前期還是整個專案，需要花多少時間規劃視情況而定，例如：考量開發手法、專案交付標的、組織需求、市場條件、法律或監管限制…等因素。若規劃所花費的成本大於效益，是沒有效能的，因此，規劃只要足夠讓專案可適度地向前推進即可，不需要過於詳細。

5. **專案工作（Project Work）績效領域**：說明與執行專案工作、管理資源、管理專案變更及培養學習環境有關的活動，包括建立最適化專案過程與執行工作、持續評量與平衡專案團隊的專注力，使專案團隊能夠交付預期的交付標的與成果。

6. **交付（Delivery）績效領域**：主要說明與交付專案所需達成的符合「需求」、「範疇」及「品質」相關的活動。專案交付著重於符合「需求」、「範疇」及「品質」期望，並產生期望的交付標的，以達成預期的成果。同時也應考慮對財務面、技術面、社會面以及環境面所產生的長期影響。

7. **衡量指標（Measurement）績效領域**：主要說明與衡量專案績效相關的活動，評量在「交付（Delivery）」績效領域中所完成的工作，是否滿足「規劃（Planning）」績效領域中所定義的衡量指標，並採取適當的回應措施，以確保最佳績效。

8. **不確定性（Uncertainty）績效領域**：主要說明與「風險」及「不確定性」相關的活動。「不確定性」代表威脅與機會，專案團隊成員應在整個專案中主動地與持續地辨識風險、規劃與執行回應策略，監督與控制殘留風險，以避免或極小化威脅帶來的衝擊，並觸發或極大化機會帶來的影響。

八大專案績效領域中的每一項績效領域活動，需視組織、專案、交付標的、專案團隊、利害關係人…等因素進行裁適，以符合不同專案的需要。PMBOK 第七版在八大專案績效領域的每一項績效領域中提供對應的檢核方式，以檢驗該績效領域活動是否達到預期成果，例如：可以從觀察利害關係人持續參與專案的動向，來檢驗專案團隊是否與利害關係人維持高效的互動關係。

三、專案管理標準的十二大管理原則

1. **總管精神**：成為勤奮、謙恭及關懷他人的總管。總管需遵循在組織內部或外部經正式授權的法律、規則、法規，以及要求，以正直、關懷及誠信的態度盡責行事，同時以全方位的觀點考量財務、技術、社會，以及環境衝擊，做出負責任的決策。

2. **專案團隊**：打造協同合作的專案團隊。專案團隊由具有多樣技能、知識及經驗的個人所組成。相較於獨自作業的個人，協同合作的專案團隊更具有效能地、更具有效率地實現專案目標。

3. **利害關係人**：與利害關係人正面而有效地互動。專案團隊在整個專案生命週期中，積極主動地「辨識、了解、分析、排序、接觸及監督」與利害關係人的互動，滿足利害關係人需求與促進專案成功。

4. **價值**：專注於透過專案實現價值。價值是專案成功的最終指標與驅動力，為透過專案實現價值，專案團隊應將焦點由「交付標的」轉移至「預期成果」，並持續評估與調整專案，促使預期價值最大化。

5. **系統思考**：辨識、評估及回應系統間的交互作用。專案是由相互依存與相互作用的活動領域所組成的系統，專案團隊應以全方位的觀點辨識、評估及回應專案內部與外部的動態環境，以正面影響專案績效。

6. **領導**：展現正向的領導行為。比起常態的營運，專案可能承擔更多外來影響與衝突，有效的領導更顯重要。任何專案團隊成員皆可展現領導行為以促進專案成功。

7. **裁適**：依環境及脈絡進行裁適。每項專案都有其獨特性，因此依據不同專案的環境與脈絡、目標、利害關係人、以及治理，來量身訂製最合適的專案開發手法，並在整個專案中持續的調適。

8. **品質**：將品質融入「過程」與「交付標的」。持續專注專案的「品質」，以產出符合專案的需求，並滿足利害關係人期望的交付標的。

9. **複雜性**：駕馭複雜性。由於人類行為、系統行為、技術創新性、專案不確定性與模糊性等因素，造成專案及其環境難以掌握的複雜性，專案團隊應保持警覺以辨識出複雜性的要素，並採取適當的手法與計畫來降低複雜性帶來的衝擊或影響。

10. **風險**：最佳化風險回應策略。風險可能是正面的機會也可能是負面的威脅。持續評估、規劃及積極主動地回應風險，以最大化專案的正面影響與最小化負面衝擊。

11. **調適性與韌性**：擁抱調適性與韌性。在組織與專案團隊所使用的手法裡加入調適性與韌性，幫助專案適應改變、從挫折中恢復及推進專案工作。

12. **變革**：推動變革以達成預期的未來狀態。在整個專案期間與利害關係人共同合作，以獲得其對變革的認同，透過結構化與非結構化的變革手法，協助專案成員、利害關係人、群體及組織從當前狀態過渡至預期的未來狀態。

四、依專案屬性進行裁適

裁適（Tailoring）是指對專案開發手法、專案治理及專案過程進行審慎的調整，使其更適合於特定的專案環境與當前的專案任務。例如：建築工程專案可能比較適合採用「預測式」專案開發手法；軟體開發專案可能比較適用「敏捷式」或「混合式」專案手法。PMBOK 第七版提供四大裁適（Tailoring）步驟：

1. **選擇適合的專案開發與交付手法**：專案團隊應用對產品與交付節奏的知識與選項，選擇最適合的專案開發手法。
2. **依組織裁適**：大多數的組織都有專案方法論、通用的管理手法或開發手法，可以此作為裁適的起點。
3. **依專案屬性裁適**：依據專案的交付標的、專案團隊成員、專案組織文化等屬性進行裁適。
4. **持續改善**：透過定期審查或經驗學習來逐步改善，找出需要進一步裁適的地方。

五、總結 PMBOK 第七版的特點

PMBOK 第七版具有下列特點：

1. 更強調交付成果與價值。組織為利害關係人創造價值，實現價值的方式是透過專案組合、專案集、專案營作，這些組件可以單獨使用或共同運用，當共同運用時，構成一套與組織策略一致的價值交付系統，其目的是透過創造交付標的與成果，為組織及其利害關係人創造價值。價值的體現可以是滿足客戶需求的產品或服務、對社會或環境的貢獻、組織效率與效能的提升、成功變革與組織轉型等。
2. 《專案管理標準》從「過程」導向的標準，轉向以「原則」為基礎的標準。
3. 《PMBOK® Guide》從專案管理十大知識領域為主體的架構，轉向以專案八大績效領域為主體的架構，並以《專案管理標準》十二大管理原則指引行為。
4. 根據專案的獨特性，對開發手法、治理及過程進行裁適，以適用當下環境。
5. 將專案管理「工具」與「技術」合併為「模型、方法及工件」。
6. PMIstandards+TM 數位平台誕生，《PMBOK® Guide》變成動態的知識體系。

整體而言，PMBOK 第七版將專案管理的重要元素整合成一張關聯圖，幫助建立專案管理的整體輪廓，也建立與自身的連結。

1. 專案的目的是創造預期交付成果與價值，是專案管理人員的核心思想。
2. 專案管理標準的十二大管理原則，是專案從業人員執行專案的行為指引，需要不斷反思的心法。
3. 專案管理的八大績效領域是實現專案成果的關鍵活動組合，可視為專案管理人員執行能耐施展。
4. 專案管理人員根據專案屬性及內外環境，裁適合適的專案手法、治理及過程，而且夠用就好。
5. 「模型、方法、工件」是專案管理人員的工具包。
6. PMIstandards+™ 平台是《專案管理標準》與《專案管理知識體系指南》的動態延伸，是專案管理人員的知識庫。

15-3 第七版對 PMP 考試與專案實務的影響

一、第七版對現行 PMP 考試的影響

PMBOK 第七版的頒佈，不會影響現行 PMP 考試方式，但會逐步將第七版的一些新概念融入考題。《PMBOK® Guide》只是 PMP 考試參考文件之一，並不是準備考試的工具，真正地考試內容仍然依據 PMI 公佈的「PMP 考試內容大綱（Exam Content Outline, ECO）」。PMP 考試題目（Exam items）仍跟以往一樣會持續更新，現階段應會以融合第六版「五大流程群組」、「十大知識領域」、「49 子流程及其 ITTO 架構」，以及第七版「十二大管理原則」、「八大專案績效領域」為出題內容。

二、第七版對專案實務的影響

特別強調 PMBOK 第七版之前各版本的內容在實務上依然有效。例如，第六版「五大流程群組」、「十大知識領域」、「49 子流程及其 ITTO 架構」在專案實務上依然有效，全球許多專案經理將傳統的 49 子流程，以及它們相對應的 ITTO 成功地運用到專案實務上，所以這些傳統專案管理技巧，在匹配 PMBOK 第七版新概念的同時，仍然可有效運用在實務上。

APPENDIX A 模擬試題彙整

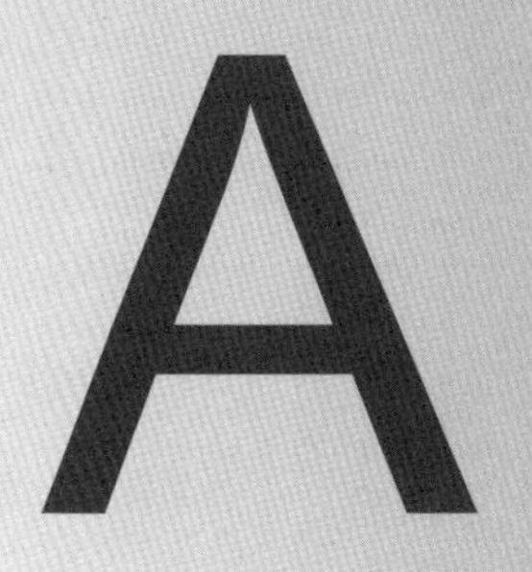

1. 關於「由下往上估計」的敘述，下列何者正確？
   (A) 比「類比估計法」更花時間
   (B) 精確度比「類比估計法」高
   (C) 精確度決定於「工作包」的大小
   (D) 以上皆是
2. 關於「專案生命週期」和「產品生命週期」長短的描述，下列何者正確？
   (A) 產品生命週期較長
   (B) 專案生命週期較長
   (C) 一樣長
   (D) 不一定
3. 關於「專案計畫書」的描述，下列何者正確？
   (A) 由高階管理者所發出的文件，授權專案經理使用企業的資源
   (B) 產品或服務的簡要說明
   (C) 是一份正式核准的文件，可以引導專案的執行
   (D) 描述組織分解結構的文件
4. 關於「專案授權書」的描述，下列何者正確？
   (A) 由高階管理者所發出的文件，授權專案經理使用企業的資源
   (B) 產品或服務的簡要說明
   (C) 是一份正式核准的文件，可以引導專案的執行
   (D) 描述組織分解結構的文件
5. 哪一種組織結構的專案經理權力最少？
   (A) 功能型組織
   (B) 純專案型組織
   (C) 平衡矩陣型組織
   (D) 強矩陣型組織
6. 當專案有多餘的人力時，可以進行？
   (A) 趕工
   (B) 快速跟進
   (C) 資源撫平
   (D) 以上皆是

7. 風險辨識應該在什麼時候實施？
   (A) 每個階段
   (B) 監督與控制階段
   (C) 規劃階段
   (D) 執行階段

8. 下列哪些屬於「訊息處理理論」的主要組成元素？
   (A) 發送、接收、解碼、理解
   (B) 溝通者、訊息、接收者、解碼
   (C) 發送者、訊息、媒介、接收者
   (D) 溝通、傳遞、接收、理解

9. 專案在哪一個階段所面臨的風險最大？
   (A) 在起始階段
   (B) 在規劃階段
   (C) 在執行階段
   (D) 在結案階段

10. 若要解決專案利害關係人的利益衝突，應該以何者為最終依據？
   (A) 發起人
   (B) 高階管理者
   (C) 專案經理
   (D) 專案客戶

11. 當面對複雜的專案問題，應該使用何種溝通方式為佳？
   (A) 正式
   (B) 口頭
   (C) 書面
   (D) 管理資訊系統

12. 專案網路圖解法的基本假設為何？
   (A) 資源撫平
   (B) 資源不足
   (C) 資源充足
   (D) 以上皆非

13. 範疇驗證是驗證什麼？
   (A) 範疇的好壞與否
   (B) 範疇的正確與否
   (C) 範疇的接受與否
   (D) 以上皆非

14. 作業基礎成本制（ABC）是用來？
   (A) 處理直接材料
   (B) 處理直接成本
   (C) 處理間接材料
   (D) 處理間接成本

15. 制訂專案計畫之前必須先有？
   (A) 工作分解結構（WBS）
   (B) 風險分解結構（RBS）
   (C) 組織分解結構（OBS）
   (D) 以上皆是

16. 下列有關「專案」（project）的描述，何者正確？[複選]
(A) 專案目標隨進展越來越明確
(B) 臨時性
(C) 有時間限制
(D) 有資源限制

17. 下列何者使用加權平均法估計活動工時？
(A) 計畫評核術（PERT）
(B) 要徑法（CPM）
(C) 圖解評核術（GERT）
(D) 蒙地卡羅模擬（Monte Carlo）

18. 成立「專案管理辦公室」（PMO）的主要目的是為了？[複選]
(A) 專案管理實務的諮詢
(B) 專案管理知識的訓練
(C) 專案管理理論的探討
(D) 專案管理制度的制定

19. 專案發起人的主要責任是？[複選]
(A) 協助發展專案計畫書
(B) 制訂專案授權書
(C) 負責監督專案的績效
(D) 負責支援專案的需求

20. 下列何者算是一種「專案」？
(A) 不定期的員工訓練
(B) 每月的生產報告
(C) 每季的定期會計稽核
(D) 每年的年終庫存盤點

21. 計畫評核術（PERT）的計算是以何種統計分配進行？
(A) β 分配
(B) z 分配
(C) t 分配
(D) 常態分配

22. 專案招標的主要目的是？[複選]
(A) 取得承包商的報價
(B) 取得承包商的建議書
(C) 取得承包商的契約共識
(D) 取得承包商的信任

23. 下列哪些屬於「品質保證」？[複選]
(A) 專案成員的定期聚餐
(B) 專案成員的私下互動
(C) 有關專案技術的人員訓練
(D) 有關品質系統建立的專家演講

24. 下列關於「工作分解結構」（WBS）的敘述，何者正確？[複選]
(A) 「工作分解結構」（WBS）是進度規劃的基礎
(B) 「工作分解結構」（WBS）是契約規劃的基礎
(C) 「工作分解結構」（WBS）是風險規劃的基礎
(D) 「工作分解結構」（WBS）是品質規劃的基礎

25. 下列關於「專案計畫書」的敘述，何者正確？[複選]
(A) 要越詳細越好 (C) 要隨進度而更新
(B) 要能引導專案的進行 (D) 要保持在最新狀態

26. 下列哪些是專案品質控制的產出？[複選]
(A) 流程調整 (C) 重工
(B) 允收 (D) 資源撫平

27. 專案人力資源規劃中之人員招募必須？[複選]
(A) 依據現行法規 (C) 依據人力需求計畫
(B) 依據專案進度計畫 (D) 依據人才庫現況

28. 應該要制定何種計畫，以因應專案執行過程才發現的風險？
(A) 備用計畫 (C) 補救計畫
(B) 補強計畫 (D) 以上皆非

29. 「實獲值」（Earned Value）是用以衡量？
(A) 專案的進度 (C) 專案的品質
(B) 專案的成本 (D) 以上皆非

30. 在實獲值管理中，所謂「EV」是指？
(A) 實際的預算額 (C) 實際的花費額
(B) 實際的完成量 (D) 以上皆非

31. 管制圖的主要作用在於？
(A) 檢視專案之產品是否符合需求 (C) 檢視專案設計是否符合規格
(B) 檢視專案發展是否已經失控 (D) 以上皆非

32. 「六個標準差」是指每百萬次產品只有幾次失誤？
(A) 零次失誤 (C) 3.4 次失誤
(B) 1 次失誤 (D) 6 次失誤

33. 成本基準（Cost Baseline）是？
(A) 專案的總成本 (C) 單位時間內的核准預算
(B) 專案的總預算 (D) 以上皆非

34. 下列何者不是矩陣型組織專案成員的憂慮？

(A) 對專案的承認和決心

(B) 不知道誰負責打考績

(C) 多頭領導

(D) 同時在多個專案工作，如何計算個人績效

35. 有關工作包（Work Package）的敘述，下列何者正確？

(A) 工作包是會計帳戶

(B) 工作包是工作規模說明的定義

(C) 工作分解結構（WBS）的最底層

(D) 可以指派給一個人以上的活動

36. 專案核准證明是在專案生命週期的哪個階段制定？

(A) 專案起始階段

(B) 專案規劃階段

(C) 專案執行階段

(D) 專案結案階段

37. 有關「專案核准證明」的敘述，下列何者正確？

(A) 是一份正式核准的文件，用以引導專案的執行和控制

(B) 是一份由高層發出的文件，授權專案經理使用組織資源

(C) 是一份要供應的產品或服務的契約

(D) 專案計畫是正式核准的文件、而專案績效基準不是

38. 關於七點定理（rule of seven）的敘述，下列何者正確？

(A) 是指若連續七個樣本點都落在中限的上方或下方，就代表流程出了問題，必須儘速解決。

(B) 如果連續七個抽樣拒收，整批應該拒收

(C) 至少必須抽樣七個樣本

(D) 連續七個觀測點在平均值的一邊是非常不可能的

39. 在專案生命週期中的哪個階段的風險最大？

(A) 專案起始階段

(B) 專案規劃階段

(C) 專案執行階段

(D) 專案結案階段

40. 下列關於「計畫評核術」（PERT）的敘述，何者正確？

(A) 是最長路徑

(B) 採用加權平均數技術

(C) 採用模擬技術

(D) 廣泛運用於確定進度表

41. 下列哪一個過程需要用到評選標準及潛在供應商的投標書和提案建議書？

(A) 品保過程

(B) 詢價過程

(C) 契約簽訂過程

(D) 資源來源選擇過程

42. 當專案結束時，哪一種組織結構壓力最小？

(A) 專案式組織

(B) 功能式組織

(C) 弱矩陣組織

(D) 強矩陣組織

43. 依據「PMBOK 指南」，專案經理於哪個階段被認定指派？

(A) 專案起始階段的輸入

(B) 專案規劃階段的輸入

(C) 專案起始階段的產出

(D) 專案範疇規劃階段的產出

44. 下列哪一項描述專案執行階段？

(A) 專案計畫書開始進行

(B) 發展專案計畫書

(C) 公佈專案計畫書

(D) 專案成效檢測並分析

45. 專案核准證明的目的是什麼？

(A) 辨識專案贊助人

(B) 描述專案的篩選方式（如何於眾多專案中脫穎而出）

(C) 承認專案存在並且提供組織資源給予專案

(D) 承認此專案團隊、專案經理、及其專案贊助人

46. 請依順序排出專案管理五大過程？

(A) 起始、執行、規劃、監控、結案

(B) 起始、監控、規劃、執行、結案

(C) 起始、規劃、監控、執行、結案

(D) 起始、規劃、執行、監控、結案

47. 一位稱職的專案經理最重要的技能應該是什麼？

(A) 談判能力

(B) 影響他人能力

(C) 溝通能力

(D) 解決問題能力

48. 專案經理的專案管理操守是經由下列何者來達成？[複選]

(A) 訓練如何管理與其他來自不同文化背景的人之間的關係

(B) 堅持道德準則

(C) 應用已經建立好的專案管理過程

(D) 遵循 PMP 專業行為規則

49. 身為專業的專案經理，應遵守 PMP 專業行為準則。這個準則與下列哪些事項有關？[複選]

(A) 舉發利益衝突
(B) 真實的報告經驗及 PMP 狀況
(C) 順從利害關係人的要求
(D) 順從當地的法則與標準

50. 下列哪些是專案結案的種類？[複選]

(A) 附加
(B) 整合
(C) 認證
(D) 消滅

51. 下列有關「柏拉圖」的敘述何者正確？[複選]

(A) 柏拉圖是頻率分佈圖
(B) 柏拉圖將因素排序
(C) 少數原因造成大多數的問題
(D) 柏拉圖表使用兩個可變因素

52. 以上何者可能需要成本基準的再次修正基準？

(A) 修正行動
(B) 修正後的成本估計
(C) 成本管理計畫的更新
(D) 預算更新

53. 下列何者屬於資訊散佈方法？

(A) 電子郵件
(B) 視訊會議
(D) 語音留言
(C) 資料庫

54. 若有七位專案成員溝通，會有多少可能的溝通路徑？

(A) 21
(B) 42
(C) 49
(D) 7

55. 下列何者呈 S 型曲線的形狀？

(A) 甘特圖
(B) 成本基準
(C) 關鍵路徑
(D) 計畫評核術

56. 下列哪些是降低或控制風險的風險應對規劃工具技術？[複選]

(A) 減輕
(B) 迴避
(C) 接受
(D) 模擬

57. 以下哪一個過程使用數學機率來預估風險發生的可能性及後果？

(A) 定性風險分析
(B) 風險辨識
(C) 定量風險分析
(D) 風險應對規劃

58. 以下哪一個控制圖用來畫出因果關係？

(A) 決策樹圖 (C) 基準對照圖

(B) 魚骨圖 (D) 柏拉圖

59. 若您的專案贊助人要求你做專案的成本估算，並希望成本估算越精確越好，你應使用何種成本估算技術？

(A) 類比估計技術 (C) 由上往下估算技術

(B) 由下往上估算技術 (D) 專家判斷技術

60. 下列有關「類比估計技術」的敘述，何者為真？

(A) 類比估計是基於量的估算技術

(B) 類比估計是由上往下估算技術

(C) 類比估計是活動所需時程估算和成本估算的工具技術

(D) 類比估計是專家判斷的一種形式

61. 專案起始階段的產出為何？

(A) 專案核准證明、歷史資料、指派專案經理

(B) 專案核准證明、指派專案經理、限制因素、假設事項

(C) 專案核准證明、歷史資料、限制因素、假設事項

(D) 專案核准證明、限制因素、假設事項

62. 下列有關 IRR 的敘述，何者為真？

(A) IRR 是種限制優化法 (C) IRR 是常 NPV 大於零時的折現率

(B) IRR 是當 NPV 等於零時的折現率 (D) IRR 假設以資金成本重複投資

63. 「可交付成果」可視為？

(A) 進行專案的目的

(B) 專案完成所必須產生，可茲確認的產品或服務

(C) 專案完成所必須產生的專案目標規格

(D) 專案範疇定義過程的可量測結果

64. 專案人力資源管理知識領域包含下列哪些過程？

(A) 人員招募、團隊建立，資源規劃 (C) 組織規劃，人員招募，團隊建立

(B) 人員招募，團隊建立，績效報告 (D) 組織規劃，團隊建立，資源規劃

65. 當專案依據契約實施時，下列何者提供產品敘述？

(A) 買方
(B) 專案贊助人
(C) 專案經理
(D) 承包商

66. 專案整合管理知識領域是由以下哪些過程組成？

(A) 專案起始，專案計畫制定，整合變更控制
(B) 專案計畫制定，專案計畫實施，整合變更控制
(C) 專案計畫制定，起始，範圍規劃
(D) 起始，範圍規劃，整合變更控制

67. 下列何者是全球最知名建立專案管理標準的機構？

(A) PMBOK
(B) PMO
(C) PMI
(D) PMA

68. 專案何時被認定為成功？

(A) 專案產品完成時
(B) 專案贊助人宣布專案完成
(C) 專案產品倒過來主導專案的持續營運
(D) 專案達成或超出利害關係人期待時

69. 下列有關 NPV 的敘述，何者為真？

(A) NPV 取決於所有可能選項中最高價值者
(B) NPV 假設以資金成本重複投資
(C) NPV 假設以浮動利率重複投資
(D) NPV 假設以 NPV 率重複投資

70. 若有一個要花 $600,000 的專案，預估頭兩年每季會有 $25,000 的現金流入，其後每季則為 $75,000。還本期會是多久？

(A) 38 個月
(B) 39 個月
(C) 40 個月
(D) 41 個月

71. 專案 A 的還本期是 18 個月。專案 B 的成本是 $650,000，頭一年的預估現金流入為每季 $50,000，之後每季為 $150,000。應該選擇哪個專案？

(A) 專案 A 或專案 B 均可，因為二者還本期相同

(B) 專案 A，因為專案 B 的還本期是 20 個月

(C) 專案 A，因為專案 B 的還本期是 21 個月

(D) 專案 A，因為專案 B 的還本期是 24 個月

72. 下列有關專案範疇聲明的敘述，何者為真？

(A) 範疇聲明敘述如何改變專案範圍

(B) 範疇聲明敘述專案可交付成果，並作為未來做專案決策時的參考基準

(C) 範疇聲明評估專案範圍的穩定度，並作為未來做專案決時的參考基準

(D) 範疇聲明評估專案範圍的可靠度，並描述變更發生的頻率及影響

73. 下列哪些是達到專案品質要求的效益？[複選]

(A) 增加利害關係人的滿意度

(B) 較少的修復工作

(C) 較高的生產力

(D) 低週轉率

74. 下列哪些是執行定性風險分析，將會得到的產出？[複選]

(A) 專案管理的風險層級

(B) 風險優先順序表

(C) 可供額外分析與管理的風險清單

(D) 其他過程的投入事項

75. 下圖中哪一條路徑是關鍵路徑？

(A) A-F-G-E-H

(B) A-D-E-H

(C) A-F-G-H

(D) A-B-C-E-H

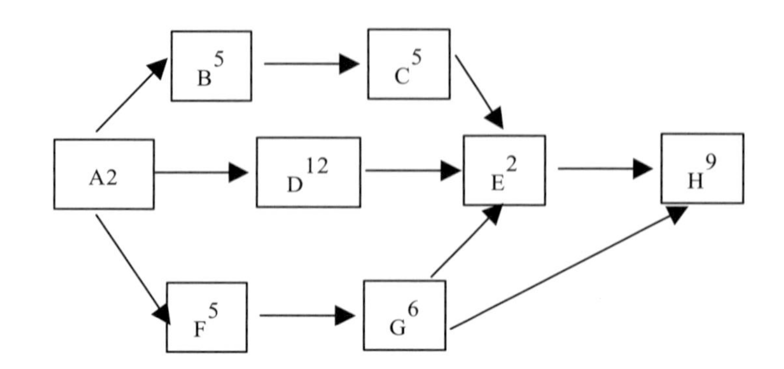

76. 將專案範疇以階層方式逐步拆解成一些應執行作業項目的清單，常簡稱為？

(A) WBS　(C) SOW

(B) BOM　(D) PLM

77. 下列何者是在專案發起階段結束和專案規劃階段開始前所發出的文件？

(A) 專案概念書　(C) 產品說明書

(B) 可行性分析報告　(D) 專案授權書

78. 專案目標可以變更嗎？

(A) 取得授權後就不能變更　(C) 專案開始後就不能變更

(B) 一定不能變更　(D) 可以變更

79. 專案目標的訂定必須符合？[複選]

(A) 可衡量　(C) 可達成

(B) 有期限　(D) 要有未來性

80. 專案經理稱為？

(A) Project Manager　(C) Senior Project Manager

(B) Project Management Associate　(D) Program Manager

81. 專案可行性分析主要是在釐清？[複選]

(A) 專案的限制　(C) 可能的選項

(B) 相關的假設　(D) 競爭對手的能耐

82. 回收年限是指？

(A) 專案被預期最快獲得盈利的時間　(C) 成本超過利潤的時間點

(B) 折現收入與折現成本之比　(D) 現在投資的未來價值

83. 專案的內部報酬率是指？

(A) 專案的稅後營餘　(C) 完工估算(EAC)減去完工預算(BAC)

(B) 專案的平均投資報酬率　(D) 折現收入減去折現成本

84. 專案 A 的獲利為 5000，專案 B 的獲利為 6000，專案 C 的獲利為 7000，則選擇專案 C 的機會成本為？

(A) 5000　(B) 6000

(C) 7000　(D) 1000

85. 有關專案的授權下列何者正確？

(A) 非公開口頭授權
(B) 公開口頭授權
(C) 公開書面授權
(D) 非公開書面授權

86. 專案最後的可交付成果經過驗收通過後，則專案由監督與控制階段進入下列哪一個階段？

(A) 起始階段
(B) 執行階段
(C) 規劃階段
(D) 結束階段

87. 指派專案經理的最佳時機是在下列哪一個階段？

(A) 起始階段
(B) 執行階段
(C) 規劃階段
(D) 監督與控制階段

88. 專案規劃完成經核准後，進入下列哪一個階段？

(A) 起始階段
(B) 執行階段
(C) 規劃階段
(D) 監督與控制階段

89. 專案經過可行性評估，由高層指定的專案發起人草擬專案授權書，再交付給指派的專案經理後，專案進入以下哪一個階段？

(A) 起始階段
(B) 執行階段
(C) 規劃階段
(D) 監督與控制階段

90. 會受到專案的成功或失敗而影響的個人或組織稱為？

(A) 專案利害關係人
(B) 專案團隊
(C) 專案經理
(D) 專案辦公室

91. 在緊急狀況時的專案變更？

(A) 專案經理自行核准
(B) 要經過專案客戶的同意
(C) 要經過專案發起人的同意
(D) 專案在進度、成本、品質及範圍的變更，都要經過專案變更管制系統的同意

92. 專案中，調整任務的執行時間，使資源不會被過度使用稱為？

(A) 資源撫平
(B) 供需平衡
(C) 指派平衡
(D) 計畫平衡

93. 要達成專案目標，必須專案最終可交付成果被下列何者允收通過？
(A) 組織高層 (C) 專案客戶
(B) 專案經理 (D) 專案發起人

94. 下列哪一種專案組織結構型態，專案經理的權力最大？
(A) 功能型組織 (C) 平衡矩陣組織
(B) 強矩陣組織 (D) 專案型組織

95. 專案的發起人是？
(A) 制定專案計畫的人 (C) 負責專案執行的人
(B) 協同專案執行的人 (D) 監督專案方向的人

96. 下列何者是一份有專案的目標、授權等級、角色及責任、簽署的文件？
(A) 專案規格書 (C) 專案範疇書
(B) 組織分解結構 (D) 專案授權書

97. 專案計畫書要經過下列何者審核通過？
(A) 專案經理 (C) 專案辦公室
(B) 專案客戶 (D) 專案發起人

98. 專案在下列哪一個階段的工作投入最多？
(A) 起始階段 (C) 規劃階段
(B) 執行階段 (D) 監督與控制階段

99. 當專案利害關係人之間意見不同時，應該以下列何者為主？
(A) 客戶 (C) 專案發起人
(B) 專案管理高層 (D) 第一線專案人員

100. 專案在發起階段結束以及規劃階段開始前，會發展出的下列哪一項文件？
(A) 專案概念書 (C) 產品說明書
(B) 專案授權書 (D) 可行性分析報告

101. 有關專案授權書，下列哪一項敘述正確？
(A) 指定專案組織的形式 (C) 說明專案經理的責任和權利
(B) 細化專案可交付成果 (D) 討論專案的風險和限制

102. 有關專案授權書，其通常不包括下列何者？

(A) 專案經理的責任和權利　(C) 專案目標

(B) 專案目的　(D) 專案風險

103. 當專案的最後可交付成果經驗收通過後，那麼專案由「控制階段」進入下列哪一個階段？

(A) 起始階段　(C) 規劃階段

(B) 執行階段　(D) 結束階段

104. 下列哪一個階段是指派專案經理的最佳時機？

(A) 起始階段　(C) 規劃階段

(B) 執行階段　(D) 結束階段

105. 當專案規劃完成經核准後，進入下列哪一個階段？

(A) 起始階段　(C) 規劃階段

(B) 執行階段　(D) 結束階段

106. 當專案經過可行性評估，由高層指定的專案發起人草擬專案授權書，再交付給指派的專案經理後，專案進入下列哪一個階段？

(A) 起始階段　(C) 規劃階段

(B) 執行階段　(D) 結束階段

107. 專案最終可交付成果被下列何者允收通過，才算是達成專案目標？

(A) 專案發起人　(C) 專案客戶

(B) 組織高層　(D) 專案經理

108. 有關內部專案的需求表達是下列何者的責任？

(A) 專案發起人　(C) 組織高層

(B) 部門經理　(D) 專案經理

109. 下列何者是部門經理對專案的主要功能？

(A) 監督　(C) 高層窗口

(B) 支援　(D) 管控

110. 專案團隊針對客戶進行客戶需求分析，其目的是將客戶需求轉換為下列何者？

(A) 詳細、量化並且可衡量的目標　(C) 簡單、質化並且可擴充的目標

(B) 詳細、質化並且可演繹的目標　(D) 粗略、概化並且可彈性調整的目標

111. 通常所謂「專案範圍」就是指下列何者？

(A) 所有成本的總和　(C) 所有工時的總和

(B) 所有預算的總和　(D) 所有 WBS 的總和

112. 專案需要完成和不需要完成的工作，應該包含在下列哪一項文件中？

(A) 專案目標說明書　(C) 客戶需求說明書

(B) 專案團隊工作規範　(D) 專案範圍說明書

113. 為確保專案範圍正確無誤，專案範圍說明書應該要由下列哪些人簽核？

(A) 董事會　(C) 專案管理專家

(B) 專案經理與專案團隊　(D) 專案發起人與主要利害關係人

114. 有關「專案範圍」的監督控制，其中一項簡單準則就是？

(A) 對於沒有列入 WBS 的活動，如果資源許可，可與其他活動合併而做

(B) 對於沒有列入 WBS 的活動，就不需要做

(C) 即使沒有列入 WBS 的活動，也須視需要而做

(D) 先找一些容易完成的活動試做，再檢討是否列入 WBS 的活動

115. WBS 使用的「專案範圍分解」是把下列哪一項文件的粗略專案範圍展開，再進行後續的拆解？

(A) 可行性報告書　(C) 客戶需求說明書

(B) 專案概念書　(D) 專案授權書

116. WBS 的拆解方式是以下列哪兩種導向為主？

(A) 流程導向和產品導向　(C) 範圍導向和目標導向

(B) 成本導向和進度導向　(D) 工作導向和結果導向

117. WBS 是專案必須完成的項目，它的最底層是下列何者？

(A) 活動　(C) 範圍

(B) 工作包　(D) 目標

118. WBS 的最主要限制在於下列何者？

(A) 專案範圍說明是否正確
(B) 客戶需求表達是否完整
(C) 專案發起人需求表達是否完整
(D) 專案目標說明是否正確

119. 有關 WBS 的敘述，下列何者不正確？

(A) 為專案活動的排序提供一個架構
(B) 要在組織分解結構（OBS）之後再規劃
(C) 將專案分解成詳細的連續性活動
(D) 表面上看起來跟組織分解結構（OBS）類似

120. 有關分解 WBS 的原則為何？

(A) 拆解到工期越長越好
(B) 拆解到工期越短越好
(C) 所有計畫皆應拆解到越詳細越好
(D) 拆解到可以進行成本和工時的估計即可

121. 組織分解結構（OBS）是將專案組織以下列哪一種層級的方式呈現出來？

(A) 水平層級
(B) 上下層級
(C) 虛擬層級
(D) 矩陣層級

122. 專案團隊的騷動通常不應發生在下列哪一階段？

(A) 起始階段
(B) 執行階段
(C) 規劃階段
(D) 結束階段

123. 專案規劃階段的重要工作「活動的定義」，其產出主要是指下列何者？

(A) RAM 的指派項目
(B) WBS 的拆解項目
(C) 專案經理指定的工作
(D) 產出每個工作包所需完成的任務

124. 有關「要徑鏈」（critical chain）的特性，下列敘述何者正確？

(A) 是資源衝突下最長的路徑
(B) 是資源衝突下最短的路徑
(C) 通常比要徑長
(D) 通常與要徑長度一樣

125. 有關專案管理的敘述，下列何者不正確？

(A) 一個專案只有一條要徑

(B) 總浮時（Total Float）為零的活動稱為關鍵活動

(C) 要徑為網圖上時間最長的一條路徑

(D) 總浮時（Total Float）等於最晚開始時間減最早開始時間

126. 專案管理中，資源撫平的目的是為了下列何者？

(A) 減少資源的需求

(B) 減少資源的供給

(C) 平衡資源的需求

(D) 平衡資源的供給

127. 專案管理中，通常負責核准專案進度的人是下列何者？

(A) 專案經理

(B) 專案關係人

(C) 專案發起人

(D) 組織高層

128. 找出並且紀錄會影響專案的風險，稱為下列何者？

(A) 專案風險規劃

(B) 專案風險辨識

(C) 專案風險分析

(D) 專案風險因應

129. 下列何者是專案風險辨識的主要產出？

(A) 專案風險管理計畫

(B) RAM

(C) 專案風險清單

(D) 專案歷史資料

130. 下列何者是專案進行風險敏感度分析的主要目的？

(A) 找出對專案衝擊最大的風險

(B) 計算風險優先數

(C) 找出對專案影響機率最大的風險

(D) 找出風險尺度

131. 下列何者是專案進行風險因應的主要目的？

(A) 找出風險優先數

(B) 找出風險因應措施

(C) 找出風險種類

(D) 找出風險尺度

132. 下列何者是專案進行風險轉移的主要目的？

(A) 將風險的後果予以接受

(B) 修改風險計畫讓風險不會發生

(C) 將風險的後果轉移給第三者去承擔

(D) 將風險發生的機率或負面效果降到某一可接受的門檻值

133. 餐廳通常會為消費者投保火災意外險，但當發生火災時，所造成受傷人員皮膚難以完全復原的風險是？

(A) 二次風險

(B) 風險儲備

(C) 殘留風險

(D) 保留風險

134. 若專案 A 的獲利為 6000，專案 B 的獲利為 5000，專案 C 的獲利為 7000，則選擇專案 C 的機會成本為？

(A) 5000

(B) 6000

(C) 7000

(D) 11000

135. 若專案有 8 名專案成員，共有幾條訊息溝通渠道？

(A) 8

(B) 32

(C) 16

(D) 28

136. 若專案有 10 名專案成員，共有幾條訊息溝通渠道？

(A) 10

(B) 20

(C) 50

(D) 45

參考文獻

- 游俊哲（2014），PJM 專案管理基礎檢定，碁峰資訊。
- 褚曉穎譯（2015），PMP 專案管理認證手冊，第七版，碁峰資訊。
- PMI 國際專案管理學會（2009），專案管理知識體指南，PMI 國際專案管理學會。
- 楊愛華、楊敏、王麗珍譯（2008），專案管理：PMP 考證備戰最佳工具書，五南圖書。
- 許秀影、熊培霖、朱艷芳、范淼、張耀鴻、周祥東、黃哲明、陸正平（2008），專案管理基礎知識與應用實務，社團法人中華專案管理學會。
- 沈肇基（2008），專案管理，東華圖書。
- 何春玲（2008），project 專案管理理論與應用，學貫行銷。
- 陳建勳（2008），讓事情發生：專案管理之美學（二版），美商歐萊禮。
- kim heldman（2008），pmp 專案管理認證指南（四版），碁峰資訊。
- 廖國禎（2008），專案管理實務與應用，九樺。
- 林明政（2008），PMP 聖經密碼：國際專案管理師認證秘笈，林明政。
- 安迪．布魯斯＆肯恩．朗東（2007），3 天速成！專案管理，中國生產力中心。
- 梅田弘之（2007），專案管理實務入門：新 PMBOK 增補改訂版，博碩文化。
- 鄧志成（2007），軟體專案管理：有效團隊開發之原則與實務，松崗。
- 獨孤木（2007），專案管理黑皮書，碁峰資訊。
- 瑪麗．葛莉斯．達菲（2007），口袋大師教你專案管理，中國生產力中心。
- 寶拉．馬丁（2005），專案管理，現在就做，經濟新潮流。
- 劉復苓譯（2005），4-Step 專案管理，美商麥格羅 希爾。
- 劉復苓譯（2005），專案管理：麥格羅．希爾全方位經理人 36 小時實務進修課程，美商麥格羅 希爾。
- 劉復苓譯（2005），成功專案管理手冊，美商麥格羅 希爾。
- 詹姆斯．路易斯/著（2005），專案管理三部曲：成功專案規劃、排程與控制，博碩文化。
- Heldman, Kim (2005). Project Management Professional: Study Guide, 3rd edition. New Jersey: Wiley Publishing, Inc.

■ Newell, Michael W.（2005）. Preparing for the Project Management Professional（PMP®）Certification Exam, 3rd edition. New York: AMACOM.

■ Project Management Institute （2021）. A Guide to the Project Management Body of Knowledge (PMBOK® Guide) Seventh Edition, Project Management Institute.

■ Erik W. Larson, Clifford F. Gray （2020）. Project Management: The Managerial Process 8th Edition, McGraw Hill.